电网企业员工安全等级培训系列教材

新能源业务

国网浙江省电力有限公司培训中心　组编

中国电力出版社
CHINA ELECTRIC POWER PRESS

内 容 提 要

本书是"电网企业员工安全等级培训系列教材"中的《新能源业务》分册，全书共七章，包括基本安全要求、保证安全的组织措施和技术措施、作业项目安全风险管控、隐患排查治理、生产现场的安全设施、典型违章举例与事故案例分析、班组（专业管理部门）安全管理等内容。附录中给出了现场标准化作业指导书范例和现场作业处置方案范例。

本书是电网企业员工安全等级培训的专用教材，可作为从事新能源业务人员安全培训的辅助教材，宜采用《公共安全知识》分册加本专业分册配套使用的形式开展学习培训。

本书可供从事新能源业务的专业技术人员和新员工安全等级培训使用。

图书在版编目（CIP）数据

新能源业务 / 国网浙江省电力有限公司培训中心组
编. -- 北京 : 中国电力出版社, 2025. 7. -- （电网企
业员工安全等级培训系列教材）. -- ISBN 978-7-5239
-0182-3

Ⅰ. TM61

中国国家版本馆 CIP 数据核字第 20257X7D64 号

出版发行：中国电力出版社
地　　址：北京市东城区北京站西街 19 号（邮政编码 100005）
网　　址：http://www.cepp.sgcc.com.cn
责任编辑：张冉昕
责任校对：黄　蓓　于　维
装帧设计：赵姗姗
责任印制：石　雷

印　　刷：廊坊市文峰档案印务有限公司
版　　次：2025 年 7 月第一版
印　　次：2025 年 7 月北京第一次印刷
开　　本：710 毫米×1000 毫米　16 开本
印　　张：15
字　　数：246 千字
定　　价：95.00 元

编写委员会

主　任　王凯军

副主任　张彩友　王　权　任志强　李付林　顾天雄
　　　　姚　晖

成　员　黄　苏　倪相生　黄文涛　王建莉　高　祺
　　　　黄弘扬　杨　扬　何成彬　于　军　张　勐
　　　　黄荣正　郑泽涵　邓益民　赵志勇　黄晓波
　　　　黄晓明　金国亮　莫加杰　汪　滔　魏伟明
　　　　张东波　吴宏坚　吴　忠　范晓东　贺伟军
　　　　周建平　岑建明　汤亿则　林立波　李汉勇
　　　　张国英

本册编写人员

翟瑞劼　龚永铭　蒋行舟　王敬春　陈凌宇　倪相生

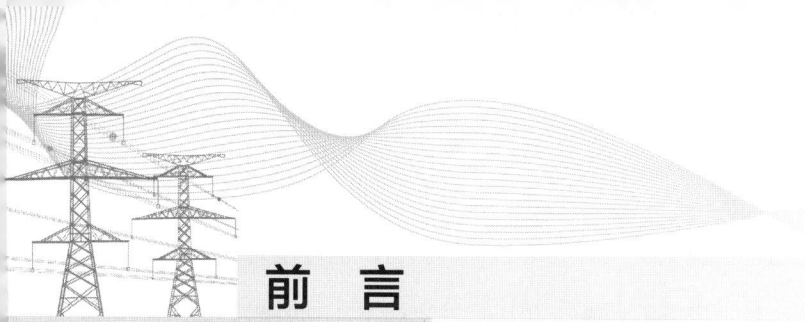

前 言

为贯彻落实国家安全生产法律法规（特别是新《安全生产法》）和国家电网有限公司关于安全生产的有关规定，适应安全教育培训工作的新形势和新要求，进一步提高电网企业生产岗位人员的安全技术水平，推进生产岗位人员安全等级培训和认证工作，国网浙江省电力有限公司在 2016 年出版的"电网企业员工安全技术等级培训系列教材"的基础上组织修编，形成"电网企业员工安全等级培训系列教材"。

2025 年，为深入贯彻落实"安全第一、预防为主、综合治理"方针，实现新业务新业态安全的"可控、能控、在控"，提高对新业务安全风险的识别和预警防范能力，夯实企业安全生产管理基础，达到控制安全隐患、降低安全风险，预防、避免事故发生的目的。国网浙江省电力有限公司特组织增编有关新业务的专业分册。

"电网企业员工安全等级培训系列教材"现包括《公共安全知识》分册和《变电检修》《电气试验》《变电运维》《输电线路》《输电线路带电作业》《继电保护》《电网调控》《自动化》《电力通信》《配电运检》《电力电缆》《配电带电作业》《电力营销》《变电一次安装》《变电二次安装》《线路架设》《电力检测》《新能源业务》《信息运维检修》等专业分册。《公共安全知识》分册内容包括安全生产法律法规知识、安全生产管理知识、现场作业安全、作业工器（机）具知识、通用安全知识五个部分；各专业分册包括相应专业的基本安全要求、保证安全的组织措施和技术措施、作业项目安全风险管控、隐患排查治理、生产现场的安全设施、典型违章举例与事故案例分析、班组安全管理七个部分。

本系列教材为电网企业员工安全等级培训专用教材，也可作为生产岗位人员安全培训辅助教材，宜采用《公共安全知识》分册加专业分册配套使用的形式开展学习培训。

鉴于编者水平所限，不足之处在所难免，敬请读者批评指正。

编　者

2025 年 6 月

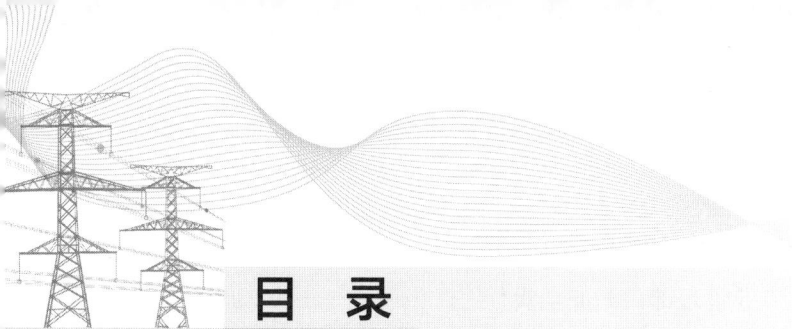

目　录

第一章

基本安全要求

第一节 一般安全要求

一、新能源业务作业人员基本条件

（1）经医师鉴定，应身体健康，无妨碍工作的病症（体格检查至少每两年一次）。

（2）具备必要的安全生产知识，掌握个人防护用品的正确使用方法，熟练掌握触电急救法，熟悉有关烧伤、烫伤、外伤、气体中毒等急救常识，应取得急救证。

（3）应经相应的安全生产知识教育和岗位技能培训，掌握现场作业必备的电气知识和业务技能，并按工作性质，熟悉 Q/GDW 1799.1—2013《国家电网公司电力安全工作规程（变电部分）》（简称《变电安规》）、Q/GDW 1799.2—2013《国家电网公司电力安全工作规程（线路部分）》（简称《线路安规》）、Q/GDW 10799.8—2023《国家电网有限公司电力安全工作规程 第 8 部分：配电部分》（简称《配电安规》）《国家电网有限公司营销现场作业安全工作规程（试行）》（国家电网营销〔2020〕480 号，简称《营销安规》），以及 Q/GDW 11957.1—2020《国家电网有限公司电力建设安全工作规程 第 1 部分：变电》（简称《变电电建安规》）、Q/GDW 11957.2—2020《国家电网有限公司电力建设安全工作规程 第 2 部分：线路》（简称《线路电建安规》）、Q/GDW 11957.4—2020《国家电网有限公司电力建设安全工作规程 第 4 部分：分布式光伏》（简称《分布式光伏电建安规》），以上规程统称《安规》。

（4）安规每年至少考试一次，经考试合格后上岗。因故间断电气工作连续三个月及以上者，应重新学习并经考试合格后，方可恢复工作。

（5）特种作业人员应按照国家规定的培训大纲，接受与本工种相适应的、专门的安全技术培训，经考核合格取得特种作业操作证，并经本单位书面批准后，方可参加相应的作业。

（6）作业人员应被告知其作业现场和工作岗位存在的危险因素、防范措施及事故紧急处理措施。作业前，设备运维管理单位应告知现场电气设备接线情况、危险点和安全注意事项。

（7）新参加电气工作的人员、实习人员和临时参加劳动的人员（管理人员、供应商、实习人员等）必须参加安全生产知识教育，并经考试合格后，方可下现场参加指定的工作，并且不得单独工作。

（8）与用户人员、设备设施、场地等可能产生安全风险的因素，应制订相应的防范措施和现场应急处置方案。

（9）发现安全隐患应妥善处理或向上级报告。发现直接危及人身、电网和设备安全的紧急情况时，应立即停止作业或在采取必要的应急措施后撤离危险区域。

二、新能源业务作业现场安全要求

1. 施工现场天气条件

应在良好天气下进行，风力大于 5 级及以上或暴雨、雷电、冰雹、大雪、大雾、沙尘暴等恶劣气候时，应停止登高作业、露天高处作业、水上运输、露天吊装等作业。

2. 施工作业面安全管理

（1）现场作业应保证有 2 人及以上同时在场。安全防护设施应经检查、验收合格后方可作业。施工现场设置的各种安全设施不应擅自拆、挪或移作他用。因工作原因需短时移动或拆除时，应经工作负责人同意，并有人监护，采取相应的临时安全措施，完毕后应立即恢复。

（2）作业现场的生产条件和安全设施等应符合有关标准、规范的要求，作业人员的劳动防护用品应合格、齐备、有效，进入作业现场应正确佩戴安全帽，现场作业人员应穿全棉长袖（防护）工作服、绝缘（防穿刺等防护）鞋，根据作业工种或场所需要选配个人防护装备。

（3）现场使用的安全工器具应合格，并符合《国家电网有限公司电力安全工器具管理规定》[国网（安监 4）289—2022] 的有关要求。

（4）施工现场应编制应急现场处置方案，并定期组织开展应急演练；经常有人工作的场所及施工车辆上宜配备急救箱，存放急救用品，并应指定专人定期检查其有效期限，及时更换补充。

（5）现场作业过程中，要防止误入高压带电区域，无论设备是否带电，作业人员严禁擅自穿越、跨越安全围栏或超越安全警戒线，不得单独移开或越过遮栏进行工作。

（6）现场作业过程中，应提前观察周围应急逃生路线指示和消防通道等，不得进行和工作无关的作业。

（7）在夜间、雾天、地下、电缆隧道以及室内作业，应有足够的照明。照明灯具的悬挂高度不应低于 2.5m，并不得任意挪动，低于 2.5m 时应设保护罩。照明灯具开关应控制相线。

（8）金属计量箱的箱体、充换电设施外壳等设备的接地电阻应合格。开启金属外壳的配电设备应先验电，防止因接地电阻不良造成触电，确无电压后方可开启。

（9）在没有脚手架或者在没有栏杆的脚手架上工作，高度超过 1.5m 时，应使用安全带，或采取其他可靠的安全措施。

（10）在陡坡、悬崖以及其他危险的临边作业，应做好防滑措施，临空一面应装设安全网或防护栏杆。

（11）无永久楼梯通道的应安装符合标准的固定式爬梯装置。现场爬梯无防坠保护措施的，应增设防坠保护。

（12）坑、沟、孔洞、平台、走道、采光带等均应设置符合安全要求的盖板、安全网，或设置可靠的围栏、挡板并悬挂安全标志牌。

（13）地面危险场所夜间应设警示灯。屋面出入口处，应悬挂安全标志牌。不应在孔洞边或物件上堆放或悬挂零星物件，防止滑落伤人。

（14）女儿墙或围栏低于 1050mm 的临边作业应有防滑、防坠落措施。

（15）在不坚固的结构上（石棉瓦、单层彩钢瓦屋顶等）工作时应设牢固、可靠的临时施工平台，并在作业面下方张设安全网或搭设安全防护设施，不应直接站在瓦面上工作。

（16）斜屋面（坡度大于 1/8）作业前，应先设置牢固的作业人员通道，并有防滑措施。斜屋面四周应装设防护围栏、安全网。

（17）山地应按山脊和等高线设置施工通道，施工通道宽度不宜小于 0.8m。

施工通道坡度大于 1/10 时，应设台阶。台阶踏面高度不宜高于 200mm，宽度不宜小于 280mm。

（18）屋顶光伏建筑一体化（Building Integrated Photovoltaic，BIPV）根据檩条的间距，设置相应尺寸的施工通道，并有防滑、防坠落等措施。架空屋顶工作时应设置人员通道、安全网等措施，宜搭设脚手架或牢固、可靠的临时施工平台。应使用坠落悬挂用安全带或区域限制型安全带。

（19）立面 BIPV 应设置脚手架及防滑、防坠落等措施。高空作业时，不应上、下抛掷工具、材料及下脚料；不应交叉作业。有人员经过的通道应搭设防护棚。

（20）临水吊装作业点场地应坚实、平整。

（21）有限空间作业应"先通风、再检测、后作业"，出入口应保持通畅并设置明显的安全警示标志牌，作业环境中氧气含量应为 19.5%～23.5%，空气中氧含量低于 19%时应采取通风措施，并配备安全防护设备、个体防护用品、应急救援装备。

（22）材料、设备堆（存）放场地周围应设可靠的防护设施及安全标志牌。器材堆放应整齐稳固。大件器材的堆放应有防倾倒的措施。山地地形设备、材料不应顺斜坡堆放。

3. 施工用电安全要求

（1）施工用电总配电箱上级电源及配电设施应满足施工用电负荷。

（2）施工用电工程的 380V/220V 低压系统，应采用三级配电、二级剩余电流动作保护装置（漏电保护系统）。

（3）移动式电动机械应使用绝缘护套软电缆。用电设备的电源引线长度不应大于 5m，长度大于 5m 时，应设移动开关箱。移动开关箱至固定式配电箱之间的引线长度不应大于 30m，且应用绝缘护套软电缆。

（4）断路器、隔离开关（低压）等应有保护罩。熔丝熔断后，应查明原因排除故障后方可更换。

（5）当施工用电取自居民用电时，应从该户总配电箱接取，且容量应满足施工用电的要求。

（6）现场自备发电机供电的设备其金属外壳或底座应与发电机电源的接地装置有可靠的电气连接；供电系统接地型式和接地电阻应与施工现场原有供用电系统保持一致；发电设施附件应按照相关消防要求配置足额的灭火设施，

要防止暴晒、碰撞。现场不应存放易燃易爆物品。

（7）用电线路及电气设备的绝缘良好，设备的裸露带电部位应加防护措施。线路的路径应合理，应避开易撞、易碰以及易腐蚀场所。

4. 施工现场防火防爆安全要求

（1）施工现场应遵守项目所在场地产权方的防火规定，明确消防责任人和联系方式。

（2）现场应配置种类和数量齐全的消防器材并定期检查。

（3）不应在施工区域内存放易燃、易爆物品。

（4）采用可燃材料或设备有防火要求的包装箱，不应用火焊切割的方法开箱。

三、光伏安装工程安全要求

1. 一般安全要求

（1）光伏组件串直流线与逆变器连接的接插件连接前应做好绝缘包封，或采取其他有效防止触电、短路、接地等措施并悬挂"止步，高压危险"标志牌。

（2）汇流箱内光伏组件串的电缆接引前，应确认逆变器侧有明显断开点。

（3）逆变器交流侧电缆接线前，应确认并网柜侧有明显断开点。

（4）光伏组件串连接完成后，正负极连接插头不应短接，不应随意拔开。

（5）汇流箱、逆变器、并网配电柜就位时应统一指挥，采取防止倾倒伤人和损坏设备的措施，狭窄处应有防止挤伤的措施。就位后应立即将全部螺栓紧固。

（6）汇流箱、逆变器、并网配电柜等安装完成后，柜体内应无异物，无遗漏工器具，并确认关好柜门锁，确保"工完料尽场地清"。

（7）电气设备应有安全标识、编号标识和警示标志，铭牌、标识应清晰、牢固。

2. 光伏组件安装

（1）光伏组件安装应至少两人进行，应轻拿轻放，不应踩踏，避免造成光伏组件隐裂、破损。

（2）作业人员在光伏组件安装过程中，不应触摸光伏组件的金属带电部位。作业人员应做好防触电、防烫伤的安全措施。

（3）使用梯子时，不应搭靠光伏组件。

（4）不应在光伏组件边框上进行自行钻孔等破坏组件机械机构的操作。

3. 电缆（集电）线路安装

（1）高空敷设电缆时，若无展放通道，应沿桥架搭设专用脚手架，并在桥架下方采取隔离防护措施。若桥架下方有工业管道等设备，应经设备方许可。

（2）敷设电缆时，应统一指挥，规定联络信号，并保证敷设通道畅通。电缆移动时，不应用手搬动滑轮，以防压伤。电缆穿入保护管时，送电缆人的手与管口应保持一定距离。

（3）电缆盘放线架应固定在硬质平整的地面，放线轴杠两端应打好临时拉线，电缆应从电缆盘上方牵引，电缆盘设专人看守，滚动时不应用手制动。

（4）使用卷扬机、绞磨机拉吊，设备应放置平稳，锚固稳固可靠。受力前方不应有人，拉磨尾绳人员不应位于锚桩前面或站在绳圈内。

（5）电缆井、电缆隧道出入口应保持畅通并设置明显的安全警示标志，并根据需要在缆沟出入口设置安全防护围栏，夜间应设警示红灯。

（6）不应在空气湿度大于80%的环境下进行光伏组件串接线作业。

（7）工程结束后，设备及电缆孔洞应密封严密，穿线孔洞应进行防火封堵，且封堵材料耐火极限不应低于1h。

4. 防雷接地安装

（1）屋顶分布式光伏系统的金属构件应与屋顶防雷和接地系统可靠电气联结，联结点不应少于两处。

（2）敷设在屋面的电缆保护管如采用金属钢管时，应就近与电气接地引下线装置相连。

（3）光伏组件、支架、汇流箱、逆变器、并网柜等设备的金属外壳应可靠接地。分布式光伏系统的接地电阻阻值应合格。

5. 并网点安装

（1）并网点安装应严格履行工作票制度。并网点在用户侧的可参照执行。

（2）安装前，施工单位应编制施工区域电气、通信等运行部分的物理和电气隔离方案，并取得设备运维单位或用户单位同意。

（3）在带电的盘柜附近安装并网柜应与带电部位保持足够安全距离，母线直接相连的并网柜应在停电时打开封板及安装。无论高压设备是否带电，作业人员不应单独移开或越过遮栏进行作业；若有必要移开遮栏时，应得到设备运维单位或用户单位同意，并有监护人在场，并符合《安规》规定的安全距离。

（4）进入改、扩建工程运行区域的交通通道应设置安全标志牌，站内运输安全距离（包括限高标志）应满足《安规》的规定。

6. 光伏项目试验与调试安全要求

（1）试验与调试人员应具有试验专业知识，充分了解被试设备和所用试验设备、仪器的性能。

（2）试验与调试前应对系统设备进行全面检查，确认电气接线正确，接地可靠。

（3）试验与调试工作应有专人监护。测量时，人体与带电部位应保持安全距离。

（4）试验与调试工作不应少于两人。工作前，试验负责人应向全体试验人员交代工作中的作业范围、邻近间隔、设备的带电部位、安全注意事项，并确认签字。

（5）进行与运行设备有联系的系统试验和调试作业应办理工作票。

（6）试验工作中一旦发生异常，应立即停止工作，查明原因后方可重新组织工作。

（7）系统调试时应填用分布式光伏调试工作票。

7. 光伏并网前系统调试安全要求

（1）并网前应先检查确认系统各设备接线正确、运行正常。

（2）测量并网点电压应使用相应电压等级的测试设备，与带电部位保持足够安全距离。

（3）系统调试应包含防孤岛保护装置功能校验，并进行模拟传动试验。

（4）自动化、通信系统调试应符合下列要求：

1）国家电网公司系统外单位调试的，应与承包商签订安全协议，明确各自应承担的安全责任，并作为合同的附件。

2）外来作业人员参与自动化、通信系统工作的应进行必要的安全教育，并经自动化和通信系统运维单位（部门）考试合格后，方可参加指定的工作，加强现场安全管理和监护。

3）试验过程中不应将未经网络安全验证的调试设备直接接入国家电网公司系统内的网络交换机。

8. 光伏电站运维作业现场安全要求

光伏电站应严格遵守电气设备"五防"和二次设备防误的安全要求。

（1）逆变器室和箱变❶内应照明充足，配备必要的消防设施，并定期检查。

（2）禁止在光伏电站内吸烟和燃烧废弃物品，禁止使用明火照明。

（3）应检查设备是否安装牢固，防止倾覆造成人身伤害、设备损伤。

（4）除尘清扫工作，宜佩戴护目镜和防尘面罩，防止灰尘吹入眼睛或者吸入肺部。

（5）应做好防洪排涝工作，充分利用现有的防洪排涝设施；当必须新建时，可因地制宜选用防护堤、排水沟或挡水围墙。

（6）电缆孔洞，应用防火材料严密封闭，宜至少每年检查 2 次。

（7）作业前不准将接地装置拆除或对其进行任何工作。检修时应确保接地可靠。

（8）工作场所的照明，应该保证足够的亮度，夜间作业应有充足的照明。照明灯具的悬挂高度不应低于 2.5m，并不得任意挪动，低于 2.5m 时应设保护罩。照明灯具开关应控制相线。

（9）巡视工作应至少两人进行，必须严格按照既定的巡视路线进行巡视，严禁进行巡视计划以外的工作。巡视前应准备好合格的安全工器具、劳动防护用品和设备巡检单。

（10）雷雨天气，禁止对光伏发电单元进行巡视。

（11）异常天气及危急缺陷、故障检修完毕后，应进行特殊巡视。

（12）大风、冰雹、沙尘、暴雪等恶劣天气后，应对光伏组件、逆变器、配电柜、汇流箱等部件进行特殊巡视。

（13）在高支架上工作时，应严格按照高处作业相关规定执行。使用梯子时，梯子严禁搭靠组件。

（14）不能及时排除故障的光伏支架，应在故障设备处设立明显警示标识。

（15）在光伏组件上工作时，作业人员不得佩戴金属首饰，严禁触摸光伏组件的金属带电部位，严禁敲打、振动光伏组件，不得坐或站立于组件上。

（16）雷雨天气，禁止进行光伏组件的连接及更换工作。

（17）光伏组件更换应至少两人进行，应戴绝缘手套，要轻拿轻放，避免造成组件隐裂、破损等，安装时要注意拿牢放稳，避免掉落损伤。

（18）光伏组件清洗时，禁止在组件及其架构上放置工具等。

---

❶ 本书将箱式变电站和箱式变压器统称为箱变。

（19）光伏逆变器检修完毕送电前，应确认无工器具、接地线等遗留在逆变器柜内，并关好逆变器柜门。逆变器投运应采用"远方"模式。

（20）光伏逆变器检修时，应断开逆变器中的所有进、出线，对工作中可能触碰的相邻带电设备应采取停电或绝缘遮蔽措施，检查和更换电容器前，应将电容器充分放电。

（21）集中式光伏逆变器室应具有良好的通风，逆变器投入运行后，应确保进风口和排风口通风良好。

（22）光伏逆变器异常或可能遭受水灾时，应立即断开交、直流侧断路器。

（23）光伏逆变器火情时，应立即断开汇流箱断路器及升压变压器高低压侧断路器，后进行灭火。

（24）光伏逆变器散热风扇运行时，不应有较大振动及异常噪声，有异常情况应断电检查。

（25）在盐雾、高寒、高湿及沙漠地区，应定期检查逆变器密封可靠性和完整性，避免造成设备短路引发火情。

（26）光伏配电柜运维需打开配电柜柜门时，应在有人监护的情况下进行。

（27）光伏配电柜检修完毕送电前，应确认无工具遗留，并及时关好配电柜柜门。

（28）汇流箱内光伏组件串的电缆接引前，必须确认光伏组串和逆变器侧均有明显断开点。接入汇流箱电缆必须可靠接触，并套上绝缘护套。

（29）汇流箱检修、维护时，熔断器和断路器均应断开，做好防止突然来电的安全措施。验明无电压后方可工作。

（30）检修汇流箱输出端缺陷时，应断开直流配电柜对应断路器，并悬挂"禁止合闸，有人工作"标志牌，防止反送电。

（31）汇流箱更换时，应断开直流配电柜全部断路器，并悬挂"禁止合闸，有人工作"标志牌，防止反送电。更换步骤按照工序进行，并做好防火封堵。

（32）户外安装的汇流箱，不宜在雨雪天进行开箱。汇流箱检修完毕后，应关好箱门。

（33）集中式光伏逆变器室、光伏发电单元升压变压器等处安装的固定爬梯，应牢固可靠；攀爬爬梯时应逐档检查是否坚固。

（34）在照明、通风散热等附属设备、设施上工作时应断开电源，确无电压后方可工作。

（35）光伏电站围栏应完整并可靠接地，电子围栏信号应正常。

四、充换电设施电气工作安全要求

1. 一般安全要求

（1）低压部分电气工作时，应穿绝缘鞋和全棉长袖工作服，并戴低压作业防护手套、安全帽，使用绝缘工具；低压带电作业应戴护目镜，站在干燥的绝缘物上进行，对地保持可靠绝缘。

（2）低压部分电气工作前，应用测试良好的低压验电器或测电笔检验检修设备、金属外壳和相邻设备是否有电，任何未经验电的设备均视为带电设备。

（3）低压部分电气工作应采取措施防止误入相邻间隔、误碰相邻带电部分。

（4）低压部分电气工作时，拆开的引线、断开的线头应采取绝缘包裹等遮蔽措施。

（5）所有部分未接地或未采取绝缘遮蔽、断开点加锁挂牌等可靠措施隔绝电源的低压线路和设备都应视为带电。未经验明确无电压的，禁止触碰导体的裸露部分。

（6）低压部分带电作业使用的工具，在作业前必须仔细检查合格后方能使用，对于有缺陷的带电作业工具，禁止继续使用。所有带电作业工具必须绝缘良好，连接牢固，转动灵活。其外裸露的导电部位应采取绝缘包裹措施，防止操作时相间或相对地短路；禁止使用锉刀、金属尺和带有金属物的毛刷、毛掸等工具。

（7）作业人员应严格执行现场充换电作业指导书，确保作业安全。

（8）操作前，作业人员应熟知作业过程中存在的危险点、应急措施及相关触电急救知识。

（9）操作前，应检查设备是否运行正常，严禁在桩体损坏、正在检修等设备上进行操作。

（10）作业人员应严格执行充电操作流程，确保将充电枪完全插入充电口内，避免雨淋等现象造成人身伤害。

（11）充电操作时，应将车辆处于关闭状态，充电过程中严禁车内有人员，严禁使用车载空调等车内电气设备。

（12）作业人员应时刻密切关注设备的运行状况，如有电池高温告警、充电模块高温告警等危及设备和人员安全的情况，应立刻按下急停按钮，严禁拔出正在充电的充电枪。

（13）充换电设施巡视人员每组应不少于两人。作业人员应严格执行现场标准化作业指导书，确保作业安全和质量。

（14）偏僻山区、夜间、事故或恶劣天气等巡视工作，应至少两人一组进行。雷电、地震、台风、洪水、泥石流等灾害发生时禁止巡视。

（15）作业人员在巡视过程中发现充电机、充电桩外壳有漏电、设备响声异常、产生烟雾火花及严重缺陷时，应立即对充电桩进行断电处理，并立即上报充电设施管理单位，在设备四周悬挂"止步，高压危险"标志牌。

（16）巡视过程中，作业人员不得单独开启箱（柜）门。禁止触碰充电设备内交、直流导线（母排）裸露部分。

（17）巡视过程中，作业人员发现高压配电线路、设备接地或高压导线、电缆断落地面、悬挂空中时，作业人员应距离故障点 8m 以外，并迅速报告充电设施管理单位，等候处理。处理前应防止人员接近接地或断线地点，以免跨步电压伤人。

（18）充电设备钥匙至少应有三把：一把专供紧急时使用；一把专供作业人员使用；另外一把可以借给经批准的检修、施工队伍的工作负责人使用，但应登记签名，巡视工作结束后立即交还。

（19）巡视往返路程中应注意行车安全，严禁违反交通规则，引发交通事故，造成人员伤亡。

（20）在有外力破坏可能、恶劣气象条件（如大风后、暴雨后、覆冰、高温等）、重要保电任务、重要节假日、设备带缺陷运行或运行中有异常现象、新设备投运后，以及设备经过检修、改造或停运后重新投入系统运行和其他特殊情况下，由运维实施单位组织对设备进行的全部或部分巡视及特殊巡视，确保设备运行安全。

（21）灾害发生后，若需对充电设备巡视，应得到充电设施管理单位批准。作业人员与派出部门之间应保持通信联络。

（22）充换电设施清扫作业，每组应不少于两人，设备清扫需将设备断电。

（23）充换电设施清扫人员需戴口罩及护目镜，防止扬尘进入呼吸道和眼睛，造成伤害。

（24）清扫设备精密元器件时，应戴防静电手套，防止造成元器件损坏。

（25）清扫风扇等旋转类型设备时，严禁作业人员将手指伸入。

（26）清扫工作前，作业人员应再次用确认检修设备、金属外壳和相邻设备是否有电。

（27）清扫工作时，应采取措施防止误入相邻充换电设施、误碰相邻带电部分。

（28）清扫工作时，拆开的引线、断开的线头应采取绝缘包裹等遮蔽措施。

（29）一体式充电机进线或整流柜进线带电清扫时，应采取绝缘隔离措施防止相间短路和单相接地。

（30）带电清扫工作使用的工具应有绝缘柄，其外裸露的导电部位应采取绝缘包裹措施；禁止使用锉刀、金属尺和带有金属物的毛刷、毛掸等工具。

（31）所有未接地或未采取绝缘遮蔽、断开点加锁挂牌等可靠措施隔绝电源的设备都应视为带电。未经验明确无电压，禁止触碰导体的裸露部分。

（32）清扫时，当发现充换电设施柜体带电时，应断开上一级电源，查明带电原因，并做相应处理。

（33）恶劣气象条件（如大风后、暴雨后、覆冰等）或雷电、地震、台风、洪水、泥石流等灾害发生时，不得进行设备清扫作业。

（34）充换电设施检修每组应不少于两人，检修负责人应向全体检修人员交代工作中的安全注意事项、作业危险点。

（35）充换电设施检修人员应严格执行现场标准化作业指导书，确保作业安全和质量。

（36）金属外壳应可靠接地，采用专用的试验线，必要时用绝缘物牢固支撑。

（37）恶劣气象条件（如大风后、暴雨后、覆冰等）或雷电、地震、台风、洪水、泥石流等灾害发生时不得进行设备检修作业。

（38）检修作业前，作业人员应确证检修设备、金属外壳和相邻设备是否有电。

（39）试验现场应装设遮栏（围栏），遮栏（围栏）与试验设备高压部分应有足够的安全距离，向外悬挂"止步，高压危险"标志牌。被试设备不在同一地点时，另一端还应设遮栏（围栏）并悬挂"止步，高压危险"标志牌。

（40）检修工作时，拆开的引线、断开的线头应采取绝缘包裹等遮蔽措施。因检修试验需要解开设备接头时，解开前应做好标记，重新连接后应检查。

（41）变更接线或试验结束，应断开试验电源，并将升压设备的高压部分放电、短路接地。

（42）试验结束后，试验人员应拆除自装的接地线和短路线，检查被试设备，恢复试验前的状态，经试验负责人复查后，清理现场。

（43）充换电设施缺陷处理作业每组应不少于两人，根据《安规》和上级业务部门要求，设备缺陷处理需将充电设备断电。

（44）充换电设施带电消缺时，应一人执行，一人监护，防止发生触电。

（45）充换电设施缺陷处理时，作业人员应佩戴线手套和安全帽，防止尖锐物体刮伤。

（46）充换电设施缺陷处理前，应对充换电设施进行验电。如桩体有漏电现象，需对充换电设施对应配电箱进行断电，并立即上报，设备张贴"止步，高压危险"标志。

（47）充换电设施缺陷处理时，应布置适当的安全措施。需断开交流进线断路器，并在进线断路器设置隔离挡板，防止工器具或其他物体掉落后，发生短路故障。

（48）充换电设施设备断电后，需等待 2～3 min，等待充换电设施所有信号指示灯熄灭后，方可进行作业。

（49）充换电设施消缺过程中需更换 SIM 卡、备品备件时应避免触碰设备内裸露部分，防止发生触电事故。

（50）充换电设施缺陷处理过程中，若发现充换电设施异常情况应立即停止工作，并将充换电设施电源断开。同时，汇报上级，及时记录并启动故障检修流程，杜绝事故发生。

（51）地震、台风、洪水、泥石流等灾害发生时，禁止充换电设施缺陷处理。

（52）充换电设施缺陷消除往返路程中应注意行车安全，严禁违反交通规则，引发交通事故，造成人员伤亡。

2. 充换电设施运维特殊安全要求

（1）充换电设施管理单位应按照《中华人民共和国消防法》及地方有关消防法律法规，建立健全各项消防安全制度和操作细则，落实专人负责管理，并严格执行。

（2）下列范围属于防火重点部位，应当按照本细则要求，实行严格管理：

充电机柜、换电车间、储能区、调度室（监控室）、监控通信机房、消防机房、配电室、蓄电池仓库等。

（3）充电设施消防器具的设置应符合消防部门的规定，定期检查消防器具的放置、完好、有效情况并清点数量，记入相关记录。

（4）对于消防重点部位，应当确认消防负责人，签订消防安全责任书，明确责任，健全管理制度，设置明显防火标志，严格管理。

（5）充换电站范围内动火应当严格按照动火工作管理规定执行，需要进行电气焊（割）及动用喷灯等明火作业的，动火部门和人员应当办理审批手续，填写动火工作票，落实现场监护人，在确认无火灾、爆炸危险后方可动火施工。动火施工人员应当遵守消防安全规定，并落实切实可行的消防安全措施。

（6）充换电设施设备室或设备区不得存放易燃、易爆物品，因施工需要放在设备区的易燃、易爆物品，应加强管理，并按规定要求使用，施工后立即运走。

（7）充换电站内严禁使用水来灭火。宜选用的灭火器材包括：用于扑灭有机溶剂等易燃液体、可燃气体和电气设备初起火灾的干粉灭火器，以及用于扑救电气设备、仪器表及油类等初起火灾的水基型灭火器，灭火器应放置在便于取用的位置并有明显标识。

（8）充换电站必须配备消防沙坑。沙坑应设置在距离电池架或充换电站出口比较近的位置，沙坑设计尺寸应满足能立即覆盖燃烧电池、迅速灭火的要求；一旦发生电池燃烧等安全问题时，应立刻取下电池并放入消防沙坑迅速掩埋。

（9）应当保障疏散通道、安全出口畅通，并设置符合国家规定的消防安全疏散指示标志和应急照明设施，保持防火门、防火卷帘、消防安全疏散指示标志、应急照明、火灾事故广播等设施处于正常运行状态。

（10）运维人员应定期进行消防演习，应熟知火警电话及报警方法。

（11）运维人员结合巡检对站内重点区域防火安全状况进行检查，做到发现隐患及时解决，或报告上级帮助解决。

（12）充换电站应每周组织开展一次安全自查，发现不安全因素及时整改。

（13）充换电站应每年组织开展一次防火安全检查活动，并进行消防演练。

（14）充换电站防火警示标志、疏散指示标志应齐全、明显。

3. 充换电站火灾处理原则

（1）突发火灾事故时，应立即根据充换电站现场运行专用规程和消防应急预案正确采取紧急隔、停措施，避免因着火而引发连带事故，缩小事故影响范围。

（2）参加灭火的人员在灭火时应防止燃烧物发生爆炸，防止被火烧伤或被燃烧物所产生的气体引起中毒、窒息。

（3）电气设备未断电前，禁止人员灭火。

（4）当火势可能蔓延到其他设备时，应果断采取适当的隔离措施。

（5）灭火时应将无关人员紧急撤离现场，防止发生人员伤亡。

（6）火灾后，必须保护好火灾现场，以便有关部门调查取证。

4. 充换电站其他安全要求

（1）运维实施单位应根据本地区的气候特点、地理位置和现场实际，制订相应的充换电设施防（台）风预案和措施，并定期进行演练。

（2）应根据站点分布情况配备充足的防汛设备和防汛物资，包括潜水泵、塑料布、塑料管、沙袋、铁锹等。

（3）防汛物资应由专人保管、定点存放，并建立台账。在每年汛前应对防汛设备进行全面的检查、试验，确保处于完好状态，并做好记录。

（4）雨季来临前对可能积水的电缆沟及场区的排水设施进行全面检查和疏通，做好防进水和排水措施。

（5）大（台）风前后，应重点检查雨棚等是否存在异常；检查充换电设施及其附属设施是否牢固，是否密封良好。

（6）运维班区域内如果发生具有破坏性的地震，运维人员应注意在室外远离高大建筑物，和带电设备保持安全距离，以避免触电和机械伤害，并且迅速开展自救。

（7）地震预警解除后，在保证人员安全前提下，组织作业人员尽快对充换电站进行全面巡查。

五、储能设备工作安全要求

（1）锂离子电池、铅酸/铅炭电池、全钒液流电池设备室（舱）内应装设可燃气体探测器及通风装置，电池室（舱）门口明显位置应设置可燃气体探测器联动控制的声光报警器。锂离子电池设备室（舱）内可燃气体探测器还应联动跳开室（舱）级直流断路器、簇级继电器（接触器）。

（2）储能电站电气设备间应设置火灾自动报警系统。新（改、扩）建中大型锂离子电池储能电站电池设备间内应设置固定自动灭火系统。灭火系统应满足扑灭电池明火且不复燃的要求，系统类型、流量、压力、喷头布置方式等技术参数应经具有相应资质的机构实施模块级电池实体火灾模拟试验验证。

（3）储能变流器紧急停机功能应正常。

（4）全钒液流电池系统中电堆、电解液储罐、管路系统等主要部件上，应有防止操作人员滑倒、绊倒或跌落的措施。

（5）全钒液流电池系统应具有实现手动和自动控制的紧急停机装置。

（6）设备室（舱）等重要部位应设置图像视频监控系统，视频监视和图像记录应确保夜间能够正常使用。

（7）设备室（舱）、隔墙、隔板等管线开孔部位和电缆进出口应采用防火封堵材料封堵严密。设备室（舱）的通风口、孔洞、门、电缆沟等与室外相通部位，应设置防止雨雪、风沙、小动物进入的设施。

六、新能源业务中建筑工程安全要求

1. 结构加固

（1）加固施工前，应了解加固构件受力和传力路径的可能变化。应对搭设的加固工程安全支护体系进行检查确认。对结构构件的变形、裂缝情况应专人进行测量，并做好记录备查。

（2）钢结构加固时，应事先检查各连接点是否牢固，必要时先加固连接点或增设临时支撑，待加固完毕后再行拆除。

（3）在加固过程中，若发现结构、构件突然发生变形增大、裂缝扩展或条数增多等异常情况，应立即停工，采取临时支护等应急措施，并及时向相关单位汇报。

（4）对危险构件、受力大的构件进行加固前，需经批准并采取安全监控措施。

（5）在负荷下进行钢结构加固时，应制订详细的施工技术方案，并采取有效的安全措施，防止被加固钢构件的结构性能受到损害。

2. 预制桩基础

（1）施工现场应整平压实，桩机周围 5m 以内应无高压线路，作业区应有明显标志或围栏。

（2）移动桩架时应将桩锤放至最低位置，移动时应缓慢，统一指挥，并应有防倾倒的措施。

（3）打桩机、卷扬机钢丝绳应处于润滑状态，防止干摩擦。

（4）作业前应对桩机进行检查，确定设备完好、螺栓紧固且安全装置有效方可启动。

（5）桩机电气设备绝缘应良好，应有接地（或接零）保护，桩机移动时电源电缆应有专人收放，不应随地拖放。

（6）作业中，如较长时间停机，应将桩锤落下、垫好，不应悬吊桩锤进行检修。

（7）作业完毕应将桩机停放在坚实平整的地面上制动并楔牢，切断电源放倒在地面上。

3．屋面支架预制基础

（1）预制基础吊到屋面后不应集中堆放，打包吊装的应放置在屋梁柱上及时分包，且单包重量不应超过屋面允许荷载。

（2）就位时应使用工具进行找正，不应将手指放置于预制基础下进行找正。

（3）倾斜屋面上支架基础就位后应立即固定，未固定前应有防滑措施。

4．钻孔灌注桩基础

（1）施工场地应平整，附近障碍物应清除，作业区应有明显标志或围栏。

（2）作业前应全面检查设备，制动装置应良好，传动部分应有防护罩。

（3）钻机和冲击锤机运转时不应进行检修，冲击锤机不应悬吊桩锤进行检修。

（4）孔顶有软弱土层时，应有洞口防塌保护措施。成孔后，孔口应用盖板保护，并设安全警示标志，附近不应堆放重物。不应超负荷进钻。

5．电缆沟施工

（1）电缆沟开挖前，应先查清图纸，再开挖足够数量的样洞（沟）摸清地下管线分布情况，以确定电缆敷设位置，确保不损伤运行的电缆和其他地下管线设施。

（2）掘路施工应做好防止交通事故或影响行人正常行走的安全措施。施工区域应用标准路栏等进行分隔，并有明显标记。

6．脚手架搭设、拆除

（1）脚手架搭设后应经验收合格挂牌后方可使用，使用中应定期进行检查和维护。

（2）脚手架应每月进行一次检查，在大风、暴雨、寒冷地区开冻后以及停用超过一个月时，应经检查合格后方可恢复使用。

（3）雨、雪后上脚手架作业应有防滑措施，并应清除积水、积雪。

（4）不应利用脚手架安装起重设备。

（5）金属脚手架附近有架空线路时，应满足表 1-1 安全距离的要求，靠线路侧应装设密目式防护网。

表 1-1 　　　　　　　　　　脚手架与带电体的最小安全距离

电压等级 （kV）	安全距离 （m）		电压等级 （kV）	安全距离 （m）	
	沿垂直方向	沿水平方向		沿垂直方向	沿水平方向
≤10	3.00	1.50	66、110	5.00	4.00
20、35	4.00	2.00	220	6.00	5.50

（6）脚手架使用期间，不应擅自拆除剪刀撑以及主节点处的纵横向水平杆、扫地杆、连墙件；不应拆除或移动架体上安全防护设施。

（7）拆除脚手架应自上而下逐层进行，不应上下同时进行拆除作业。不应先将连墙件整层或数层拆除后再拆脚手架。分段拆除高差不应大于两步，如高差大于两步，应增设连墙件加固。

（8）当脚手架采取分段、分立面拆除时，对不拆除的脚手架两端，应先按规定设置连墙件和横向斜撑加固。

（9）当脚手架拆至下部最后一根长立杆的高度（约 6.5m）时，应先在适当位置搭设临时支撑，加固后再拆除连墙件。

（10）连墙件应随脚手架逐层拆除，拆除的脚手架管材及构配件不应抛掷。

7. 临时建筑

施工用金属房应有可靠明显接地，用电设施应符合 JGJ/T 46—2024《建筑与市政工程施工现场临时用电安全技术标准》的有关规定。

七、新能源业务中其他通用作业安全要求

1. 高处作业

（1）凡在坠落高度基准面 2m 及以上有可能坠落的高度进行的作业均称为高处作业。高处作业应有人监护。

（2）物体在不同高度的可能坠落范围半径见表 1-2。高处作业时，除有关人员外，不准他人在坠落半径内通行和逗留，工作地点下面应有围栏或装设其他保护装置。

表 1-2　　　　　　　　　　不同高度的可能坠落范围半径

作业高度 h_w（m）	$2 \leqslant h_w \leqslant 5$	$5 < h_w \leqslant 15$	$15 < h_w \leqslant 30$	$h_w > 30$
可能坠落范围半径（m）	3	4	5	6

注　1. 通过可能坠落范围内最低处的水平面称为坠落高度基准面。
　　2. 作业区各作业位置至相应坠落高度基准面的垂直距离中的最大值称为作业高度，用 h_w 表示。
　　3. 可能坠落范围半径为确定可能坠落范围而规定的相对于作业位置的一段水平距离。

（3）高处作业的人员每年至少进行一次体检。患有不宜从事高处作业病症的人员，不得参加高处作业。

（4）高处作业人员应正确佩戴和使用合格的高处作业安全防护用品、用具，经专人检查后方可开展作业。

（5）高处作业人员在作业过程中，应随时检查安全带是否拴牢，转移作业位置时不应失去安全保护。

（6）不应站、骑、坐在女儿墙或固定栏杆上。确需在女儿墙上或固定栏杆上工作时，应做好防坠落措施。

（7）女儿墙或固定栏杆低于 1050mm，临边作业应设置不低于 1200mm 高的护栏（500～600mm 处设腰杆），并设 180mm 高的挡脚板。

（8）在不便装设防护栏杆的工作场所，应设置水平生命线装置，不具备设置条件的，应加装坠落防护用品挂点。

（9）高处作业所用的物料应堆放平稳，不应妨碍通行和装卸。对可能坠落的物料，应及时拆除或采取固定措施。拆卸下的物料应及时清理运走。

（10）上下传递物件时应使用绳索传递，传递小型工具时使用工具袋，不应任意上下抛掷。

（11）利用高处作业平台进行高处作业时，高处作业平台应处于稳定状态，需要移动作业平台时，平台上不应载人。

（12）在霜冻、雨雪后进行高处作业，人员应采取防冻和防滑措施。

（13）交叉作业前，应明确交叉作业各方的施工范围及安全注意事项。垂直交叉作业，层间应搭设严密、牢固的防护隔离设施，或采取防高处落物、防坠落等防护措施。不应在换瓦、加固或 BIPV 安装时进行垂直交叉作业。

（14）高处作业下方危险区内禁止人员停留或穿行，高处作业的危险区应设围栏及"禁止靠近"的安全标志牌。

（15）在夜间或光线不足的地方进行高处作业，应设充足的照明。

（16）高处作业地点脚手架上堆放的物件不得超过允许载荷，施工用料应随用随吊。禁止在脚手架上使用临时物体（箱子、桶、板等）作为补充台架。

（17）在霜冻、雨雪后进行高处作业，人员应采取防冻和防滑措施。

（18）高处作业人员不得坐在平台、孔洞边缘，不得骑坐在栏杆上，不得站在栏杆外作业或凭借栏杆起吊物件。

2. 起重、转（搬）运作业

（1）起重作业应在施工方案中明确机械配置、大型吊装方案及各项起重作业的安全措施，不应以小代大。组件、设备、材料根据施工方案吊装至指定位置，不应超屋面允许荷载。

（2）起重机作业时，臂架、吊具、辅具、钢丝绳及吊物等与带电架空输配电线路及其他带电体的距离不应小于表 1-3 的规定，且应设专人监护。邻近高压带电线路、设备作业时，车身应使用截面积不小于 16mm² 软铜线可靠接地。

表 1-3　起重机械操作正常活动范围与带电线路、设备的安全距离

电压等级 （kV）	安全距离 （m）	电压等级 （kV）	安全距离 （m）
≤1	1.5	35、66	4.0
10、20	2.0	110	5.0

（3）起重机停放时，其车轮、支腿或履带的前端或外侧与沟、坑边缘的距离不应小于沟、坑深度的 1.2 倍；否则应采取防倾、防坍塌措施。

（4）起重机应置于平坦、坚实的地面上。不应在暗沟、地下管线、软弱地面等上面进行作业；无法避免时，应采取防护措施。

（5）吊车支腿应充分展开并在支腿下方加垫板，起重前应检查支撑稳定性。

（6）作业中遇突发故障，应采取措施将物件降落到安全地方，并关闭发动机或切断电源后进行检修，不应在运转中进行调整或检修。无法放下吊物时，应采取适当的保险措施，除排险人员外，任何人员不应进入危险区域。

（7）物件起升和下降速度应平稳、均匀，不应突然制动。

（8）雨雪过后作业前，应先试吊，确认制动器灵敏可靠后方可进行作业。

（9）起吊物体应绑扎牢固，起重吊钩应挂在物件的重心以上。

（10）吊件吊离地面约 100mm 时应暂停起吊并进行全面检查，确认正常后方可正式起吊。吊件不应长时间悬挂在空中。

（11）在起重、转运过程中要做好防颠覆、防震和防吊件受损措施。应使用合成吊装带等柔性吊装带进行绑扎、吊运；吊索与物件的夹角宜采用 45°～60°。吊索与物件棱角处或光滑的部位应采取加垫等保护措施。

（12）在起吊、牵引过程中，受力钢丝绳的周围、上下方，转向滑车内角侧，吊臂和起吊物的下面，吊件和起重臂活动范围内的下方不应有人通行或停留。吊物上不可站人，作业人员不应利用吊钩上升或下降。起重机械不应载运人员。

（13）起重指挥应遵守下列规定：

1）起重吊装作业应由一人统一指挥，作业时应与操作人员密切配合，起重指挥信号应简明、统一、畅通；当信号不清或错误时，操作人员可拒绝执行。

2）正常指挥存在困难时，地面及作业层（高空）的指挥人员均应采用对讲机等有效的通信联络方式进行指挥。

（14）通过临时转运设备（简易吊机、转运平台等）吊运组件、材料、工器具的，应做好载荷分析、设备检查，材料应用吊篮、绳索或其他可靠结构固定牢固后方可吊运。

（15）使用叉车转运时应做好保护措施，并设专人监护，防止组件损坏。

（16）人工搬运大件时，应两人同时搬运。

（17）搬运工作应防范打滑、磕绊、踏空等导致人员跌倒或组件跌落伤人；应避免振动，防止倾倒伤人或设备损坏。狭窄处要防止挤伤。

（18）在屋面搬运过程中应轻抬轻放，不应损坏屋顶防水和屋面结构。

3．动火作业

（1）动火作业应遵守项目所在场所产权方动火作业管理制度，在供电公司产权或运维的消防重点部位或场所以及禁止明火区动火作业，应严格执行 DL 5027《电力设备典型消防规程》的有关规定，尽可能压缩动火时间和范围到最低限度并履行动火相应手续。

（2）动火作业前，操作人员应对设备的安全性和可靠性、操作环境进行检查，动火作业地点周围 10m 范围内，应清除易燃、易爆物品或采取可靠的防护措施。

（3）室内动火作业应在足够的通风条件下进行，必要时应采取机械通风方式。动火作业应有良好的光线，光照不足时应有充分照明。

（4）焊接或切割作业时，操作人员应穿戴符合专业防护要求的劳动保护用品。

（5）进行焊接、切割作业时，应有防止触电、火灾、爆炸和切割物坠落的措施。

（6）高处焊接作业应采取可靠的防止焊渣掉落、火花溅落措施，并清除焊渣、火花可能落入范围内的易燃、易爆物品。不能清除时，应做好防护措施。气（焊）割软管应在切断气源后用绳索提吊，不应随身携带软管登高或从高处跨越。

（7）不应在带电、带压设备上进行焊接。在特殊情况下需在带电的设备上进行焊接时，应采取安全措施，并经批准。

（8）动火作业间断或终结后，应切断电源或气源，整理好器具，仔细检查作业场所周围及防护设施并清理现场，确认无残留火种、起火危险后，方可离开。

4. 水上作业

（1）水上作业人员应佩戴安全帽，穿救生衣、防滑鞋，携带救生绳索。

（2）水上作业机械停工、系泊时，应按相关规定显示信号，不应妨碍或者危及其他船舶航行、停泊或者作业安全，应留有足以保证安全的人员值班；台风灾害事件预警、响应期间，应采取有效的避风措施。

（3）水上打桩作业应选择排水量比桩机重量大 4 倍以上的浮箱（体），设备组装完毕后浮箱四周应焊接制作高度不低于 1050mm 高的栏杆，锚位固定可靠。打桩浮箱（体）的偏斜度超过 3° 时，应停止作业。

（4）打桩作业前应检查桩机部件制动有效，钢丝绳完好无损，滑润良好，桩锤吊钩吊环及保险无变形、损坏，桩管的垂直度符合要求。

（5）水上临时人行跳板的宽度不宜小于 0.6m，强度和刚度应符合使用要求。跳板应设置安全护栏或张挂安全网，跳板端部应固定或系挂，板面应设置防滑设施。

（6）水上作业平台应结构可靠、稳固，搭建二层工作平台应可靠固定在一层平台上，二层作业平台高度超过 2m 时视同高处作业。光伏支架应在承重檩条上设计，设置结实、牢固的构件作为安全带挂点，采取高挂低用的方式，不应挂在移动或不牢固的物体上（如支架拉杆、斜梁上）；水上作业平台经验收合格后方可投入使用。

（7）作业人员应在水上作业平台、打桩作业浮箱（体）可靠系泊后方可开展工作。作业时依次上下，上、下地点高差超过 1m 时，应使用梯子，不应蹦跳。专责监护人应随时检查水上作业平台、打桩作业浮箱（体）姿态及系泊稳定性，发现异常及时提醒作业人员。

（8）水上作业平台、打桩作业浮箱（体）应有专用接地（放电）设施。

（9）作业过程中应随时保持水上作业平台、打桩作业浮箱（体）地面整洁，不应有油污残留。

5. 季节性施工

（1）夏季、雨汛期施工。

1）夏季应根据施工特点和气温情况适当调整作息时间，避开高温时段，减少高温工作暴露时间，日最高气温达到 40℃以上，应当停止当日室外露天作业。

2）施工区域宜设置休息场所，配备饮水设施及符合卫生标准的防暑降温饮品和必要的药品，保持通风良好或配备空调等其他防暑降温设施。

3）雨季前应做好防风、防雨、防洪等应急处置方案。

4）台风和汛期到来之前，施工现场临时设施以及高架机械均应进行修缮和加固，检查完善接地设施，准备充足的防汛器材。

5）台风、暴雨时不得施工作业。

6）台风、暴雨、汛期后，应对临建设施、脚手架、机电设备、电源线路等进行检查并及时修理加固。

（2）冬季施工。

1）在霜雪天气进行施工作业时应清除场地霜雪，作业人员需配备防止冻伤、滑跌、雪盲及有害气体中毒等个人防护用品或采取相应措施。

2）对取暖设施应进行全面检查。用火炉取暖时，应采取防止一氧化碳中毒的措施；应加强用火管理，及时清除火源周围的易燃物；根据需要配备防风保暖帐篷、取暖器等防寒设施。

3）当环境温度低于零下 25℃时不宜进行室外施工作业，确需施工时，主要受力机具应提高安全系数 10%～20%。

（3）夜间施工。

1）应制订夜间施工专项方案，落实人员、物资、照明、应急装备等保障措施。

2）夜间作业人员应佩戴反光标志，临边、坑洞、采光带围栏应采用警示灯补充作为警示设施。

3）夜间施工应有足够的照明，不应开展交叉作业以及高边坡、临空、临边和临水等作业。

（4）特殊环境施工。

1）风沙天气，作业人员应佩戴防风镜等劳动防护用品。

2）山地施工应严格遵守当地关于防火的相关规定，并做好防毒蛇、毒蜂等生物侵害的措施。

3）高海拔地区施工应遵守下列规定：

a. 作业人员应体检合格，并经习服适应后，方可参加施工。施工现场应配备必要的医疗设备和药品，宜配备高压氧舱。

b. 高处作业人员应随身携带小型氧气瓶或袋，感觉身体不适应及时终止作业，并护送到就近医院或低海拔安全区域救治。

c. 应配备性能满足高海拔施工的机械设备、工器具及交通工具。

4）高寒地带施工的机械设备，应按规定定期更换冬、夏季传动液压油、发动机油和齿轮油等，保证油质能满足其使用条件。

5）在地质灾害、气象灾害频发地区，应与当地有关部门保持联系，及时做好预防应急措施。

八、新能源业务涉及的各电压等级安全距离要求

1. 安全距离的含义

为了防止人体触及或接近带电体，防止车辆或其他物体碰撞或接近带电体等造成的危险，在其两者之间需保持一定的空间距离，这个距离就称为安全距离。

人与带电设备之间的距离按设备是否需要停电，分为设备不停电的最小安全距离、设备必须要停电的最小安全距离、设备不停电但必须装设安全遮栏或绝缘挡板措施时的距离三种。

2. 作业时对安全距离的要求

为了防止人体触及或接近带电体，造成人身触电事故，《安规》规定了高压线路、设备不停电时的最小安全距离（见表1-4），表1-5所示为作业人员工作中正常活动范围与设备带电部分的安全距离，小于表中规定的安全距离的高压线路、设备，必须停电。

当人体与带电设备之间的距离处于表1-4和表1-5规定的安全距离之间时，必须做好装设安全遮栏或绝缘挡板措施。表1-6所示为车辆（包括装载物）外廓至无遮栏带电部分之间的最小安全距离。表1-7所示为带电作业时人身与带电体间的安全距离。

表1-4　　　　　　　　高压线路、设备不停电时的安全距离

电压等级（kV）	安全距离（m）
10 及以下	0.7
20、35	1.0
66、110	1.5
220	3.0

注　表中未列电压应选用高一档电压等级的安全距离。电压等级数据按海拔1000m校正。

表1-5　　　作业人员工作中正常活动范围与设备带电部分的安全距离

电压等级（kV）	安全距离（m）
10 及以下	0.35
20、35	0.60
66、110	1.50
220	3.00

注　表中未列电压按高一档电压等级的安全距离。

表1-6　　　车辆（包括装载物）外廓至无遮栏带电部分之间的最小安全距离

电压等级（kV）	安全距离（m）
10	0.95
20	1.05
35	1.15
66	1.40
110	1.65（1.75 中性点不接地系统使用）

表 1-7		带电作业时人身与带电体间的安全距离		
电压等级（kV）	10	20	35	110
安全距离（m）	0.4	0.5	0.6	1.0

第二节　常用仪器仪表使用安全要求

一、仪器使用注意事项

（1）使用携带型仪器在高压回路上进行工作，至少由两人进行。需要高压设备停电或做安全措施的，应填用变电站（发电厂）第一种工作票或填用配电第一种工作票。

（2）除使用特殊仪器外，所有使用携带型仪器的测量工作，均应在电流互感器和电压互感器的二次侧进行。

（3）电流表、电流互感器及其他测量仪表的接线和拆卸，需要断开高压回路者，应将此回路所连接的设备和仪器全部停电后，方能进行。

（4）电压表、携带型电压互感器及其他高压测量仪器的接线和拆卸无需断开高压回路者，可以带电工作，但应使用耐高压的绝缘导线，导线长度应尽可能缩短，不准有接头，并应连接牢固，以防接地和短路。必要时用绝缘物加以固定。

（5）使用电压互感器进行工作时，应先将低压侧所有接线接好，然后用绝缘工具将电压互感器接到高压侧。工作时应戴手套和护目眼镜，站在绝缘垫上，并应有专人监护。

（6）连接电流回路的导线截面积应适合所测电流数值；连接电压回路的导线截面积不得小于 $1.5mm^2$。

（7）非金属外壳的仪器应与地绝缘，金属外壳的仪器和变压器外壳应接地。

（8）测量用装置必要时应设遮栏或围栏，并悬挂"止步，高压危险"的标志牌。仪器的布置应使工作人员距带电部位不小于表 1-4 规定的安全距离。

二、红外测温仪

（1）应根据具体的测量要求选择合适的测量距离，尽量靠近测量物体。

（2）在测量时，应尽量保持测量仪与测量物体正对，避免斜、侧测量，以减小测量误差。

（3）在使用过程中，应尽量避免测量仪与其他热源、光源或干扰源接触，以免影响测量结果的准确性。

（4）在选择测温仪时，应根据实际需要确定所需的温度范围，并选择适合的型号。同时，还需要注意测量物体的表面温度是否在测温仪的测量范围之内。

（5）测量前可以通过稳定测量仪的工作温度、适当调整环境湿度等方式，进一步提高测量结果的准确性。

（6）不同物体的反射率不同，在测量时，需要根据实际情况进行相应的修正，保证测量结果的准确性。

（7）为了保证测量结果的准确性，应定期对红外测温仪进行校准、检测，使用前应确认仪器经检测合格并在有效期内。

（8）选择性能可靠、稳定的红外测温仪。

三、电致发光检测仪

（1）屋顶使用仪器电源、转/搬运仪器应遵守相关规定。

（2）使用前应确认太阳能电池组件规格，正确调整试验仪器参数。

（3）太阳能电池组件在试验过程中不得随意移动，试验接线应做好保护。

（4）测试前清除组件表面玻璃上的灰尘，避免影响检测结果。

（5）如使用时间间隔较长，应同时关闭电脑及所有附件设备电源。

（6）做好信息安全工作，禁止使用外网 U 盘复制仪器测试数据。

四、钳形电流表

（1）作业人员使用钳形电流表进行测量工作，应由两人进行。非运维人员测量时，应填用变电站（发电厂）第二种工作票或填用配电第二种工作票。

（2）在高压回路上测量时，禁止用导线从钳形电流表另接表计。

（3）测量时若需拆除遮栏，应在拆除遮栏后立即进行测量。工作结束，应立即将遮栏恢复原状。

（4）使用钳形电流表时，应注意钳形电流表的电压等级。测量时戴绝缘手套，站在绝缘垫上，不得触及其他设备，以防短路或接地。

（5）观测表计时，要特别注意保持头部与带电部分的安全距离。

（6）测量低压熔断器和水平排列低压母线电流时，测量前应将各相熔断器和母线用绝缘材料加以保护隔离，以免引起相间短路，同时应注意不得触及其他带电部分。

（7）测量高压电缆各相电流，电缆头线间距离应大于 300mm，且绝缘良好、测量方便。当有一相接地时，禁止测量。

（8）钳形电流表应保存在干燥的室内，使用前要擦拭干净。

五、绝缘电阻表

（1）使用绝缘电阻表测量高压设备绝缘应由两人进行。

（2）测量用的导线应使用相应的绝缘导线，其端部应有绝缘套。

（3）测量绝缘时，应将被测设备从各方面断开，验明无电压，确实证明设备无人工作后方可进行。在测量中禁止他人接近被测设备。

（4）在测量绝缘前后，应将被测设备对地放电。

（5）在带电设备附近测量绝缘电阻时，测量人员和绝缘电阻表的安放位置应选择适当，保持安全距离，以免绝缘电阻表引线或引线支持物触碰带电部分。移动引线时应注意监护，防止工作人员触电。

（6）测量线路绝缘电阻时，应在取得许可并通知对侧后进行。在有感应电压的线路上测量绝缘电阻时，应将相关线路停电方可进行。

六、万用表

（1）测试时不要用手触及表笔的金属部分，以保证安全和测量的准确度。

（2）测试高电压或大电流时，不能在测试时旋动转换开关，避免转换开关的触头产生电弧而损坏开关。

（3）万用表使用"$\Omega \times 1$"挡时，调整零欧姆调整器的时间要尽量短，以延长电池寿命。因为这时表内电池的电流很大，可达 100mA 左右。

（4）万用表测量完毕，应将转换开关拨到空挡或交流电压的最大量程挡，以防测电压时忘记拨转换开关，用电阻挡去测电压，将万用表烧坏或危及人身安全。

（5）保持万用表清洁、干燥，不要放在高温和有强磁场的地方，携带、使用时要轻拿轻放。

七、数字双钳相位伏安表

（1）使用时应由两人进行，测量时戴手套和安全帽，站在绝缘垫上，不得触及其他设备，以防短路或接地。

（2）不得在测量电流的情况下切换量程开关。

（3）不得在输入被测电压时在表壳上拔插电压、电流测试线。

八、相序表

（1）当任一测试线已经与三相电路接通时，应避免用手触及其他测试线的金属端，防止发生触电。

（2）测量时，L1、L2、L3 三支表笔顺序应正确，否则会影响测试结果。

（3）应在允许电压范围内进行测量，否则可能导致相序表损坏或测试结果不准确。

（4）对于有接电按钮的相序表，不宜长时间按住按钮不放，以防烧坏触点。

（5）如果接线良好，相序表铝盘不转动或接电指示灯未全亮，表示其中一相断相。

九、蓄电池内阻测试仪

（1）测量蓄电池内阻，应由两人进行，站在绝缘垫上，戴好低压防护手套。

（2）测量专用导线，其端部应有绝缘套。

（3）测量人员应与蓄电池极柱保持安全距离。

（4）测量蓄电池内阻时，应在取得许可后进行。

第三节　常用安全工器具使用安全要求

一、一般安全要求

安全工器具分为个体防护装备、绝缘安全工器具、登高工器具、安全围栏（网）和标志牌等四大类。

（1）安全工器具应经检验合格，并在使用前进行外观、试验时间有效性检查。

（2）安全工器具不应接触高温、明火、化学腐蚀物及尖锐物体，不应移作他用。

（3）安全工器具不应随意改动和更换部件。

（4）安全工器具应按 DL/T 1476《电力安全工器具预防性试验规程》的相关规定定期试验。

二、安全带

1. 检查要求

（1）安全带应符合 GB 6095—2021《坠落防护 安全带》规定。

（2）商标、合格证和检验证等标识清晰完整，各部件完整无缺失、无伤残破损。

（3）腰带、围杆带、肩带、腿带等带体无灼伤、脆裂及霉变，表面不应有明显磨损及切口；围杆绳、安全绳无灼伤、脆裂、断股及霉变，各股松紧一致，绳子应无扭结；护腰带接触腰的部分应垫有柔软材料，边缘圆滑无角。

（4）织带折头连接应使用缝线，不应使用铆钉、胶粘、热合等工艺，缝线颜色与织带应有区分。

（5）金属配件表面光洁，无裂纹，无严重锈蚀和目测可见的变形，配件边缘应呈圆弧形；金属环类零件不允许使用焊接，不应留有开口。

（6）金属挂钩等连接器应有保险装置，应在两个及以上明确的动作下才能打开，且操作灵活。钩体和钩舌的咬口必须完整，两者不得偏斜。各调节装置应灵活可靠。

2. 使用要求

（1）围杆作业安全带、区域限制安全带和坠落悬挂安全带使用期限为 5 年，如发生坠落事故，应由专人进行检查，如有影响性能的损伤，则应立即更换。

（2）应正确选用安全带，其功能应符合现场作业要求，如需多种条件下使用，在保证安全的前提下，可选用组合式安全带（区域限制安全带、围杆作业安全带、坠落悬挂安全带等的组合）。

（3）安全带穿戴好后应仔细检查连接扣或调节扣，确保各处绳扣连接牢固。

（4）凡在坠落高度基准面 2m 以上（含 2m）有可能坠落的高处作业应使用安全带。

（5）在坝顶、陡坡、屋顶、悬崖、杆塔、吊桥以及其他危险的边沿进行工作，临空一面应装设安全网或防护栏杆；否则，作业人员应使用安全带。

（6）在没有脚手架或者在没有栏杆的脚手架上工作，高度超过 1.5m 时，应使用安全带。

（7）在电焊作业或其他有火花、熔融源等场所使用的安全带或安全绳应有隔热防磨套。

（8）安全带的挂钩或绳子应挂在结实牢固的挂点（锚点）或水平生命线装置上，并应采用高挂低用的方式。

（9）高处作业人员在转移作业位置时不准失去安全保护。

（10）禁止将安全带系在移动或不牢固的物件上（如隔离开关支持绝缘子、瓷横担、未经固定的转动横担、线路支柱绝缘子、避雷器支柱绝缘子等）。

（11）登杆或登高前，应进行围杆带和后备绳的试拉，无异常方可继续使用。

三、水平生命线系统

1. 检查要求

（1）水平生命线装置应符合 GB 38454—2019《坠落防护　水平生命线装置》规定。

（2）与水平生命线装置相连接的个人坠落防护装备应满足 GB 24543—2010《坠落防护　安全绳》、GB/T 23469—2009《坠落防护　连接器》等相应的国家标准。

（3）水平生命线装置与建筑物相连的挂点宜经建筑设计单位设计、验算，并出具验算书。

（4）可拆卸结构的移动连接装置，拆卸时应经过至少两个明确的动作。

（5）水平生命线装置宜有坠落指示功能，坠落指示器应能明确显示水平生命线装置已承受过坠落冲击。

（6）移动连接装置应能顺畅滑动，且不应对水平生命线装置造成影响性能的损伤。

2. 使用要求

水平生命线装置应确保与个人坠落防护装备配套，且正确相连后不会意外断开。

四、速差自控器

1. 检查要求

（1）产品名称及标记、标准号、制造厂名、生产日期（年、月）及有效期、法律法规要求标注的其他内容等永久标识清晰完整。

（2）速差自控器的各部件完整无缺失、无伤残破损，外观应平滑，无材料和制造缺陷，无毛刺和锋利边缘。

（3）钢丝绳速差器的钢丝应均匀绞合紧密，不得有叠痕、突起、折断、压伤、锈蚀及错乱交叉的钢丝；织带速差器的织带表面、边缘、软环处应无擦破、切口或灼烧等损伤，缝合部位无崩裂现象。

（4）速差自控器的安全识别保险装置——坠落指示器（如有）应未动作。

（5）用手将速差自控器的安全绳（带）快速拉出，速差自控器应能有效制动并完全回收。

2. 使用要求

（1）使用时应认真查看速差自控器防护范围及悬挂要求。

（2）速差自控器应系在牢固的物体上，禁止系挂在移动或不牢固的物件上，不得系在棱角锋利处。速差自控器拴挂时严禁低挂高用。

（3）速差自控器应连接在人体前胸或后背的安全带挂点上，移动时应缓慢，禁止跳跃。

（4）禁止将速差自控器锁止后悬挂在安全绳（带）上作业。

（5）使用时无须添加任何润滑剂。

（6）使用速差自控器时，钢丝绳拉出后工作完毕，收回器内过程中严禁松手。

五、安全网

1. 检查要求

使用前，应检查产品分类标记、产品合格证、网目数及网体重量，确认合格方可使用。

2. 使用要求

（1）使用前，应检查安全网是否有腐蚀及损坏情况。

（2）安全网搭设应搭接严密牢靠，不应有缝隙。

（3）作业中应保证安全网完整有效、支撑合理，受力均匀，网内不应有杂物，当受到较大冲击时，应及时更换。

（4）搭设的安全网，不应在施工期间拆移、损坏。

六、梯子

（1）梯子应坚固完整，有防滑措施。梯子的支柱应能承受作业人员及所携带的工具、材料的总重量。

（2）硬质梯子的横档应嵌在支柱上，梯阶的距离不应大于 30cm，倚靠式单梯应在距梯顶 1m 处设限高标志。使用倚靠式单梯工作时，梯与地面的夹角应为 65°～75°，并有人扶持，以防失稳坠落。

（3）人字梯应有限制开度的措施。伸缩梯、多功能梯等存在活动部件的梯子在承重前，活动部件应处于锁定状态。

（4）上、下梯时不应手持工器具、材料等物品。

（5）人在梯子上时，禁止移动梯子，应有专人扶持。

（6）在通道上使用梯子时，应设监护人或设置临时围栏，梯子不应放在门口使用，必要时采取防门突然开闭的措施。

七、其他安全工器具

其他安全工器具有垂直生命线系统、安全帽、验电器、绝缘手套、绝缘靴、接地线等。

第四节　现场标准化作业指导书、现场执行卡的编制与应用

编制和执行标准化作业指导书、现场执行卡是实现现场标准化作业的具体形式和方法。标准化作业指导书、现场执行卡应突出安全和质量两条主线，对现场作业活动的全过程进行细化、量化、标准化，保证作业过程安全和质量处于可控、在控状态，达到事前管理、过程控制的要求和预控目标。现场标准化作业指导书、现场执行卡是对作业计划、准备、实施、总结等各个环节，明确具体操作的方法、步骤、措施、标准和人员责任，依据工作流程组合成的执行文件。

一、现场标准化作业指导书、现场执行卡的编制原则和依据

1. 现场标准化作业指导书、现场执行卡的编制原则

按照电力安全生产有关法律法规、技术标准、规程规定的要求和《国家电网公司现场标准化作业指导书编制导则》，编制应遵循以下原则：

（1）坚持"安全第一、预防为主、综合治理"的方针，做到凡事有人负责、凡事有章可循、凡事有据可查、凡事有人监督。

（2）符合安全生产法规、规定、标准、规程的要求，具有实用性和可操作性。概念清楚、表达准确、文字简练、格式统一，且含义具有唯一性。

（3）现场标准化作业指导书、现场执行卡的编制应依据生产计划和现场作业对象的实际，进行危险点分析，制订相应的防范措施，体现对现场作业的全过程控制，体现对设备及人员行为的全过程管理。

（4）现场标准化作业指导书、现场执行卡应在作业前编制，注重策划和设计，量化、细化、标准化每项作业内容。集中体现工作（作业）要求具体化、工作人员明确化、工作责任直接化、工作过程程序化，做到作业有程序、安全有措施、质量有标准、考核有依据，并起到优化作业方案、提高工作效率、降低生产成本的作用。

（5）现场标准化作业指导书、现场执行卡应以人为本，贯彻安全生产健康环境质量管理体系❶的要求，应规定保证本项作业安全和质量的技术措施、组织措施、工序及验收内容。

（6）现场标准化作业指导书、现场执行卡应结合现场实际，由专业技术人员编写，由相应的主管部门审批，编写、审核、批准和执行应签字齐全。

2. 现场标准化作业指导书、现场执行卡的编制依据

（1）安全生产法律法规、标准、规程及设备说明书。

（2）缺陷管理、反措要求、技术监督等企业管理规定和文件。

二、现场标准化作业指导书、现场执行卡的结构内容

1. 现场标准化作业指导书的结构

现场标准化作业指导书的结构由封面、范围、引用文件、施工前准备、流

---

❶ 安全生产健康环境质量管理体系（SHEQ）是安全（Safety）、健康（Healthy）、环境（Environment）和质量（Quality）一体化管理体系。

程图、作业程序及工艺标准、验收记录、指导书执行情况评估和附录 9 项内容组成。

2. 现场标准化作业指导书的内容

（1）封面：由作业名称、编号、编写人及时间、审核人及时间、批准人及时间、作业负责人、作业工期、编写单位 8 项内容组成。

（2）范围：对作业指导书的应用范围做出具体的规定。

（3）引用文件：明确编写作业指导书所引用的法规、规程、标准、设备。说明书、企业管理规定和文件。

（4）施工前准备：由准备工作安排、作业人员要求、备品备件、工器具、材料、定置图及围栏图、危险点分析、安全措施、人员分工 9 部分组成。

其中，"作业人员要求"包括工作人员的精神状态和工作人员的资格具备（包括作业技能、安全资质和特殊工种资质）。

"危险点分析"包括作业场地的特点，如带电、交叉作业、高空等可能给作业人员带来的危险因素；工作环境的情况，如高温、高压、易燃、易爆、有害气体、缺氧等可能给工作人员安全健康造成的危害；施工作业中使用的机械、设备、工具等可能给工作人员带来的危害或设备异常；操作程序、工艺流程颠倒，操作方法的失误等可能给工作人员带来的危害或设备异常；作业人员的身体状况不适、思想波动、不安全行为、技术水平能力不足等可能带来的危害或设备异常；其他可能给作业人员带来危害或造成设备异常的不安全因素等。

"安全措施"包括各类工器具的使用措施，如梯子、吊车、电动工具等；特殊工作措施，如高处作业、电气焊、油气处理、汽油的使用管理等；交叉作业措施；储压、旋转元件检修措施，如储压器、储能电机等；对危险点、相邻带电部位所采取的措施；施工作业票中所规定的安全措施；规定着装等。

（5）流程图：根据施工设备的结构，将现场作业的全过程以最佳的施工顺序，对施工项目完成时间进行量化，明确完成时间和责任人，而形成的施工流程。

（6）作业程序及工艺标准：由开工、施工电源的使用、动火、施工作业内容和工艺标准、竣工 5 部分组成。其中，"施工作业内容和工艺标准"包括按照施工流程图，对每一个作业项目，明确工艺标准、安全措施及注意事项，记录作业结果和责任人等。

（7）验收记录：记录安装中改进和更换的零部件、存在问题及处理意见、施工作业班组验收意见及签字、项目部（队）验收意见及签字、分公司（公司）验收意见及签字等。

（8）指导书执行情况评估：对指导书的符合性、可操作性进行评价；对可操作项、不可操作项、修改项、遗漏项、存在问题做出统计；提出改进意见。

（9）附录：设备主要技术参数、安装调试数据记录。必要时附设备简图说明作业现场情况。

三、现场执行卡的编制

按照"简化、优化、实用化"的要求，现场标准化作业根据不同的作业类型，采用风险控制卡、工序质量控制卡，重大检修项目应编制施工方案。风险控制卡、工序质量控制卡统称"现场执行卡"。

现场执行卡的编写和使用应遵守以下原则：

（1）符合安全生产法律法规、规定、标准、规程的要求，具有实用性和可操作性。内容应简单、明了、无歧义。

（2）应针对现场和作业对象的实际进行危险点分析，制订相应的防范措施，体现对现场作业的全过程控制，对设备及人员行为实现全过程管理，不能简单照搬照抄范本。

（3）现场执行卡的使用应体现差异化，根据作业负责人技能等级区别使用不同级别的现场执行卡。

（4）应重点突出现场安全管理，强化作业中工艺流程的关键步骤。

（5）原则上，凡使用施工作业票或工作票的改扩建工程作业，应同时对应每份施工作业票或工作票编写和使用一份现场执行卡。对于部分包含复杂作业的情况，也可根据现场实际需要对应一份或多份现场执行卡。

（6）涉及多专业的作业，各有关专业要分别编制和使用各自专业的现场执行卡，现场执行卡在作业程序上应能实现相互之间的有机结合。

（7）各类现场执行卡应有编号，且具有唯一性和可追溯性。

（8）现场执行卡宜采用分级编制的原则，根据作业负责人的技能水平和工作经验使用不同等级的现场执行卡。

（9）建议设定作业负责人等级区分办法，根据各作业负责人的技能等级和工作经验及能力综合评定，每年审核下发负责人等级名单。

（10）作业负责人应依据单位认定的技能等级采用相应的现场执行卡。

四、现场标准化作业指导书、现场执行卡的应用

对列入生产计划的各类现场作业，均必须使用经过批准的现场标准化作业指导书、现场执行卡。各单位在遵循现场标准化作业基本原则的基础上，根据实际情况对现场标准化作业指导书、现场执行卡的使用做出明确规定，并可以采用必要的方便现场作业的措施。

（1）使用现场标准化作业指导书、现场执行卡前，必须对作业人员进行专题培训，保证作业人员熟练掌握作业程序和各项安全、质量要求。

（2）在现场作业实施过程中，施工负责人对现场标准化作业指导书、现场执行卡按作业程序的正确执行负全面责任。施工负责人应亲自或指定专人按现场执行步骤填写、逐项打钩和签名，不得跳项和漏项，并做好相关记录。有关人员必须履行签字手续。

（3）依据现场标准化作业指导书、现场执行卡工作过程中，如发现与现场实际相关图纸及有关规定不符等情况，应立即停止工作，作业施工负责人根据现场实际情况及时修改现场标准化作业指导书、现场执行卡，履行审批手续并做好记录后，作业人员按修改后的指导书继续工作。

（4）依据现场标准化作业指导书、现场执行卡，工作过程中如发现设备存在事先未发现的缺陷和异常，作业人员应立即汇报工作负责人，并进行详细分析，确定处理意见，经现场标准化作业指导书、现场执行卡审批人同意后，方可进行下一项工作。设备缺陷或异常情况及处理结果，应详细记录在现场标准化作业指导书、现场执行卡中。作业结束后，现场标准化作业指导书、现场执行卡的审批人应履行补签字手续。

（5）作业完成后，施工负责人应对现场标准化作业指导书、现场执行卡的应用情况做出评估，明确修改意见并在作业完工后及时反馈给现场标准化作业指导书、现场执行卡的编制人。

（6）设备发生变更时，应根据现场实际情况修改现场标准化作业指导书、现场执行卡，并履行审批手续。

（7）对大型、复杂、不常进行、危险性较大的作业，应编制风险控制卡、工序质量控制卡和施工方案，并同时使用作业指导书。

（8）对危险性相对较小的作业、规模一般的作业、单一设备的简单和常规

作业、作业人员较熟悉的作业，应在对作业指导书充分熟悉的基础上，编制和使用现场执行卡。

五、现场标准化作业指导书、现场执行卡的管理

按分层管理原则，明确现场标准化作业指导书、现场执行卡归口管理部门。公司各单位应明确现场标准化作业指导书、现场执行卡管理的负责人、专责人，负责现场标准化作业的严格执行。

（1）现场标准化作业指导书、现场执行卡一经批准，不得随意更改。如因现场作业环境发生变化、指导书与实际不符等情况需要更改时，必须立即修订并履行相应的批准手续后才能继续执行。

（2）执行过的现场标准化作业指导书、现场执行卡应经评估、签字、主管部门审核后存档。

（3）对现场标准化作业指导书、现场执行卡实施动态管理，对其及时进行检查总结、补充完善。作业人员应及时填写使用评估报告，对指导书的针对性、可操作性进行评价，提出改进意见，并结合实际进行修改。工作负责人和归口管理部门应对作业指导书的执行情况进行监督检查，并定期对作业指导书及其执行情况进行评估，将评估结果及时反馈给编写人员，以指导作业指导书的日后编写。

（4）积极探索，采用现代化的管理手段，开发现场标准化作业管理软件，逐步实现现场标准化作业信息网络化。

第二章

保证安全的组织措施和技术措施

第一节　保证安全的组织措施

新能源业务现场作业保证安全的组织措施包括现场勘察制度，工作票制度，工作许可制度，工作监护制度，工作间断、转移制度，工作终结制度。

一、现场勘察制度

（1）新能源业务现场作业，工作票签发人或工作负责人认为有必要现场勘察的，应根据工作任务组织现场勘察，并填写现场勘察记录。

（2）现场勘察应由工作票签发人或工作负责人组织，工作负责人、设备运维管理单位（含用户）和检修（施工）单位相关人员参加。对涉及多专业、多部门、多单位的作业项目，应由项目主管部门、单位组织相关人员共同参与。

（3）现场勘察应查看现场作业需要停电的范围、保留的带电部位、装设接地线的位置、邻近线路、交叉跨越、多电源、自备电源、有可能反送电的设备和分支线、地下管线设施、高坠风险较大的位置（区域）和作业现场的条件、环境及其他影响作业的危险点，并提出针对性的安全措施和注意事项。

（4）根据现场勘察结果，对危险性、复杂性和困难程度较大的作业项目，应编制组织措施、技术措施、安全措施，经本单位批准后执行，涉及第三方场地的，还应经第三方批准或书面许可。

（5）现场勘察后，现场勘察记录应送交工作票签发人、工作负责人及相关各方，作为填写、签发工作票等的依据。

（6）开工前，工作负责人或工作票签发人应重新核对现场勘察情况，发现与原勘察情况有变化时，应及时修正、完善相应的安全措施，必要时可以申请取消工作计划。

二、工作票制度

1. 新能源业务现场各专业作业按需填用下列工作票

（1）变电第一种工作票。

（2）变电第二种工作票。

（3）配电第一种工作票。

（4）配电第二种工作票。

（5）电缆第一种工作票。

（6）电缆第二种工作票。

（7）低压工作票。

（8）新能源业务工作票（施工作业票、调试工作票等）。

（9）事故抢修单。

（10）使用二次安全措施票等其他书面记录或按电话命令执行。

2. 填用变电第一种工作票的工作

在变电作业现场进行新能源业务工作，且符合以下条件之一时，应填用变电第一种工作票：

（1）高压线路、设备上工作，需要全部停电或部分停电者。

（2）二次系统上的工作，需要将高压设备停电或做安全措施者。

（3）其他工作需要将高压设备停电或做安全措施者。

3. 填用变电第二种工作票的工作

在变电作业现场进行新能源业务工作，且符合以下条件之一时，应填用变电第二种工作票：

（1）控制盘和低压配电盘、配电箱、电源干线上的工作。

（2）二次系统上的工作，无需将高压设备停电者或做安全措施者。

（3）大于表 1-4 距离的相关场所和带电设备外壳上的工作以及无可能触及带电设备导电部分的工作。

4. 填用配电第一种工作票的工作

在配电作业现场进行新能源业务工作，需要将高压线路、设备停电或做安全措施者。

5. 填用配电第二种工作票的工作

新能源业务在高压配电（含相关场所及二次系统）上工作，与邻近带电高压线路或设备的距离大于表1-4规定的距离时，不需要将高压线路、设备停电或做安全措施者。

6. 填用电缆第一种工作票的工作

涉及电缆工作，需要将高压线路、设备停电或做安全措施者。

7. 填用电缆第二种工作票的工作

电缆工作与邻近带电高压线路或设备的距离大于表1-4规定的距离，不需要将高压线路、设备停电或做安全措施者。

8. 填用低压工作票的工作

新能源业务在低压线路、设备（不含在发电厂、变电站内的低压设备）上工作，不需要将高压线路、设备停电或做安全措施者。

9. 填用新能源业务工作票（施工作业票、调试工作票）的工作

用户侧开展新能源业务［分布式光伏、储能、充电设备检修（试验）、综合能源等］新建、改造、调试工作，应填用新能源业务相关安规明确的工作票或施工作业票。涉网作业时应按照《变电安规》《线路安规》《配电安规》等相关安规执行。

10. 使用其他书面记录、电子信息或按口头电话命令执行的工作

（1）在开展不需要停电，不存在接触带电部位风险的新能源业务现场安全检查、涂改编号等工作时，可不使用工作票，但应以其他形式记录相应的操作和工作等内容。

（2）其他记录形式包括现场标准化作业指导书（现场执行卡）、派工单、任务单、工作记录等。

（3）按电话命令执行的工作应留有录音或书面派工记录。记录内容应包含指派人、工作人员（负责人）、工作任务、工作地点、派工时间、工作结束时间、安全措施（注意事项）及完成情况等。

11. 工作票的填写与签发

（1）工作票由工作负责人填写，也可由工作票签发人填写。

（2）工作票采用手工方式填写时，应用黑色或蓝色的钢（水）笔或圆珠笔填写和签发，至少一式两份。工作票票面上的时间、工作地点、线路名称、设备双重名称（即设备名称和编号）、动词等关键字不得涂改。若有个别错、漏字需要修改、补充时，应使用规范的符号，字迹应清楚。

（3）用计算机生成或打印的工作票应使用统一的票面格式。

（4）工作票的填写与签发可采用线上电子化的方式进行。电子化工作票的票面应清晰可见，工作票签发等相关手续应能够正常履行，其他填写要求与手工方式相同。

（5）工作票应由工作票签发人审核，手工或电子签发后方可执行。

（6）电网侧的新能源业务现场作业，工作票由设备运维管理单位签发，也可由经设备运维管理单位审核合格且经批准的检修（施工）单位签发。检修（施工）单位的工作票签发人、工作负责人名单应事先送设备运维管理单位、调度控制中心备案。

（7）用户侧的新能源业务现场作业，施工作业票由施工单位签发。涉网作业时，工作票执行需要按照电网侧的要求。

（8）承、发包工程，工作票应实行"双签发"。签发工作票时，双方工作票签发人在工作票上分别签名，各自承担相应的安全责任。

（9）一张工作票中，工作票签发人、工作许可人和工作负责人三者不得为同一人。若相互兼任，应具备相应的资质，并履行相应的安全责任。

1）填用变电工作票时，工作许可人与工作负责人不得互相兼任。

2）填用配电工作票或低压工作票时，工作许可人中只有现场工作许可人（作为工作班成员之一，进行该项工作任务所需现场操作及做安全措施者，需要各单位下文制定相关管理规定后方可执行，否则不能兼做工作班成员）可与工作负责人相互兼任。

（10）变电第一种工作票所列工作地点超过两个，或有两个及以上不同的工作单位（班组）在一起工作时，可采用总工作票和分工作票。总、分工作票应由同一个工作票签发人签发。总工作票上所列的安全措施应包括所有分工作票上所列的安全措施。几个班同时进行工作时，总工作票的工作班成员栏内，只填明各分工作票的负责人，不必填写全部工作班人员姓名。分工作票上要填写工作班人员姓名。

（11）总、分工作票在格式上与第一种工作票一致。分工作票应一式两份，由总工作票负责人和分工作票负责人分别收执。分工作票的许可和终结，由分工作票负责人与总工作票负责人办理。分工作票应在总工作票许可后才可许可；总工作票应在所有分工作票终结后才可终结。

（12）一个工作负责人不能同时执行多张工作票。若一张工作票下设多个小组工作，工作负责人应指定每个小组的小组负责人（监护人）。

12. 工作票的使用

（1）以下情况可使用一张变电第一种工作票：同一变电站内，全部停电或属于同一电压等级、位于同一平面场所、同时停送电，工作中不会触及带电导体的几个电气连接部分上的工作。

（2）以下情况可使用一张变电第二种工作票：同一变电站内在几个电气连接部分上依次进行不停电的同一类型的工作。

（3）以下情况可使用一张配电第一种工作票：

1）涉及配电变压器及与其连接的高低压配电线路、设备上同时停送电的新能源业务工作。

2）涉及同一天在几处同类型高压配电站、开关站、箱式变电站、柱上变压器等配电设备上依次进行的同类型新能源业务停电工作。同一张工作票多点工作，工作票上的工作地点、线路名称、设备双重名称、工作任务、安全措施应填写完整。不同工作地点的工作应分栏填写。

3）同一高压配电站、开关站内，全部停电或属于同一电压等级、同时停送电、工作中不会触及带电导体的几个电气连接部分上的新能源业务工作。

（4）以下情况可使用一张配电第二种工作票：

1）同一电压等级、同类型、相同安全措施且依次进行的不同配电工作地点上的不停电新能源业务工作。

2）同一高压配电站、开关站内，在几个电气连接部分上依次进行的同类型不停电新能源业务工作。

（5）对同一天、相同安全措施的多个低压新能源业务作业现场的工作，可使用一张低压工作票。

（6）以下情况可使用施工作业票、调试工作票：公司系统内新能源业务的新（扩、改）建及承揽的系统以外的新能源业务的建筑、安装、调试等工作，执行新能源业务相关专业安规的要求。

（7）工作负责人应提前知晓工作票内容，并做好工作准备。用户新能源业务涉网现场作业前，供电方工作负责人应会同用户检查现场所做的安全措施，对具体的设备指明实际的隔离措施，验明检修设备确无电压。

（8）工作许可时，工作票一份由工作负责人收执，其余留存工作票签发人或工作许可人处。工作期间，工作票应始终保留在工作负责人手中。

（9）在原工作票的停电及安全措施范围内增加工作任务时，应由工作负人征得工作票签发人和工作许可人同意，并在工作票上增填工作项目。若需变更或增设安全措施，应填用新的工作票，并重新履行签发、许可手续。

（10）变更工作负责人或增加工作任务，若工作票签发人和工作许可人无法当面办理，应通过远程、电子信息等方式办理，并在工作票登记簿和工作票上注明。

（11）第一种工作票，应在工作前一天送达设备运维管理单位（包括信息系统送达）；通过传真送达的工作票，其工作许可手续应待正式工作票送到后履行。第二种工作票、低压工作票、新能源业务工作票可在进行工作的当天预先交给工作许可人。

（12）已终结的工作票、新能源业务工作票（施工作业票）、现场勘察记录至少应保存1年。

13．工作票的有效期与延期

（1）工作票的有效期，以批准的计划工作时间为限。批准的计划工作时间为调度控制中心或设备运维管理单位批准的开工至完工时间。

（2）办理工作票延期手续，应在工作票的有效期内，由工作负责人向全部工作许可人提出申请，得到同意后给予办理；配电第二种工作票，由工作负责人向工作票签发人提出申请，得到同意后给予办理，对原工作票终结后重新开票履行许可手续。

（3）工作票只能延期一次。延期手续应记录在工作票上。

14．工作票所列人员的基本条件

（1）工作票签发人应由熟悉人员技术水平、熟悉设备情况、熟悉本文件，有相关专业工作经验的技术负责人、技术人员，并经本单位批准的人员担任，名单应公布。

（2）工作负责人应由有新能源业务专业工作经验、熟悉工作范围内的设备情况、熟悉本文件，并经本单位批准的人员担任，名单应公布。工作负责人还应熟悉工作班成员的技术水平。

（3）工作许可人应由熟悉新能源业务工作范围内的接线方式、设备情况，熟悉本文件，并经相关单位批准的人员担任，名单应公布。

（4）工作许可人包括值班调控人员、运维人员、新能源业务人员、相关变配电站（含用户资产变电站、用户侧配电站）和发电厂运维人员、配合停电线路许可人及现场许可人等。用户侧变、配电站的工作许可人应是持有效证书的高压电气工作人员。

（5）专责监护人应由具有相关专业工作经验，熟悉工作范围内的设备情况和本文件的人员担任。

15. 工作票所列人员（含用户侧）的安全责任

（1）工作票签发人。

1）确认工作必要性和安全性。

2）确认工作票上所列安全措施正确完备。

3）确认所派工作负责人和工作班成员适当、充足。

（2）工作负责人。

1）正确组织工作。

2）检查工作票所列安全措施是否正确完备，是否符合现场实际条件，必要时予以补充完善。

3）工作前，对工作班成员进行工作任务、安全措施交底和危险点告知，并确认每个工作班成员都已签名。

4）组织执行工作票所列由其负责的安全措施（含用户所做安全措施）。

5）监督工作班成员遵守本文件、正确使用劳动防护用品和安全工器具以及执行现场安全措施。

6）关注工作班成员身体状况和精神状态是否出现异常迹象，人员变动是否合适。

（3）工作许可人。

1）审票时，确认工作票所列安全措施是否正确完备，对工作票所列内容产生疑问时，应向工作票签发人询问清楚，必要时予以补充。

2）保证由其负责的停、送电和许可工作的命令正确。

3）确认由其负责的安全措施正确实施。

（4）专责监护人。

1）明确被监护人员和监护范围。

2）工作前，向被监护人员交代监护范围内的安全措施，告知危险点和安全注意事项。

3）监督被监护人员遵守本文件和执行现场安全措施，及时纠正被监护人员的不安全行为。

（5）工作班成员。

1）熟悉工作内容、工作流程，掌握安全措施，明确工作中的危险点，并在工作票上履行交底签名确认手续。

2）服从工作负责人、专责监护人的指挥，严格遵守本规程和劳动纪律，在指定的作业范围内工作，对自己在工作中的行为负责，互相关心工作安全。

3）正确使用施工机具、安全工器具和劳动防护用品。

16. 使用新能源业务工作票现场作业人员要求

使用新能源业务工作票的现场作业，工作票中所列人员的基本条件和安全责任与工作票要求相同。

对于同一个工作日，临时性增加的符合填用新能源业务工作票的工作，可由工作负责人在新能源业务工作票中增列工作记录，记录内容应包含工作地点、工作指派人、派工时间、现场作业类型、工作现场风险点分析、安全措施（注意事项）及完成情况等。

三、工作许可制度

（1）工作许可人应在完成工作票所列由其负责的停电和装设接地线等安全措施后，方可发出许可工作的命令。

（2）工作许可人在向工作负责人发出许可工作的命令前，应记录工作班组名称、工作负责人姓名、工作地点和工作任务。

（3）现场办理工作许可手续前，工作许可人应与工作负责人核对线路名称、设备双重名称，检查核对现场安全措施，指明保留带电部位。

（4）填用第一种工作票的工作，应得到全部工作许可人的许可，并由工作负责人确认工作票所列当前工作所需的安全措施全部完成后，方可下令开始工作。所有许可手续（工作许可人姓名、许可方式、许可时间等）均应记录在工作票上。

（5）用户新能源业务现场作业应执行工作票"双许可"制度。用户侧新能源业务检查现场作业可不执行"双许可"制度，由用户新能源业务运维许可人许可后，即可开展用户侧新能源业务相关工作。

用户方许可人由用户具备资质的电气工作人员担任，也可由用户委托承装（修、试）用户设备的施工方具备资质的电气人员担任。

工作许可人对工作票中所列安全措施的正确性、完备性，现场安全措施的完善性以及现场停电设备有无突然来电的危险等内容负责，经双方签字确认后方可开始工作。

（6）用户新能源业务设备检修，需电网侧设备配合停电时，应得到用户停送电联系人的书面申请，经批准后方可停电。在电网侧设备停电措施实施后，由电网侧设备的运维管理单位或调度控制中心负责向用户停送电联系人许可。做好停电设备的状态交接，留下书面记录。

恢复送电，应接到原用户停送电联系人的工作结束报告，做好录音并记录后方可进行。

（7）在用户新能源业务设备上工作，许可工作前，工作负责人应检查确认用户设备的当前运行状态、安全措施符合作业的安全要求。作业前检查采取机械或电气联锁等防止反送电的强制性技术措施。

（8）许可开始工作的命令，应通知工作负责人，可采用当面许可、电话或电子信息许可：

1）当面许可。工作许可人和工作负责人应在工作票上记录许可时间，并分别签名。采用电子化工作票的，应在电子化工作票上履行电子化许可手续。

2）电话或电子信息许可。工作许可人和工作负责人应分别记录许可时间和双方姓名，复诵或电子信息回复核对无误。工作结束后应汇报工作许可人。

（9）工作负责人、工作许可人任何一方不得擅自变更运行接线方式和安全措施，工作中若有特殊情况需要变更时，应先取得对方同意，并及时恢复，变更情况应及时记录在值班日志或工作票上。

（10）禁止约时停、送电。

四、工作监护制度

（1）工作许可后，工作负责人、专责监护人应向工作班成员交代工作内容、人员分工、带电部位和现场安全措施，告知危险点，并履行签名确认手续，方可下达开始工作的命令。

（2）工作负责人、专责监护人应始终在工作现场。

（3）现场作业人员（包括工作负责人）不宜单独进入或滞留在高压配电室、开关站等带电设备区域内。若工作需要（如二次压降测试、回路导通试验等），而且现场设备允许时，可以准许工作班中有实际经验的一个人或几个人同时在他室进行工作，但工作负责人应在事前将有关安全注意事项予以详尽的告知。

（4）工作票签发人、工作负责人对有触电危险、检修（施工）复杂、容易发生事故的工作，应增设专责监护人，并确定其监护的人员和工作范围。

专责监护人不得兼做其他工作。专责监护人临时离开时，应通知被监护人员停止工作或离开工作现场，待专责监护人回来后方可恢复工作。专责监护人需长时间离开工作现场时，应由工作负责人变更专责监护人，履行变更手续，并告知全体被监护人员。

（5）工作期间，工作负责人若需暂时离开工作现场，应指定能胜任的人员临时代替，离开前应将工作现场交代清楚，并告知全体工作班成员。原工作负责人返回工作现场时，也应履行同样的交接手续。

工作负责人若需长时间离开工作现场，应由原工作票签发人变更工作负责人，履行变更手续，并告知全体工作班成员及所有工作许可人。原、现工作负责人应履行必要的交接手续，并在工作票上签名确认。

（6）工作班成员的变更，应经工作负责人的同意，并在工作票上做好变更记录；中途新加入的工作班成员，应由工作负责人、专责监护人对其进行安全交底并履行确认手续。

（7）关键风险点管控制度。《国家电网有限公司作业安全风险管控工作规定》根据可预见风险的可能性、后果严重程度，将作业安全风险分为五个等级，即稍有风险、一般风险、显著风险、高度风险、极高风险（风险等级由低到高分别为五等至一级）。

对于作业安全风险等级为三级及以上新能源业务现场作业，应执行关键风险点管控。即对应的新能源业务现场作业计划应提前填报，填报作业计划时应由工作负责人明确作业过程中的关键风险点，并经工作票签发人、工作许可人审核确认。

当新能源业务现场工作进入关键风险点作业环节时，应由工作负责人或专责监护人进行重点监护，并认真对关键风险点的作业安全防护准备情况、执行情况进行检查、验收。

五、工作间断、转移制度

（1）工作中，遇（达）到各专业《安规》规定的雷、雨、大风等相应停工条件时，威胁到工作人员的安全时，工作负责人或专责监护人应下令停止工作。

（2）工作间断，若工作班离开工作地点，应采取相应安全措施，必要时应派人看守，不让人、畜接近工作地点。高处作业现场的工器具、材料等应做好固定、防坠落等措施。

（3）工作间断，工作班离开工作地点，若接地线保留不变，恢复工作前应检查确认接地线完好；若接地线拆除，恢复工作前应重新验电、装设接地线。间断后继续工作，若无工作负责人或专责监护人带领，作业人员不得进入工作地点。

（4）使用同一张工作票依次在不同工作地点转移工作时，若工作票所列的安全措施在开工前一次做完，则在工作地点转移时不需要再分别办理许可手续；若工作票所列的停电、接地等安全措施随工作地点转移，则每次转移均应分别履行工作许可、终结手续，依次记录在工作票上，并填写使用的接地线编号、装拆时间、位置等随工作地点转移情况。工作负责人在转移工作地点时，应逐一向工作人员交代带电范围、安全措施和注意事项。

六、工作终结制度

（1）工作完工后，应清扫整理现场，工作负责人（包括小组负责人）应检查工作地段的状况，确认工作的电气设备及其他辅助设备上没有遗留个人保安线和其他工具、材料，查明全部工作人员确由设备上撤离后，再命令拆除由工作班自行装设的接地线等安全措施。接地线拆除后，任何人不得再在设备上工作。

（2）工作地段所有由工作班自行装设的接地线拆除后，工作负责人应及时向相关工作许可人（含配合停电线路、设备许可人）报告工作终结。

（3）多小组工作，工作负责人应在得到所有小组负责人工作结束的汇报后，方可与工作许可人办理工作终结手续。

（4）执行工作票"双许可"的工作，双方许可人均办理工作终结手续后，方可视为工作终结。

（5）工作终结报告应按以下方式进行：

1）当面报告。

2）电话或电子信息报告，并经复诵或电子信息回复无误。

（6）工作终结报告应简明扼要，主要包括下列内容：工作负责人姓名，某作业现场（说明工作地点、内容等）工作已经完工，所修项目、试验结果、设备改动情况和存在问题等，工作地点已无本班组工作人员和遗留物。

（7）工作许可人在接到所有工作负责人的终结报告，并确认所有工作已完毕，所有工作人员已撤离，所有接地线已拆除，与记录簿核对无误并做好记录后，方可下令拆除各侧安全措施。

第二节　保证安全的技术措施

新能源业务现场作业保证安全的技术措施包括停电、验电、接地、悬挂标志牌（常见）和装设遮栏（围栏）。

一、停电

（1）工作地点应停电的线路和设备包括：

1）检修的线路或设备。

2）与作业人员在进行工作中正常活动范围的距离小于表 1-5 规定的设备。

3）与作业人员在进行工作中的活动范围，安全距离虽大于表 1-5 规定，但小于表 1-4 规定，同时又无绝缘隔板、安全遮栏措施的设备。

4）危及新能源业务现场作业安全，且不能采取相应安全措施的交叉跨越、平行或同杆（塔）架设线路。

5）有可能从低压侧向高压侧反送电的设备、工作地段内有可能反送电的各分支线（包括用户，下同）。

6）带电部分在作业人员后面、两侧、上下，且无可靠安全措施的设备。

7）其他需要停电的线路或设备。

（2）检修设备停电，设备运维管理单位（含用户）应把各方面的电源完全断开（任何运行中的星形接线设备的中性点，应视为带电设备）。禁止在只经断路器断开电源的高压设备上工作。

应拉开隔离开关，手车开关应拉至试验或检修位置，应使各方面有一个明显的断开点，若无法观察到停电设备的断开点，应有能够反映线路、设备运行状态的电气或机械指示等。无明显断开点也无满足条件的电气、机械等指示时，应断开上一级电源。

（3）检修设备和可能来电侧的断路器、隔离开关应断开控制电源和合闸能源，隔离开关操作把手应锁住，确保不会误送电。

（4）对难以做到与电源完全断开的检修设备，可以拆除设备与电源之间的电气连接。

（5）在高压配电室、箱式变电站、配电变压器台架上进行工作，不论线路是否停电，均应先拉开低压侧断路器，后拉开低压侧隔离开关，再拉开高压侧跌落式熔断器或隔离开关。

（6）低压配电线路和设备上的停电作业，应先拉开低压侧断路器，后拉开低压侧隔离开关；作业前检查双电源、多电源和自备电源、分布式电源的用户已采取机械或电气联锁等防止反送电的强制性技术措施。

（7）低压公共区域（计量箱等）仅涉及个别设备、箱体内停电的工作，应先断开负荷侧开关，再断开电源侧总开关。

（8）可直接在地面操作的断路器、隔离开关的操动机构应加锁；不能直接在地面操作的断路器、隔离开关应悬挂"禁止合闸，有人工作"或"禁止合闸，线路有人工作"的标志牌。熔断器的熔管应摘下或悬挂"禁止合闸，有人工作"或"禁止合闸，线路有人工作"的标志牌。

二、验电

（1）新能源业务现场停电作业，接地前，应使用相应电压等级的接触式验电器或测电笔，在装设接地线或合接地开关处逐相分别验电。

室外低压配电线路和设备验电宜使用声光验电器。

架空配电线路和高压配电设备验电应有人监护。

（2）高压验电前，验电器应先自检合格并在相应电压等级的有电设备上试验，确证验电器良好；无法在有电设备上试验时，可用工频高压发生器等确证验电器良好。

低压验电前应先在低压有电部位上试验，以验证验电器或测电笔良好。

（3）高压验电时应戴绝缘手套。验电器的伸缩式绝缘棒长度应拉足，验电时，手应握在手柄处不得超过护环，人体应与验电设备保持表1-5中规定的安全距离。

雨雪天气室外设备宜采用间接验电；若直接验电，应使用雨雪型验电器，并戴绝缘手套。

（4）对同杆（塔）架设的多层电力线路验电时，应先验低压、后验高压，先验下层、后验上层，先验近侧、后验远侧。禁止作业人员越过未经验电、接地的线路对上层、远侧线路验电。线路的验电应逐相（直流线路逐极）进行。

（5）对无法直接验电的设备，应间接验电，即通过设备的机械位置指示、电气指示、带电显示装置、仪表及各种遥测、遥信等信号的变化来判断。判断时，至少应有两个非同样原理或非同源的指示发生对应变化，且所有这些确定的指示均已同时发生对应变化，方可确认该设备已无电压。检查中若发现其他任何信号有异常，均应停止操作，查明原因。若遥控操作，可采用上述的间接方法或其他可靠的方法间接验电。

（6）低压线路和设备停电后，检修或装表接电等工作前，应在与停电检修部位或表计电气上直接相连的可验电部位验电。

（7）断开双电源、多电源、分布式电源以及带有自备电源的用户的连接点断路器和隔离开关后，应验明可能来电的各侧均无电压。

三、接地

（1）当验明确已无电压后，应立即将检修的高压配电线路和设备接地并三相短路，电缆及电容器接地前应逐相充分放电，星形接线电容器的中性点应接地，串联电容器及与整组电容器脱离的电容器应逐个多次放电，装在绝缘支架上的电容器外壳也应放电。工作地段各端和工作地段内有可能反送电的各分支线都应接地。

（2）当验明检修的低压线路、设备确已无电压后，至少应采取以下措施之一防止反送电：

1）所有相线和零线接地并短路。

2）绝缘遮蔽。

3）在断开点加锁、悬挂"禁止合闸　有人工作"或"禁止合闸　线路有人工作"的标志牌。

（3）配合停电的交叉跨越或邻近线路，在线路的交叉跨越或邻近处附近应装设一组接地线。配合停电的同杆（塔）架设线路装设接地线要求与检修线路相同。

（4）装设同杆（塔）架设的多层电力线路接地线，应先装设低压、后装设高压，先装设下层、后装设上层，先装设近侧、后装设远侧。拆除接地线的顺序与此相反。

（5）低压配电设备、低压电缆、集束导线、充（换）电设备等停电检修，无法装设接地线时，应采取绝缘遮蔽或其他可靠隔离措施。

（6）成套接地线应由有透明护套的多股软铜线和专用线夹组成，接地线截面积应满足装设地点短路电流的要求，且高压接地线的截面积不得小于25mm²，低压接地线截面积不得小于16mm²。

接地线应使用专用的线夹固定在导体上，禁止用缠绕的方法接地或短路。禁止使用其他导线接地或短路。

（7）杆塔无接地引下线时，可采用截面积大于190mm²（如ϕ16圆钢）、地下深度大于0.6m的临时接地体。土壤电阻率较高地区，如岩石、瓦砾、沙土等，应采取增加接地体根数、长度、截面积或埋地深度等措施改善接地电阻。

（8）接地线、接地开关与检修设备之间不得连有断路器或熔断器。若由于设备原因，接地开关与检修设备之间连有断路器，在接地开关和断路器（开关）合上后，应有保证断路器不会分闸的措施。

（9）装、拆接地线，应做好记录，交接班时应交代清楚。禁止作业人员擅自变更工作票中指定的接地线位置，若需变更，应由工作负责人征得全部工作票签发人或工作许可人同意，并在工作票上注明变更情况。

（10）装设、拆除接地线应有人监护。装设、拆除接地线均应使用绝缘棒并戴绝缘手套，人体不得碰触接地线或未接地的导线。装设的接地线应接触良好、连接可靠。装设接地线应先接接地端、后接导体端，拆除接地线的顺序与此相反。

（11）作业人员应在接地线的保护范围内作业。禁止在无接地线或接地线装设不齐全的情况下进行高低压作业。

（12）使用个人保安线：

1）对于因交叉跨越、平行或邻近带电线路、设备导致工作范围内设备可能产生感应电压时，已接地但距离工作地点较远、未做有效的重复接地时，应加装接地线或使用个人保安线，加装（拆除）的接地线应记录在工作票上，个人保安线由作业人员自行装拆。

2）个人保安线应在杆塔上接触或接近导线的作业开始前挂接，作业结束脱离导线后拆除。装设时，应先接接地端，且接触良好、连接可靠。拆个人保安线的顺序与此相反。个人保安线由作业人员负责自行装、拆，加装（拆除）的接地线应记录在工作票上。

3）个人保安线应使用有透明护套的多股软铜线，截面积不准小于16mm²，且应带有绝缘手柄或绝缘部件。禁止用个人保安线代替接地线。

四、悬挂标志牌（常见）和装设遮栏（围栏）

（1）在一经合闸即可送电到工作地点的断路器和隔离开关的操作处或机构箱门锁把手上及熔断器操作处，应悬挂"禁止合闸，有人工作"标志牌。

（2）工作地点有可能误登、误碰的邻近带电设备，应根据设备运行环境悬挂"止步，高压危险"等标志牌。

（3）在工作地点或检修的配电设备上悬挂"在此工作"标志牌。

（4）由于设备原因，接地开关与检修设备之间连有断路器，在接地开关和断路器合上后，在断路器的操作处或机构箱门锁把手上，应悬挂"禁止分闸"标志牌。

（5）高压开关柜内手车开关拉出后，隔离带电部位的挡板应可靠封闭，禁止开启，并设置"止步，高压危险"标志牌。

（6）高低压配电室、开关站部分停电检修或新设备安装，应在工作地点两旁及对面运行设备间隔的遮栏（围栏）上和禁止通行的过道遮栏（围栏）上悬挂"止步，高压危险"标志牌。必要时在人员可以上下的围栏、铁架、爬梯上挂"禁止翻越"标志牌。

（7）配电站户外高压设备部分停电进行新能源业务现场作业，应在工作地点四周装设围栏，其出入口要围至邻近道路旁边，并设有"从此进入"和"在此工作"标志牌。工作地点四周围栏上悬挂适当数量的"止步，高压危险"标志牌，标志牌应朝向围栏里面。高压配电装置构架的爬梯上；变压器、电抗器等设备的爬梯上应设置"禁止攀登，高压危险"标志牌。

若配电站户外高压设备大部分停电，只有个别地点保留有带电设备而其他设备无触及带电导体的可能时，可以在带电设备四周装设全封闭围栏，围栏上悬挂适当数量的"止步，高压危险"标志牌，标志牌应朝向围栏外面。

（8）部分停电的工作，小于表1-5规定距离以内的未停电设备，应装设临时遮栏，临时遮栏与带电部分的距离不得小于表1-5的规定数值。临时遮栏可用坚韧绝缘材料制成，装设应牢固，并悬挂"止步，高压危险"标志牌。

（9）低压开关（熔丝）拉开（取下）后，应在适当位置悬挂"禁止合闸，有人工作"或"禁止合闸，线路有人工作"标志牌。

（10）配电设备上进行新能源业务现场作业，若无法保证安全距离或因工作特殊需要，可用与带电部分直接接触的绝缘隔板代替临时遮栏，其绝缘性能应符合《安规》的要求。

（11）在城区、人口密集区或交通道口和通行道路上施工时，工作场所周围应装设遮栏（围栏），并在相应部位装设警告标志牌。必要时，派人看管。

（12）禁止越过遮栏（围栏）。

（13）光伏、储能设备场区入口、逆变器室入口、电池室、配电房入口等处应设置"未经许可，不应入内"标志牌。

（14）作业地点光伏方阵的入口处以及彩钢瓦等屋面不可承重处应设置"禁止踩踏"标志牌。

（15）作业地点光伏支架临近处醒目位置应挂设"当心碰头"标志牌。

（16）作业地点临边作业、屋面孔洞等易发生坠落事故的地点应挂设"当心坠落"标志牌。

（17）禁止作业人员擅自移动或拆除遮栏（围栏）、标志牌。因工作原因需短时移动或拆除遮栏（围栏）、标志牌时，应有人监护。完毕后应立即恢复。

（18）其他标志牌的悬挂要求和样式详见第五章。

第三章

作业项目安全风险管控

第一节　概　　述

本节依据国家电网有限公司发布的《作业安全风险管控工作规定》《安全风险管理工作基本规范（试行）》《生产作业风险管控工作规范（试行）》《供电企业安全风险评估规范及辨识防范手册》，阐述作业项目安全风险控制的职责与分工、计划编制、风险识别、评估定级、现场实施等要求，遵循"全面评估、分级管控"的工作原则，并依托安全生产风险管控平台（简称平台，含移动App）实施全过程管理，形成"流程规范、措施明确、责任落实、可控在控"的安全风险管控机制。

作业项目安全风险管控流程包括计划管控、风险评估与定级、风险管控措施编制审核、风险督察与公示、作业现场风险管控等环节。

安监部门负责建立健全本单位作业风险评估、管控及督查工作机制；组织、协调和督导本单位作业风险管控工作，对所属单位作业风险评估定级、公示、管控措施制订和落实情况开展监督检查和评价考核，牵头组织风险管控工作督查会议。

运检、营销、建设、调控中心等专业部门负责组织本专业作业计划编制、风险评估定级、管控措施落实等工作；按要求组织开展到岗到位工作；参加风险管控工作督查会议。

二级机构（作业单位、业主项目部）负责组织实施作业风险管控工作，编制并上报作业计划，按照批复的作业计划组织落实风险预控、作业准备、作业实施、到岗到位等各环节安全管控措施和要求。

班组负责落实现场勘察、风险评估、"两票"执行、班前（后）会、安全交底、作业监护等安全管控措施和要求。

作业风险管控工作流程如图 3-1 所示。

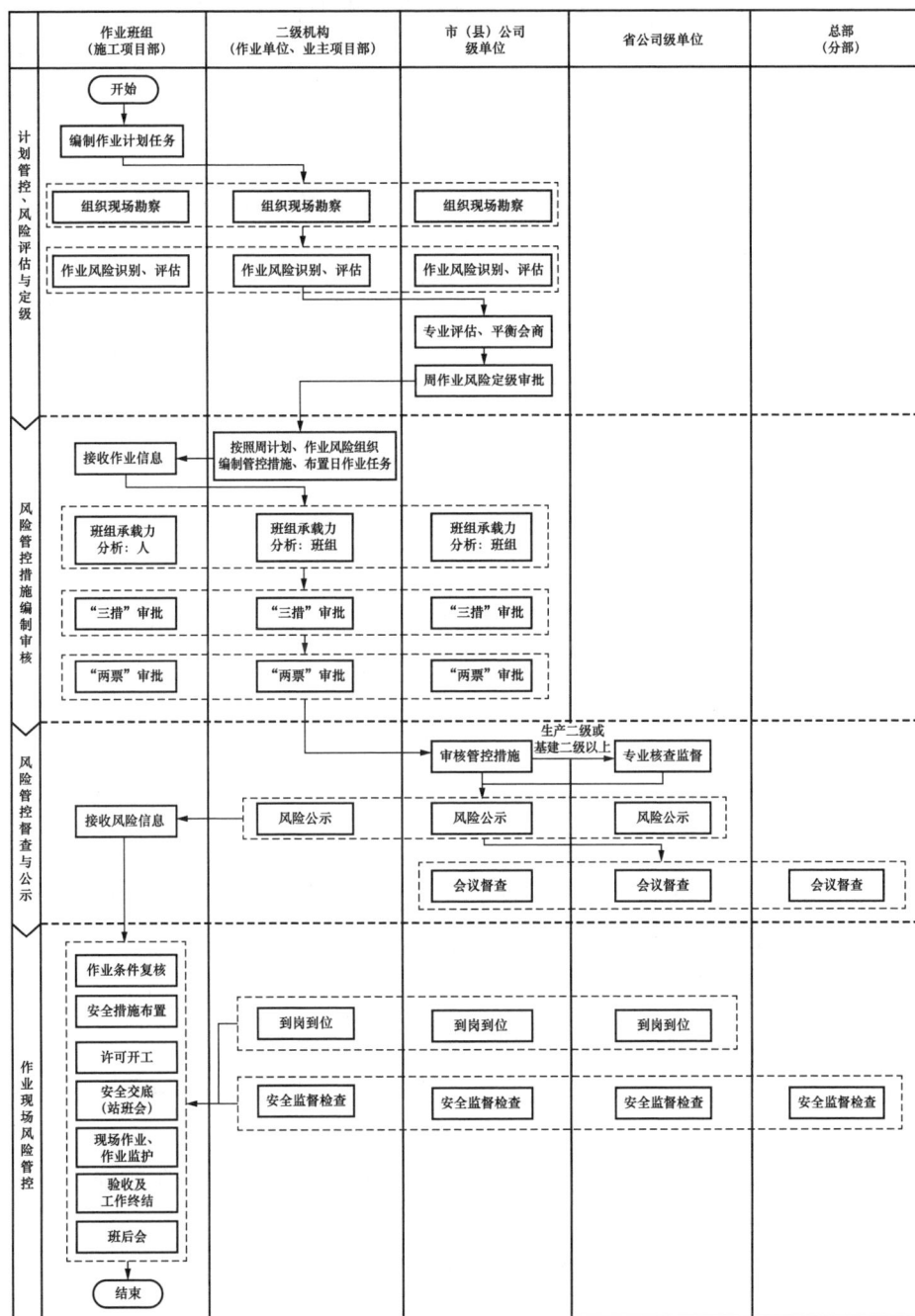

图 3-1 作业风险管控工作流程图

第二节 作业安全风险辨识与控制

一、计划管理

（1）各单位应根据设备状态、电网需求、基建技改及用户工程、保供电、气候特点、承载力、物资供应等因素，按照作业计划编制"六优先、九结合"原则，统筹协调生产、建设、营销、调度等各专业工作，科学编制作业计划。

（2）各单位的作业任务应统筹考虑月度停电计划、管理和作业承载能力等情况，按"周"进行平衡安排，细化分解到"日"，形成作业计划。

（3）生产作业、营销作业、输变电工程、配（农）网建设、迁改工程施工、信息通信作业，以及送变电公司和省管产业单位承揽的外部建设项目施工均应纳入作业计划管控，严禁无计划作业。

（4）作业计划应包括作业内容、作业时间、作业地点、作业人数、工作票种类、专业类型、风险等级、风险要素、作业单位、工作负责人及联系方式、到岗到位人员信息等内容。

（5）作业计划按照"谁管理、谁负责"的原则实行分层分级管理。各单位应结合平台应用，明确各专业计划管理人员，健全计划编制、审批和发布工作机制，严格计划编审、发布与执行的全过程监督管控。

（6）作业计划实行刚性管理，禁止随意更改和增减作业计划，确属特殊情况需追加或者变更作业计划，应按专业要求履行审批手续后方可实施。

二、风险识别（现场勘察）

（1）作业任务确定后，各单位应根据作业类型、作业内容，规范组织开展现场勘察、危险因素识别等工作。

（2）承发包工程作业应由项目主管部门、单位组织，设备运维管理单位和作业单位共同参与。

（3）对涉及多专业、多单位的大型复杂作业项目，应由项目主管部门、单位组织相关人员共同参与。

作业项目风险因素见表3-1。

表 3-1   作业项目风险因素表

序号	评估类别	危险因素
一		触电伤害
（一）	误入、误登带电设备	（1）设备检修时，工作人员与带电部位的安全距离小于规定值，造成人员触电
		（2）悬挂标志牌和装设遮（围）栏不规范，造成人员触电。如标志牌缺少、数量不足或朝向不正确，装设遮（围）栏不满足现场安全的实际要求等
		（3）高压设备的隔离措施不规范，造成误入带电设备触电。如遮栏不稳固，高度不足，未加锁等
		（4）对难以做到与电源完全断开的检修设备未采取有效措施，造成人员触电
		（5）高压开关柜易误碰有电设备的孔洞，隔离措施不规范，造成人员触电。如手车开关的隔离挡板缺失、损坏、封闭不严，封闭式组合电器引出电缆备用孔或母线的终端备用孔未采取隔离措施等
		（6）工作票上安全措施不正确完备，造成人员触电。如应拉断路器、隔离开关等未拉开，有来电可能的地点漏挂接地线等
		（7）检修设备停电，未能把各方面的电源完全断开，造成人员触电。如星形接线设备的中性点隔离开关未拉开，检修设备没有明显断开点，有反送电可能的设备与检修设备之间未断开等
		（8）高压设备名称、编号标志设置不规范、不齐全造成误入、误登带电设备触电。如设备标牌脱落、字迹不清、更换名称标牌不及时等
		（9）现场安全交底内容不清楚，造成人员触电。如工作负责人布置工作任务时未向工作班成员交代杆塔双重名称及编号，工作班成员登杆前未核对双重名称和标志导致误登带电杆塔触电
		（10）忽视对外协工作人员、临时工的安全交底，造成人员触电。如使用少量的外协工作人员、临时工时，未进行安全交底
		（11）检修人员擅自工作或不在规定的工作范围内工作，误入、误登带电间隔，造成人员触电。如无票工作、未经许可工作、擅自扩大工作范围、在安全遮（围）栏外工作等
		（12）杆塔上传递材料时的安全距离不符合要求，造成人员触电。如同杆架设多回路单回路停电时以及在平行、邻近、交叉带电杆塔上工作时传递工器具材料
		（13）平行、邻近、同杆架设线路附近停电作业，接触导线、架空地线时感应电放电，造成人员触电。如未使用个人保安线
		（14）穿越未经接地同杆架设低电压等级线路，造成人员触电
		（15）电力检修（施工）作业，未能准确判断电缆运行状态、盲目作业，造成人员触电
		（16）电缆接入（拆除）架空线路或开关柜间隔，误登带电杆塔或误入带电间隔，造成人员触电
（二）	误碰带电设备	（1）现场使用起重机、斗臂车等大型机械时，对起重机、斗臂车司机现场危险点告知及检查不规范，造成人员触电。如未告知现场工作范围及带电部位，致使吊臂对带电导体放电等
		（2）室内、室外母线分段部分、母线交叉部分及部分停电检修时忽视带电部位，造成人员触电。如作业地点带电部位不清，误碰带电设备等

续表

序号	评估类别	危险因素
（二）	误碰带电设备	（3）现场临时电源管理不规范，造成人员触电。如乱拉电源线，电源线敷设不规范，使用的工具、金属型材、线材误将临时电源线轧破磨伤等
		（4）仪器的摆放位置不合理，造成人员触电。如仪器摆错位置或摆放位置离带电设备太近等
		（5）容性设备进行试验工作放电不规范，造成人员触电。如电力电容器、电力电缆未充分放电等
		（6）加压过程中失去监护，造成人员触电。如监护人干其他工作或随意离去，注意力不集中等
		（7）仪器金属外壳无保护接地，造成人员触电。如外壳未接地或接地不牢等
		（8）试验现场安全措施不规范，他人误入，造成人员触电。如遮栏或围栏进出口未封闭、标志牌朝向不正确、无人看守等
		（9）高压试验人员操作时未规范使用绝缘垫，造成人员触电。如绝缘垫耐压不合格，绝缘垫太小，试验人员操作时一只脚站在绝缘垫上，另一只脚站在地面上等
		（10）绝缘工器具不合格或使用不规范，造成人员触电。如受潮、破损、超周期使用，绝缘杆未完全拉开等
		（11）低压回路工作中无人监护误碰其他带电设备。如工作人员身体裸露部分误碰带电设备等
		（12）在变电站内人工搬运较长物件不规范。如梯子、金属管材、型材未放倒搬运等
		（13）检修设备的交、直流电源未断开，造成人员触电。如未断开检修设备的控制电源或合闸电源等
		（14）拖拽电缆时未做防护措施，导致与带电设备距离不够，造成人员触电
（三）	电动工器具类触电	（1）电动工器具的使用不规范，造成人员触电。如手握导线部分或与带电设备安全距离不够等
		（2）电动工器具绝缘不合格，造成人员触电。如外绝缘破损、超周期使用等
		（3）电动工器具金属外壳无保护，造成人员触电。如外壳未接地或用缠绕方式接地
（四）	倒闸操作触电	（1）不具备操作条件进行倒闸操作，造成人员触电。如设备未接地或接地不可靠、防误装置功能不全、雷电时进行室外倒闸操作、安全工器具不合格等
		（2）倒闸操作过程中接触周围带电部位，造成人员触电。如操作时误碰带电设备、操作未保证足够的安全距离等
		（3）操作过程中发生设备异常，擅自进行处理，误碰带电设备触电
		（4）操作人未按照顺序逐项操作，漏项、跳项操作导致触电
		（5）操作时未认真执行"三核对"❶，走错位置，误入带电间隔，误拉隔离开关，导致触电或电弧灼伤
		（6）操作隔离开关过程中瓷柱折断，引线下倾，造成人身触电。如站立位置不当、操作用力过猛、绝缘子开裂或安装不牢固等

---

❶ "三核对"：核对设备名称、核对设备位置、核对设备编号。

续表

序号	评估类别	危险因素
（四）	倒闸操作触电	（7）操作肘型电缆分支箱、箱式变压器时触碰相邻的带电设备，造成人员触电
		（8）对环网柜、电缆分支箱、箱式变压器操作时，不执行停电、验电制度，直接接触设备导电部分，造成人员触电
		（9）验电器、绝缘操作杆受潮，造成人员触电。如雨天操作没有防雨罩，存放或使用不当等
		（10）装地线前不验电、放电，装、拆接地线时，方法不正确或安全距离不够，造成人员触电。如装、拆接地线碰到有电设备，操作人员与带电部位小于安全距离，攀爬设备构架等
		（11）装拆临时接地线操作不当，造成人员触电。如装设接地线时接地线触及操作人员身体、装设接地线时误碰带电设备、装设接地线操作顺序颠倒
（五）	运行维护工作触电	（1）当值运维人员更换高压熔断器、测温、卫生清扫等工作失去监护，人员误入、误登、误碰带电设备，造成人员触电
		（2）当值运维人员进行更换低压熔断器、二次设备清扫、更换灯泡等工作，工器具选择不当，未与带电设备保持安全距离，造成人员触电。如清扫设备时安全距离小于规定值、没有使用安全工器具、工具的金属部分未用绝缘物包扎等
		（3）高压设备发生接地时，巡视人员与接地之间小于安全距离没有采取防范措施，造成人员触电
		（4）雷雨天巡视设备时，靠近避雷针、避雷器，遇雷反击，造成人员触电
		（5）夜间巡视设备时，巡视人员因光线不足，误入带电区域，造成人员触电
		（6）汛期巡视设备时，安全用品、设备失效，造成人员触电
（六）	交流低压触电	（1）电流互感器二次回路开路，造成人员触电。如试验短接线脱落、电流互感器二次绕组切换步骤不正确等
		（2）电压互感器二次回路上取放熔丝、测量电压、拆接线工作不规范，造成人员触电。如未使用绝缘工具、未戴手套等
		（3）工作中试验方法不当，造成人员触电。如接错线、试验表计未调至零位或未断开电源等
		（4）工作人员改接试验线时，未采取措施，造成人员触电
		（5）工作人员在二次回路加压时，操作错误，造成人员触电。如误合电压回路的空气开关，应断开的电压端子未断开等
		（6）带电收放临时电源线（保护用接地线），造成人员触电。如未断开临时电源，误碰带电部位等
		（7）绝缘电阻表输出误碰他人和自己，造成人员触电。如试验线有裸露部分、有其他人员在摇测绝缘的回路上工作、摇测绝缘时作业人员触及输出端子等
		（8）工作中误触相邻运行设备带电部位。如同屏布置的二次设备检修时，相邻的运行设备未做安全隔离措施等
		（9）运行中的电流、电压互感器二次回路，因为二次失去接地线，一次高压通过电容耦合等串入低压回路，造成触电

续表

序号	评估类别	危险因素
（七）	直流低压触电	（1）直流回路上工作，未采取防护措施造成人员触电。如未使用绝缘工具、未戴手套等
		（2）直流回路上工作，应断开电源的未断开，造成人员触电。如操作电源、信号电源、测控电源未断开等
（八）	其他类触电	（1）动火工作过程不规范，造成人员触电。如动火用具与带电设备安全距离不够，在较潮湿的环境条件下进行电焊作业
		（2）进行设备验收工作时，人与带电部位距离小于安全距离，造成人身触电
		（3）绝缘斗臂车工作位置选择不当，绝缘部位与带电距离不够，导致相间短路
		（4）带电作业人员不熟悉带电操作程序，导致触电
二		高空坠落
（一）	登塔、登杆作业	（1）高处作业时，防止高处坠落的安全控制措施不充分、高处作业时失去监护或监护不到位，造成人员高处坠落
		（2）个人安全防护用品使用不当，造成人员高处坠落。如使用不合格的安全帽或安全帽佩戴不正确、高处作业使用不合格的安全带或使用方法不正确，在登杆、登塔中不能起到防护作用等
（二）	绝缘子、导线上工作	（1）更换绝缘子时，绝缘子锁紧销脱落等，造成人员高处坠落
		（2）链条葫芦使用不规范，导致绝缘子掉串，造成人员高处坠落。如超载、制动装置失灵等
		（3）更换绝缘子时，滑轮组使用不规范，造成人员高处坠落。如滑轮组绳强度不足、过负荷等
（三）	构架上工作	（1）构架上有影响攀登的附挂物，造成人员高处坠落。如照明灯、标志牌、支撑架、拉线等
		（2）攀登时，爬梯金属件或支撑物不符合要求，造成人员高处坠落。如金属件缺失、松动、脱焊、锈蚀严重、支撑物埋设松动
		（3）构架上移位方法不正确，失去防护，造成人员高处坠落。如未正确使用双保险安全带，手未扶构件或手扶的构件不牢固，踩点不正确或踏空等
		（4）焊、割工作中防护措施不当，造成人员高处坠落。如安全带系挂在焊、割构件上或焊、割点附近及下风侧，工作人员在下风侧等
（四）	使用梯子攀登或在梯子上工作	（1）梯子本身不符合要求，造成人员高处坠落。如构件连接松动、严重腐（锈）蚀、变形；防滑装置（金属尖角、橡胶套）损坏或缺失，无限高标志或不清晰，绝缘梯绝缘材料老化、劈裂；升降梯控制爪损坏、人字梯铰链损坏、限制开度拉链损坏或缺失等
		（2）梯子放置不符合要求，造成人员高处坠落。如角度不符合要求、不稳固；梯子架设在滑动的物体上、人字梯限制开度拉链未完全张开；升降梯控制爪未卡牢，靠在软母线上的梯子上端未固定等
		（3）上、下梯子防护措施不当造成坠落。如无人扶梯、未穿工作鞋、脚未踩稳、手未抓牢、面部朝向不正确等

序号	评估类别	危险因素
（四）	使用梯子攀登或在梯子上工作	（4）在梯上工作时，梯子使用不当或在可能被误碰的场所使用梯子未采取措施，造成坠落。如站位超高，总质量超载，梯子上有人时移动梯子，在通道、门（窗）前使用梯子时被误碰等
		（5）水平梯使用方法不正确、失去防护，造成人员高处坠落。如梯子固定不可靠或超载使用，导致水平梯脱落或断裂，且未使用双保险安全带等
（五）	脚手架上工作	（1）脚手架本身不符合要求，造成人员高处坠落。如组件腐蚀、开裂、严重机械损伤；组件裂纹、严重锈蚀、变形、弯曲；木（竹）制脚手板厚度不合要求；安全网网绳、边绳、筋绳断股、散股及严重磨损，连接不牢；脚手架的承重不符合要求等
		（2）脚手架上工作面湿滑及防护措施不当，造成人员高处坠落。如工作面有油污、冰雪，鞋底有油污，无上下固定梯子，在高度超过1.5m没有栏杆的脚手架上工作未使用安全带等
（六）	斗臂车（含曲臂式升降平台）上工作	（1）斗臂车本身不符合要求，造成工作斗下落，导致人员高处坠落。如结构变形、裂缝或锈蚀；零部件磨损或变形；气（电）动、液压保险、制动装置失灵；螺栓和其他紧固件松动；焊接部位开裂、脱焊；铰接点的销轴装置脱落等
		（2）斗臂车不稳固造成倾覆，导致人员高处坠落。如地面松软、支撑不稳定
		（3）工作方法不正确，造成人员高处坠落。如发动机熄火；下部人员误操作，且绝缘斗中工作人员未系安全带，导致绝缘斗中人员被其他物件剐碰等
（七）	电缆竖井作业	电缆竖井内设施不符合要求，工作方法不正确，造成人员高处坠落。如爬梯或电缆支架缺失、松动、脱焊、锈蚀严重；上下爬梯脚未踩稳、登高工作中未使用安全带等
三		物体打击
（一）	高处作业现场	高空落物伤人。如不正确佩戴安全帽、围栏设置和传递工具材料方法不正确等
（二）	工作平台及脚手架	垮塌或落物伤人。如工作平台、脚手架四周没有设置围网，杆脚搭设在不稳固的鹅卵石上等
（三）	电气操作	（1）操作隔离开关过程中，瓷柱折断伤人，操作把手断裂伤人。如瓷柱有裂纹损伤、操作用力过猛、操作把手有裂纹损伤等
		（2）操作时，安全工器具掉落伤人。如绝缘罩、绝缘板或地线杆等掉落
（四）	安装、检修隔离开关、断路器等变电设备	设备支柱绝缘子断裂或倾倒砸伤人。如设备本身质量有问题，焊接部位不牢；工作人员违章工作，将安全带打在套管绝缘子或支柱绝缘子上等
（五）	搬运设备及物品	重物失去控制伤人。如搬运各种保护屏、柜、试验仪器等设备
（六）	更换绝缘子	绝缘子掉串伤人。如绝缘子没有连接好突然掉落、控制绝缘子的绳子突然松掉等
（七）	压力容器	喷出物或容器损坏伤人
（八）	装运水泥杆、变压器、线盘	水泥杆、变压器、线盘砸伤人。如抬水泥杆时，水泥杆突然掉落；堆放水泥杆时，水泥杆突然滚动等

序号	评估类别	危险因素
(九)	线路拆线	倒塔和断线时伤人。如倒杆(塔)、断杆砸伤人,断线时跑线抽伤人
(十)	立、撤杆塔	杆塔失控伤人。如揽风绳、叉杆失控引起倒杆塔等
(十一)	水泥杆底、拉盘施工、铁塔水泥基础施工	起吊或放置重物措施不当伤人。如安放杆塔或拉线底盘时杆坑内有人工作等
(十二)	放、紧线及撤线	导线失控伤人。如导线抽出伤人,手被导线挤伤、压伤等
(十三)	砍剪树竹	树竹失控伤人。如被倒下的树木或朽树枝砸伤等
(十四)	敷设电缆	人员绊伤、摔伤、传动挤伤
(十五)	挖掘电缆沟	安全措施不当,导致伤人
(十六)	电缆头制作	操作不规范、措施不当,导致物体打击。如坑、洞内作业未设置安全围栏等
四		机械伤害
(一)	操作钻床、台钻等机械设备	设备防护设施不全,造成人员伤害。如缺少防护罩、防护屏,戴手套操作钻床等
(二)	开关设备的储能机构、装置检修	机械故障导致的能量非正常释放,造成人员伤害。如弹簧、测量杆伤人等
(三)	砍剪树竹	使用的工器具质量不合格、操作不当或失控,造成人员伤害。如油锯金属碎片飞出,锯掉的木屑或卡涩引起的转动异常,碰金属物,用力过猛误伤等
(四)	敷设电缆	展放电缆挤压伤人,或使用电缆刀剥导线时伤人,造成人员伤害
(五)	起重机械	起重机起重作业措施不当失控伤人,造成人员伤害。如翻车、千斤断裂或系挂点脱落、起吊回转范围内有人等
五		特殊环境作业
(一)	夜晚、恶劣天气作业	(1)夜晚高处作业,工作场所照明不足,导致事故
		(2)恶劣气候条件下,在杆塔上作业未采取有效的保障措施,导致事故。如雨、雾、冰雪、大风、雷电、高温、高寒等天气
(二)	有限空间作业	(1)未对从业人员进行安全培训,或培训教育考试不合格,导致人身伤害
		(2)未严格实行作业审批制度,擅自进入有限空间作业,导致人身伤害
		(3)未做到"先通风、再检测、后作业",或者通风、检测不合格,照明设施不完善,导致人身伤害
		(4)未配备防中毒窒息防护设备、安全警示标志,无防护监护措施,导致人身伤害
		(5)未制订应急处置措施,作业现场应急装置未配备或不完整,作业人员盲目施救,导致人身伤害和衍生事故

续表

序号	评估类别	危险因素
六		误操作
（一）	电气设备防误装置	（1）设备固有防误装置
		1）防误闭锁装置功能不正常、强行解锁，造成误操作。如程序出错、逻辑关系错误、锁具或钥匙失灵等
		2）防误闭锁装置不完善，造成误操作。如闭锁有漏点、没加挂机械锁等
		3）无法验电的设备、联络线设备的电气闭锁装置不可靠，造成误操作。如高压带电显示装置提示错误、高压带电显示闭锁装置闭锁失灵等
		（2）防误装置逻辑和软件系统
		1）防误装置有逻辑死区，造成误操作。如逻辑关系漏编等
		2）计算机监控系统中没有防误闭锁功能或功能不完善，造成误操作。如操作程序漏编、错编等
		3）远方遥控操作，未实现对受控站的远方防误操作闭锁，造成误操作。如未配置闭锁、闭锁未连接、逻辑关系设置错误或有遗漏等
		4）防误装置主机发生故障时无法恢复数据或与实际不符，造成误操作。如数据无备份、信息变更时数据备份不及时等
（二）	运维专业误操作	（1）人员行为导致误操作
		1）操作人员、检修维护人员未做到"三懂二会"（懂防误装置的原理、性能、结构；会操作、维护），造成误操作
		2）操作及事故处理时注意力不集中、精力分散或过度紧张，造成误操作
		3）无调度指令或调度指令错误，造成误操作。如无调度指令操作，操作任务不清、漏项、错项等
		4）无操作票或操作票错误，造成误操作。如无操作票、操作票漏项、错项等
		5）倒闸操作没有按照顺序逐项操作，未进行"三核对"或现场设备没有明显标志，造成误操作。如漏项或跳项操作，操作前未核对设备名称、编号和位置，操作设备无命名、编号、转动方向及切换位置的指示标志或标志不明显等
		6）操作任务不明确，调度术语不标准、联系过程不规范，造成误操作。如操作目的不清、调度术语不确切、未互报单位和姓名、未复诵等
		7）设备检修、验收或试验过程中，误分合隔离开关或接地隔离开关，造成误操作。如未按规定加锁、擅自操作、验收操作时未核对设备等
		8）操作时走错间隔，造成误分、合断路器，误带电挂接地线，造成误操作
		9）验电器选择或使用不当，造成误操作。如验电器电压等级与实际不符、验电器损坏、验电位置错误等
		10）装设接地线未按程序进行，带电挂接地线，造成误操作。如未验电、验电后未立即装设接地线等
		11）交直流电压小开关误投、误退，造成误操作

续表

序号	评估类别	危险因素
（二）	运维专业误操作	12）电流互感器二次端子接线与一次设备方式不对应，造成误操作。如二次端子操作顺序错误等
		（2）运维管理不当导致误操作
		1）一次系统模拟图（或计算机系统模拟图）与现场设备或运行方式不一致，造成误操作。如运行方式改变时，设备和编号变更时未及时变更模拟图等
		2）解锁钥匙管理不规范，造成误操作。如擅自使用、超范围使用、未及时封存、私藏解锁钥匙等

三、评估定级及管控措施制订

风险识别（现场勘察）完成后，编制"三措"❶、填写"两票"前，应围绕作业计划，针对作业存在的危险因素，全面开展风险评估定级。评估出的危险点及预控措施应在"两票""三措"中予以明确。作业风险评估定级一般由工作票签发人或工作负责人组织，涉及多专业、多单位共同参与的大型复杂作业，应由作业项目主管部门、单位组织开展。

（1）作业风险根据不同类型工作可预见安全风险的可能性、后果严重程度，从高到低分为一到五级。作业风险定级应以每日作业计划为单元进行，同一作业计划（日）内包含多个工序、不同等级风险工作时，按就高原则确定。

（2）一级风险作业不得直接实施，必须通过组织、技术措施降为二级及以下风险后方可实施。遇有恶劣天气、连续工作超 8h、夜间作业等情况宜提高风险等级进行管控。

风险管控措施是指采取预防或控制措施将风险降低到可接受的程度。技术上通常采用消除、隔离、防护、减弱等控制方法。管理上利用作业安全风险控制措施卡、标准化作业指导书、工作票、操作票、到岗到位现场督导等安全组织措施加强现场风险控制。

（1）作业风险评估定级完成后，作业单位应根据现场勘察结果和风险评估定级的内容制订管控措施，编制审批"两票""三措一案"。

（2）作业风险管控措施由作业班组、相关专业管理部门和单位分级策划制订，并经逐级审批后执行。

---

❶ "三措"：组织措施、技术措施、安全措施。

1）四、五级风险作业，风险管控措施应由二级机构组织审核；工程施工作业由施工项目部审核。

2）三级风险作业，风险管控措施应由地市级单位专业管理部门组织审核；工程施工作业由业主项目部审核。

3）二级风险作业，风险管控措施应由地市级单位分管领导组织审核；工程施工作业由建设管理单位专业管理部门组织审核。省公司级单位专业管理部门对本专业二级风险作业进行备案和审查。

（3）因现场作业条件变化引起风险等级调整的，应重新履行识别、评估、定级和管控措施制订审核等工作程序。

新能源业务典型生产作业风险定级与作业安全风险典型控制措施见表3-2。

表3-2　　新能源业务典型生产作业风险定级与作业安全风险典型控制措施

序号	所属专业	作业内容	风险因素	风险等级	典型控制措施
1	光伏专业	巡回检查	触电、刺割	五级	（1）巡回过程中尽量不要接触接线插头及组件支架，如需进行工作必须接触接线插头及组件支架时，工作人员需要使用绝缘工器具，方可进行工作。 （2）光伏组件、汇流箱、直流配电柜运行中正极、负极严禁接地
2		光伏组件铝框、支架测试	触电	五级	在光伏支架范围内作业前，应对作业范围内光伏组件的铝框、支架进行测试，确认无电压
3		电机绝缘测量	触电	五级	在寒冷、潮湿和盐雾腐蚀严重的地区，停止运行一个星期以上的单轴、双轴跟踪式光伏支架，在投运前应测量电机绝缘，合格后方可投入运行
4		全面外观检查	触电	五级	（1）在大风、冰雹、大雨及雷电天气过后应对光伏组件进行一次外观全面检查。 （2）每3个月宜对光伏阵列的基础、支架进行一次全面检查
5		接地网检查	触电	五级	每3个月宜对光伏阵列的接地网进行一次全面检查
6		转动机构检查	触电	五级	每个月宜对单轴、双轴跟踪式光伏支架的方位角转动机构和高度角转动机构进行检查
7		更换光伏组件	触电、高处坠落、物体打击	三级	（1）严格执行操作规程，进入作业现场正确佩戴安全帽等安全防护用品。 （2）选用合格的安全带、安全绳，爬至光伏支架时将安全带固定在上端支架上。 （3）作业过程设置专人监护，与带电设备保持安全距离，严禁误触、误碰带电设备。 （4）严禁低温、高温、大雾、大风、雷电等恶劣天气进行作业。 （5）更换组件时，必须断开与之相应的汇流箱断路器、隔离开关（低压）、支路保险及相连光伏组件接线等，并使用绝缘工器具。 （6）光伏组件更换完毕后，必须测量开路电压，并进行记录

续表

序号	所属专业	作业内容	风险因素	风险等级	典型控制措施
8		逆变器装置清洁	触电	五级	至少每半年对逆变器装置清洁一次
9		逆变器检测	触电	五级	（1）逆变器散热风扇运行时不应有较大振动及异常噪声，如有异常情况应断电检查。 （2）逆变器运行中不应打开柜门，进行检测时应切断直流、交流和控制电源并确认无电压残留后，在有人监护的情况下进行
10		逆变器启动	触电	五级	（1）设置专人监护，工作过程中穿戴劳动防护用品。 （2）与带电设备保持足够安全距离。 （3）应每年对逆变器紧急停机功能检查1~2次，并进行逆变器紧急停机及远程启停试验
11		逆变器停运	触电	五级	（1）确认安全防护装置可靠。 （2）严格按操作规程操作，设置专人监护，穿戴好劳动防护用品。 （3）应每年对逆变器紧急停机功能检查1~2次，并进行逆变器紧急停机及远程启停试验
12	光伏专业	逆变器巡回检查	触电	五级	（1）内部接线正确、牢固、无松动。接线母排相序正确、螺栓牢固、无松动。 （2）相应参数整定正确、保护功能投入正确。 （3）运行时各指示灯工作正常，无故障信号。液晶显示屏图像、数字清晰。 （4）运行声音无异常。一次回路连接线连接紧固，无松动、无异味、无异常温度上升。 （5）直流侧、交流侧电缆无老化、发热、放电迹象。直流侧、交流侧开关位置正确，无发热现象。 （6）工作电源切换回路工作正常，必要时进行电源切换试验。 （7）冷却风扇工作电源切换正常。电缆沟内逆变器进出线电缆温度正常
13		逆变器检修	触电、火灾	四级	（1）对检修人员进行《安规》培训，经培训合格后方可上岗，严格执行工作中的各项技术规定。 （2）禁止使用带腐蚀性的液体清洁元器件。 （3）检修前，机柜内有防止对检修与调试人员直接接触电极部分的保护措施，并可靠接地。 （4）检修时，逆变器所有进、出线接地，有可能触碰的相邻带电设备应采取停电或绝缘遮蔽措施，检查和更换电容器前，应将电容器充分放电。 （5）电缆接引完毕后，逆变器本体的预留孔洞及电缆管口应进行防火封堵
14		直流汇流箱运行维护	触电、物体打击	五级	（1）各部件正常无变形，安装牢固无松动现象，锁具完好，密封性良好。 （2）正常运行时各熔断器全部投入，采集板运行正常，防雷器、断路器、隔离开关（低压）等全部投入运行。 （3）各元件无过热、异味、断线等异常现象，各电气元件在运行要求的状态。

续表

序号	所属专业	作业内容	风险因素	风险等级	典型控制措施
14		直流汇流箱运行维护	触电、物体打击	五级	（4）采集板电源模块各元件无异常，CPU 控制模块运行指示灯亮，告警指示灯灭，防雷模块无击穿现象，各支路保险无明显破裂。 （5）直流开关配置正确，无脱口，保护定值正确。 （6）数据采集器指示正常，信号显示与实际工况相符。 （7）柜体接地线连接可靠，进出线电缆完好，无变色、掉落、松动或断线现象
15	光伏专业	配电柜运行维护	触电、雷击	五级	（1）直流防雷配电柜本体正常，无变形现象。 （2）直流防雷配电柜表面清洁无积灰。每年至少对配电柜进行一次全面清洁。 （3）直流配电柜的门锁齐全完好，照明良好。 （4）直流配电柜标号无脱落、字迹清晰准确。 （5）直流配电柜柜内无异音、无异味、无放电现象。 （6）直流配电柜内电缆连接牢固，进出线完好无破损、无变色，各连接点无过热现象。 （7）直流防雷配电柜接地线连接良好。每月应对直流母线输出侧配置的防雷器进行检查。 （8）断路器的位置信号与实际位置相对应，各支路进线电源开关位置准确，无跳闸脱口现象。 （9）各支路进线电源开关保护定值正确，符合运行要求。 （10）电流表、电压表指示正常，与逆变器直流侧电压、电流指示基本相等。 （11）对直流配电柜进行巡视检查的同时，接地线连接良好，母线运行正常，无异常声响。通风温度适宜，配电柜旁的安全用具、消防设施齐备合格，配电柜身和周围无影响安全运行的异常声响和异常现象，如漏水，掉落杂物等
16		汇流箱检修	触电、烫伤	四级	（1）操作过程中必须穿工作服和绝缘鞋，戴安全帽，使用合格的防护手套。 （2）与带电设备保持安全距离，操作过程中严禁误触、误碰带电设备。 （3）禁止专业人员自行拆卸、修理、改造汇流箱。 （4）汇流箱在工作过程中或终止后，部分零件仍可能处于高温状态，请勿马上触摸零部件。 （5）发现焦臭、异声、异常发热、冒烟等现象立即关闭电源停止运行。 （6）检修与调试前，应检查采用金属箱体的汇流箱已可靠接地。 （7）检修时，汇流箱的所有开关和熔断器应处于断开状态。 （8）汇流箱内光伏组件串的电缆接引前，应确认光伏组件侧和逆变器侧均有明显断开点。 （9）投运前，应检查汇流箱接线、接地和光伏组件极性的连接正确性
17		直流配电柜检修	触电	四级	（1）对检修值班人员进行《安规》培训，经培训合格后方可上岗。 （2）配电柜可靠接地，具有明显的接地标识，并验电。 （3）检修时，应断开配电柜中的所有进、出线。未查明故障原因前，严禁合闸送电。 （4）检修完毕后需重新拧紧所有接线端子，内部部件不能暴露在雨水或潮湿环境下

续表

序号	所属专业	作业内容	风险因素	风险等级	典型控制措施
18	光伏专业	更换架空地线金具和绝缘子	高处坠落、触电、物体打击、机械伤害	四级	（1）使用登高工具应检查外观。 （2）高处作业安全带应系在牢固的构件上，高挂低用，转位时不得失去保护。 （3）杆塔上作业的人员、工具、材料与带电体保持安全距离。 （4）高处作业必须使用工具袋防止掉东西，上下传递工器具，材料必须使用绝缘无极绳，杆下应防止行人逗留。 （5）设专人监护。 （6）严格控制吊绳摆动，保持足够安全距离。 （7）选用的工器具合格、可靠，严禁以小代大
19		变压器安装运输	机械伤害、物体打击	五级	（1）施工前确认顶升及顶推位置地面承受力。 （2）主变压器本体升降时，严禁在四点同时顶空或越层升降。 （3）转运前，检查油管路接头卡扣固定牢固。 （4）整装搬运前在变压器高压套管顶部、升高座、本体处安装 3 只冲撞记录仪，冲撞记录仪全程监视
20		油浸式变压器（电抗器）吊罩、吊芯检查	起重伤害、窒息、物体打击	四级	（1）起重工作应分工明确，专人指挥，专人监护。 （2）起吊或落回钟罩（器身）时，四角应系缆绳，由专人扶持，使其保持平稳。 （3）吊装过程中高、低压侧引线，分接开关支架与箱壁间应保持一定的间隙，以免碰伤器身。钟罩（器身）应吊放到安全宽敞的地方。当钟罩（器身）因受条件限制，起吊后不能移动而需在空中停留时，应采取支撑等防止坠落措施。 （4）进入变压器油箱内检修时，需考虑通风，防止工作人员窒息
21		油浸式变压器（电抗器）吊罩检查	起重伤害、窒息、物体打击	三级	（1）起重工作应分工明确，专人指挥，专人监护。 （2）起吊或落回钟罩（器身）时，四角应系缆绳，由专人扶持，使其保持平稳。 （3）吊装过程中高、低压侧引线，分接开关支架与箱壁间应保持一定的间隙，以免碰伤器身。钟罩（器身）应吊放到安全宽敞的地方。当钟罩（器身）因受条件限制，起吊后不能移动而需在空中停留时，应采取支撑等防止坠落措施。 （4）进入变压器油箱内检修时，需考虑通风，防止工作人员窒息。 （5）应注意与带电设备保持足够安全距离
22		油浸式变压器（电抗器）本体油箱及内部部件的检查、改造、更换、维修	触电窒息高处坠落	三级	（1）进入变压器油箱内检修时，需考虑通风，防止工作人员窒息。 （2）上、下主变压器用的梯子应用绳子扎牢或专人扶住，梯子不能搭靠在绝缘支架、变压器围屏或线圈上。 （3）应注意与带电设备保持足够的安全距离
23		油浸式变压器（电抗器）返厂检修	触电、起重伤害	四级	（1）起重工作应分工明确，专人指挥，专人监护。 （2）起吊储油枕及配件时，四角应系缆绳，由专人扶持，使其保持平稳。 （3）应注意与带电设备保持足够的安全距离

序号	所属专业	作业内容	风险因素	风险等级	典型控制措施
24		油浸式变压器（电抗器）相关试验	触电	四级	（1）操作人员及试验仪器与电力设备的高压部分保持足够的安全距离，使用绝缘垫。 （2）试验装置的金属外壳应可靠接地，高压引线应尽量缩短，采用专用的高压试验线，必要时用绝缘物支挂牢固。 （3）仪表的开始状态和试验电压挡位应正确无误。 （4）变更接线或试验结束时，断开试验电源，充分放电，将升压设备的高压部分放电、短路接地。 （5）未装接地线的大电容被试设备，应先行充分放电再做试验。 （6）试验结束时，试验人员应拆除自装的接地短路线，并对被试设备进行检查，恢复试验前的状态，经试验负责人复查后，进行现场清理
25		油浸式变压器（电抗器）储油柜和储油枕更换和检修	触电、物体打击、高处坠落	四级	（1）吊装时应选用合适的吊装设备和正确的吊点，设置揽风绳控制方向，并设置专人指挥。 （2）拆接作业使用工具袋，防止高处落物。 （3）高空作业应按规程使用安全带，安全带应挂在牢固的构件上，禁止低挂高用。 （4）严禁上下抛掷物品
26	光伏专业	油浸式变压器（电抗器）非电量保护元器件更换	触电、物体打击、高处坠落	四级	（1）使用高空作业车时，车体应可靠接地，高空作业应按规程使用安全带，安全带应挂在牢固的构件上，禁止低挂高用。 （2）严禁上下抛掷物品。 （3）更换气体继电器要切断气体继电器直流电源，断开气体继电器二次连接线，并进行绝缘包扎处理。 （4）更换压力式（信号）温度计、电阻（远传）温度计、压力释放装置、突发压力继电器等也需断开二次连接线
27		油浸式变压器（电抗器）分接开关更换和检修	触电、物体打击、高处坠落	四级	（1）检修前断开有载分接开关控制、操作电源。 （2）拆接作业使用工具袋，防止高处落物。 （3）按厂家规定正确吊装设备，用缆风绳在专用吊点用吊绳绑好，并设专人指挥。 （4）高空作业应按规程使用安全带，安全带应挂在牢固的构件上，禁止低挂高用。 （5）严禁上下抛掷物品。 （6）严禁踩踏有载开关防爆膜
28		油浸式变压器（电抗器）绝缘油处理和更换	触电、起重伤害、火灾、爆炸	四级	（1）合理安排油罐、油桶、管路、滤油机、油泵等工器具放置位置，与带电设备保持足够的安全距离。 （2）注意在起吊油罐作业过程中要做好相关安全措施。 （3）补油应在晴天（相对湿度不高于80%）、无风沙的气象环境下进行。 （4）使用补油机补充绝缘油时，应正确取用电源并将其可靠接地，防止低压触电伤人。注意补油机进出油方向正确。 （5）检修场地周围应无可燃或爆炸性气体、液体或引燃火种，否则应采取有效的防范措施和组织措施

续表

序号	所属专业	作业内容	风险因素	风险等级	典型控制措施
29	光伏专业	油浸式变压器（电抗器）散热器及冷却系统更换和检修	触电、物体打击、高处坠落、刺割	四级	（1）高空作业应按规程使用安全带，安全带应挂在牢固的构件上，禁止低挂高用。 （2）严禁上下抛掷物品。 （3）吊装散热器时，设专人指挥并有专人扶持。起吊搬运时，应避免散热器片划伤。 （4）带电更换潜油泵前，应申请停用主变压器重瓦斯保护。潜油泵拆卸前断开潜油泵电源，拆除电源连接线。在拆卸潜油泵过程中，其下部放垫块做支撑，防止油泵重物伤人。 （5）油流继电器拆卸前，断开油流继电器电源及信号连接线。 （6）更换风机前，必须切断风机的电源，在拆装电机期间严禁送电，停送电必须有专人负责。先打开接线盒将电源连接线脱开，拆卸过程中注意防止叶轮碰撞变形。 （7）冷却装置控制箱检修工作前，断开柜内各类交直流电源并确认无压，防止人员低压触电伤害及各类电源发生接地、短路等故障。 （8）水泵及喷淋泵更换检修，拆卸前断开水泵电源连接线。在拆卸水泵过程中，其下部放垫块做支撑，防止水泵重物伤人
30		油浸式变压器（电抗器）套管或升高座（TA）更换和检修	触电、起重伤害、物体打击	四级	（1）吊装套管时，其倾斜角度应与套管升高座的倾斜角度基本一致。 （2）拆接作业使用工具袋。 （3）高空作业应按规程使用安全带，安全带应挂在牢固的构件上，禁止低挂高用。 （4）严禁上下抛掷物品。 （5）套管、升高座检修更换时，应做好防止异物落入主变压器内部的措施
31		油浸式变压器（电抗器）现场干燥处理	触电、高处坠落、物体打击、火灾	四级	（1）断开与变压器相关的各类电源并确认无压。 （2）应注意与带电设备保持足够的安全距离。 （3）高空作业应按规程使用安全带，安全带应挂在牢固的构件上，禁止低挂高用。 （4）严禁上下抛掷物品。 （5）滤油机电源用专用电源电缆，滤油机及油管路系统必须保护接地或保护接零牢固可靠，滤油机外壳接地电阻不得大于4Ω，金属油管路设多点接地。 （6）滤油机应专人操作和维护，严格按生产厂提供的操作步骤进行。滤油过程中，操作人员应加强巡视，防止跑油和其他事故发生。 （7）滤油机应远离火源，并应有防火措施
32		油浸式变压器（电抗器）停电时的其他部件或局部缺陷检查、处理、更换工作	触电、高处坠落、物体打击	五级	（1）断开与变压器相关的各类电源并确认无电压。 （2）接取低压电源时，防止触电伤人。 （3）应注意与带电设备保持足够的安全距离。 （4）高空作业应按规程使用安全带，安全带应挂在牢固的构件上，禁止低挂高用。 （5）严禁上下抛掷物品

序号	所属专业	作业内容	风险因素	风险等级	典型控制措施
33	光伏专业	油浸式变压器（电抗器）相关试验	触电	五级	（1）应确保操作人员及试验仪器与电力设备的高压部分保持足够的安全距离，且操作人员应使用绝缘垫。 （2）试验装置的金属外壳应可靠接地，高压引线应尽量缩短，并采用专用的高压试验线，必要时用绝缘物支挂牢固。 （3）加压前必须认真检查试验接线，使用规范的短路线，检查仪表的开始状态和试验电压挡位，均应正确无误。 （4）变更接线或试验结束时，应首先断开至被试品高压端的连线后断开试验电源，充分放电，并将升压设备的高压部分放电、短路接地。 （5）未装接地线的大电容被试设备，应先行充分放电再做试验
34		油浸式变压器（电抗器）清扫、检查、维修	触电、高处坠落、物体打击	五级	（1）断开与变压器相关的各类电源并确认无压。 （2）与带电设备保持足够的安全距离。 （3）高空作业应按规程使用安全带，安全带应挂在牢固的构件上，禁止低挂高用。 （4）严禁上下抛掷物品
35		油浸式变压器（电抗器）带电测试	触电	五级	应注意与带电设备保持足够的安全距离
36		油浸式变压器（电抗器）带电水冲洗	触电	五级	冲洗时水柱不得触及带电设备和瓷套，人员移动时必须关闭水枪停止冲洗，工作人员和水柱与带电部位保持足够的安全距离，并加强监护
37		油浸式变压器（电抗器）检修人员专业检查巡视	触电	五级	应注意与带电设备保持足够的安全距离
38		油浸式变压器（电抗器）冷却系统部件更换（可带电进行时）	触电	五级	（1）断开二次连接线。 （2）应注意与带电设备保持足够的安全距离，准备充足的施工电源及照明
39		油浸式变压器（电抗器）维修、保养	触电	五级	应注意与带电设备保持足够的安全距离
40		高压断路器现场全面解体检修	触电、中毒窒息、起重伤害	五级	（1）断开与断路器相关的各类电源并确认无电压，充分释放能量。 （2）拆除断路器前，应先回收 SF_6 气体，对需打开气室方可拆除的断路器，将本体抽真空后用高纯氮气冲洗 3 次。 （3）打开气室后，所有人员撤离现场 30min 后方可继续工作，工作时人员站在上风侧，穿戴好防护用具。 （4）对户内设备，应先开启强排通风装置 15min 后，监测工作区域空气中 SF_6 气体含量不得超过 $1000\mu L/L$，含氧量大于 18%，方可进入，工作过程中应当保持通风装置运转。 （5）吊装应按照厂家规定程序进行，选用合适的吊装设备和正确的吊点，设置揽风绳控制方向，并设专人指挥。 （6）起吊前确认连接件已拆除，对接密封面已脱胶。 （7）断路器本体在吊装、转运时，内部气压应符合产品技术规定

续表

序号	所属专业	作业内容	风险因素	风险等级	典型控制措施
41		高压断路器返厂检修	起重伤害、中毒窒息	五级	（1）采用起重设备时，起吊前吊车司机要对吊车的各种性能进行检查。吊车必须支撑平稳，必须设专人指挥，其他作业人员不得随意指挥吊车司机，吊臂及吊物下严禁站人或有人经过。 （2）处理 SF_6 气体时应使用正确的防护器具，作业人员始终站在上风处进行操作
42		高压断路器操动机构储能部件更换	触电	二级	（1）检修前断开储能电源并确认无电压。 （2）液压（液压弹簧）操动机构：工作前应将机构压力充分泄放。储能器及管道承受压力时不得对任何受压元件进行修理与紧固。预储能侧能量释放及充入应采用厂家规定的专用工具及操作程序。 （3）弹簧操动机构：充分释放分合闸弹簧能量。 （4）气动（气动弹簧）操动机构：检修空压机前应释放压缩空气或关闭与储气罐之间的截止阀
43		高压断路器操动机构传动部件更换	触电	五级	（1）工作前断开各类电源并确认无电压。 （2）液压（液压弹簧）操动机构：工作缸等部件承受压力时不得对任何受压元件进行修理与紧固。工作前应将机构压力充分泄放。 （3）弹簧操动机构：充分释放分合闸弹簧能量
44		高压断路器操动机构控制部件更换	触电	四级	（1）工作前应断开分合闸控制回路电源并确认无电压。 （2）工作前应将机构压力充分泄放。 （3）阀体及管道承受压力时不得对任何受压元件进行修理与紧固
45	光伏专业	高压断路器操动机构液压油处理更换	触电	五级	（1）滤油机进出油方向正确。 （2）工作前将机构压力充分泄放。 （3）工作前断开各类电源并确认无电压
46		高压断路器操动机构整体更换	触电	四级	（1）工作前应将机构压力充分泄放，将分合闸弹簧释能。 （2）拆除各二次回路前，确认均无电压，并记录。 （3）拆除机构各连接、紧固件，确认连接部位松动无卡阻，按厂家规定正确吊装设备，设置揽风绳控制方向，并设专人指挥
47		高压断路器传动部件更换	触电、中毒窒息	五级	（1）断开与断路器相关的各类电源并确认无电压，充分释放能量。 （2）打开气室工作前，应先将 SF_6 气体回收并抽真空后，用高纯氮气冲洗 3 次。 （3）打开气室后，所有人员应撤离现场 30min 后方可继续工作，工作时人员应站在上风侧，应穿戴防护用具。 （4）对户内设备，应先开启强排通风装置 15min 后，监测工作区域空气中 SF_6 气体含量不得超过 1000μL/L，含氧量大于 18%，方可进入，工作过程中应当保持通风装置运转。 （5）解体工作前用吸尘器将 SF_6 生成物粉末吸尽，其 SF_6 生成物粉末应倒入 20%浓度 NaOH 溶液内浸泡 12h 后，装于密封容器内深埋。 （6）工作前断开各类电源并确认无电压。 （7）液压（液压弹簧）操动机构：工作缸等部件承受压力时不得对任何受压元件进行修理与紧固。工作前应将机构压力充分泄放。 （8）弹簧操动机构：充分释放分合闸弹簧能量

续表

序号	所属专业	作业内容	风险因素	风险等级	典型控制措施
48		高压断路器导电回路处理	触电、中毒窒息、起重伤害	五级	（1）断开与断路器相关的各类电源并确认无电压，充分释放能量。 （2）拆除灭弧室前，应先回收 SF$_6$ 气体，将本体抽真空后用高纯氮气冲洗 3 次。 （3）打开气室后，所有人员撤离现场 30min 后方可继续工作，工作时人员站在上风侧，穿戴好防护用具。 （4）对户内设备，应先开启强排通风装置 15min 后，监测工作区域空气中 SF$_6$ 气体含量不得超过 1000μL/L，含氧量大于 18%，方可进入，工作过程中应当保持通风装置运转。 （5）工作前先用真空吸尘器将 SF$_6$ 生成物粉末吸尽。 （6）吊装应按照厂家规定程序进行，选用合适的吊装设备和正确的吊点，设置揽风绳控制方向，并设专人指挥。 （7）起吊前确认连接件已拆除，对接密封面已脱胶。 （8）起吊平稳，对法兰密封面、槽应采取保护措施，使其不受到损伤。 （9）取出的吸附剂及 SF$_6$ 生成物粉末应倒入 20%浓度 NaOH 溶液内浸泡 12h 后，装于密封容器内深埋。 （10）合闸电阻、均压电容影响吊装平衡时宜分开吊装
49	光伏专业	高压断路器极柱更换	触电、中毒窒息、起重伤害	四级	（1）断开与断路器相关的各类电源并确认无电压，充分释放能量。 （2）拆除断路器前，应先回收 SF$_6$ 气体，对需打开气室方可拆除的断路器，将本体抽真空后用高纯氮气冲洗 3 次。 （3）打开气室后，所有人员撤离现场 30min 后方可继续工作，工作时人员站在上风侧，穿戴好防护用具。 （4）对户内设备，应先开启强排通风装置 15min 后，监测工作区域空气中 SF$_6$ 气体含量不得超过 1000μL/L，含氧量大于 18%，方可进入，工作过程中应当保持通风装置运转。 （5）吊装应按照厂家规定程序进行，选用合适的吊装设备和正确的吊点，设置揽风绳控制方向，并设专人指挥。 （6）起吊前确认连接件已拆除，对接密封面已脱胶。 （7）断路器本体在吊装、转运时，内部气压应符合产品技术规定。 （8）与带电设备保持足够的安全距离
50		变压器倒闸操作	触电	五级	（1）操作过程中必须穿绝缘鞋、戴安全帽，使用合格的绝缘手套，保持安全距离。 （2）雷雨天气严禁进行倒闸操作。 （3）操作使用的安全工器具必须定期检验并合格。 （4）能够远方操作的设备严禁就地操作。 （5）正确执行变压器绝缘测试。 （6）变压器送电必须由高压侧充电，停电时先停低压侧。 （7）主变压器投运、撤运时主变压器中性点接地开关必须在投入位

续表

序号	所属专业	作业内容	风险因素	风险等级	典型控制措施
51	充换电设施	充电设施检修及充电服务	触电、火灾、交通事故	四级	（1）作业前使用验电笔检查充电桩外部是否带电，并佩戴好手套。 （2）需停电作业时，应断开故障充电设备上级电源开关。 （3）正确穿戴安全帽等安全防护用品和劳动保护用具，作业点周围应有围栏、围网。 （4）驾车前检查车辆状况，包括制动、轮胎等；严格遵守交通规则，注意驾驶路程中行车安全，注意作业现场车辆来往情况。 （5）应在优先保证自身安全前提下，开展充电操作。充电过程如遇恶劣天气应及时终止充电
52		充电设施现场施工	触电、高处坠落、机械伤害、交通事故	四级	（1）作业前使用验电笔检查充电桩外部是否带电，并佩戴好手套。 （2）需停电作业时，应断开故障充电设备上级电源开关。 （3）正确穿戴安全帽等安全防护用品和劳动保护用具。 （4）驾车前检查车辆状况，包括制动、轮胎等；严格遵守交通规则，注意驾驶路程中行车安全，注意作业现场车辆来往情况。 （5）高空作业人员使用个人工具应灵活，防止打滑脱出而冲倒。 （6）安全带必须系在坚实、牢固的构件上，检查扣环是否扣牢。 （7）使用梯子等登高装备应有防滑措施；人在梯子上时禁止移动梯子。 （8）遇六级及以上的大风、暴雨、打雷、闪电、大雾等恶劣天气严禁高空作业。 （9）高处作业人员应佩带工具袋，较大的工具应系保险绳。传递物品应用传递绳，严禁抛掷
53		充电设施巡视检查	交通事故、触电、火灾伤害、恶劣天气	五级	（1）驾车前检查车辆状况，包括制动、轮胎等；严格遵守交通规则，注意驾驶路程中行车安全，注意作业现场车辆来往情况。 （2）防桩体带电引起触电伤害，使用试电笔检查充电桩外部是否带电，与带电设备保持安全距离，并佩戴好绝缘手套。 （3）穿戴安全帽等安全防护用品和劳动保护用具，防桩体及附属设施刮碰撞击引起人身伤害。 （4）防暴雨、暴雪、飓风、雷电等引起人身伤害，应在优先保证自身安全前提下，开展充电巡视检查。巡视检查过程如遇恶劣天气应及时终止充电。进入充电站开启的箱式变压器、桩柜门，应随手关门。 （5）进入充电站应注意电缆沟盖板是否盖好，防止盖板滑落。 （6）开启电缆井井盖、电缆沟盖板及电缆隧道人孔盖时应使用专用工具，同时注意所立位置，防止滑脱后伤人。 （7）开启分支箱外门要戴好绝缘手套，并设专人监护，禁止开启分支箱内箱门，只能通过分支箱监视孔用手电进行检查。 （8）消防设施是否完好，压力、检验合格并签字（灭火器是否在使用周期之内）

续表

序号	所属专业	作业内容	风险因素	风险等级	典型控制措施
54		现场临时施工用电布设	触电、火灾、高处坠落、其他伤害	四级	（1）现场用电布置、检修必须由专业电工进行，严禁私拉乱接。 （2）所有用电设备应配置空气保护开关。开关的容量应满足用电设备的要求，隔离开关应有保护罩。不得使用熔断器。 （3）配电箱、开关箱的电源进线端，严禁采用插头和插座进行活动连接。移动式配电箱、开关箱进、出线的绝缘不得破损。 （4）剩余电流动作保护器应装设在总配电箱、开关箱靠近负荷的一侧，且不得用于启动电气设备的操作。 （5）各级配电箱必须加锁，配电箱附近应配备消防器材。 （6）在活动板房、集装箱等金属外壳内穿越的低压线路穿绝缘管保护，防止破皮漏电。活动板房、集装箱等金属外壳应可靠接地。电源箱应设置在户外，并有防雨措施。 （7）高处作业应系安全带；梯子上作业时，应有人扶梯
55	充换电设施	土建基础开挖施工作业	机械伤害、高处坠落、其他伤害、地面坍塌	五级	（1）在有电缆、光缆及管道等地下设施的地方开挖时，应事先取得有关管理部门的同意，并有相应的安全措施且有专人监护。 （2）挖掘施工区域应设围栏及安全标志牌，夜间应挂警示灯，围栏离坑边不得小于 0.8m。夜间进行土石方作业应设置足够的照明，并设专人监护。 （3）基坑开挖施工过程应加强监测和预报，发现危险征兆时，应立即采取措施，处理完毕后方可继续施工。 （4）堆土应距坑边 1m 以外，高度不得超过 1.5m。 （5）寒冷地区基坑开挖应严格按规定放坡。解冻期施工，应对基坑和基础桩支护进行检查，无异常情况后，方可施工。 （6）基坑回填时，应有防止坑外建筑物、设备基础、沟道、管线沉降、裂缝等情况出现的措施。 （7）在坑沟边使用机械挖土时，应计算支撑强度，确保作业安全。 （8）人工开挖基坑，应先清除坑口浮土，向坑外抛扔土石时，应防止土石回落伤人。 （9）禁止人员进入挖斗内，禁止在伸臂及挖斗下面通过或逗留。 （10）挖掘机作业时，在同一基坑内不应有人员同时作业。 （11）脚手架安装与拆除人员应持证上岗，非专业人员不得搭、拆脚手架。作业人员应戴安全帽、系安全带、穿防滑鞋。 （12）脚手架安装与拆除作业区域应设围栏和安全标志牌，搭拆作业应设专人安全监护，无关人员不得入内。 （13）遇六级及以上风、浓雾、雨或雪等天气时应停止脚手架搭设与拆除作业。 （14）钢管脚手架应有防雷接地措施，整个架体应从立杆根部引设两处（对角）防雷接地
56		充换电设备安装	触电、机械伤害、高处坠落	五级	（1）充电设备在安装固定好以前，应有防止倾倒的措施，安装就位后应立即将全部安装螺栓紧好，禁止浮放。 （2）施工区周围的孔洞应采取措施可靠遮盖，防止人员摔伤。 （3）充电桩、整流柜等充电设备带电前，本体外壳应可靠且明显接地。 （4）充换电设备准备启动时，其附近应设遮栏及安全标志牌，并派专人看守

序号	所属专业	作业内容	风险因素	风险等级	典型控制措施
57		充换电设备调试、接入	触电、机械伤害、火灾	四级	（1）充电设备调试、接入作业过程中，应按照作业指导书流程完成车辆充电、换电操作，确保作业安全。 （2）通电调试、接入过程中，调试人员不得中途离开。 （3）完成各项作业检查、办理交接，未经许可、登记，不得擅自再进行任何检查和检修、安装作业
58		现场勘察	触电、机械伤害	五级	（1）现场勘察负责人应具备单独巡视电气设备资格；勘察人员应掌握带电设备的位置，与带电设备保持足够安全距离，注意不要误碰、误动、误登运行设备。 （2）进入带电设备区现场勘察工作至少两人共同进行，实行现场监护。 （3）工作人员应在用户电气工作人员的带领下进入工作现场，并在规定的工作范围内工作，应清楚了解现场危险点、安全措施等情况。 （4）不得替代用户进行现场设备操作；确需操作的，必须由用户专业人员进行
59	充换电设施	临近带电体作业	触电	四级	（1）在平行或邻近带电设备部位施工（检修）作业时，为防护感应电压加装的个人保安接地线应记录在工作票上，并由施工作业人员自装自拆。 （2）施工作业人员安全距离邻近带电部分作业时，作业人员的正常活动范围与10kV及以下带电设备距离应满足不小于0.7m安全距离的规定。 （3）在带电设备周围，禁止使用钢卷尺、皮卷尺和线尺（夹有金属丝者）进行测量作业，应使用相关绝缘量具或仪器进行测量，禁止使用金属梯子。 （4）临近带电体作业现场应有防感应电措施
60		充换电站巡视	触电、交通事故	五级	（1）在巡视过程中发现充电机、充电桩外壳有漏电、设备响声异常、产生烟雾火花及严重缺陷时，应立即停止巡视，对充电桩进行断电处理，采取相应安全措施，并上报充电设施管理单位。 （2）巡视人员不得单独开启箱（柜）门，开启箱（柜）门前应验电。 （3）巡视人员发现接地线和接地体连接不可靠或锈蚀严重问题，应立即上报，并停止进行现场处理，直至接地电阻重新测量合格，确保充电站接地系统良好。 （4）巡视过程中，作业人员发现高压配电线路、设备接地，应距离故障点8m以外，以免跨步电压伤人，并迅速报告充电设施管理单位
61		充换电设备清扫保养	触电、机械伤害、物体打击	四级	（1）设备清扫需将充换电设备断电，需戴口罩及护目镜。 （2）清扫工作前，作业人员应再次用低压验电器或测电笔检验检修设备、金属外壳和相邻设备是否有电。 （3）清扫工作时，应采取措施防止误入相邻充电设备、误碰相邻带电部分。拆开的引线、断开的线头应采取绝缘包裹等遮蔽措施。 （4）一体式充电机进线或整流柜进线带电清扫时，应采取绝缘隔离措施防止间隔短路和单相接地。 （5）带电清扫工作使用的工具应有绝缘柄，其外裸露的导电部位应采取绝缘包裹措施；禁止使用锉刀、金属尺和带有金属物的毛刷、毛掸工具。

续表

序号	所属专业	作业内容	风险因素	风险等级	典型控制措施
61	充换电设施	充换电设备清扫保养	触电、机械伤害、物体打击	四级	（6）所有未接地或未采取绝缘遮蔽、断开点加锁挂牌等可靠措施隔绝电源的设备都应视为带电。未经验明确无电压，禁止触碰导体的裸露部分。 （7）清扫时，当发现充电设备柜体带电时，应断开上一级电源，查明带电原因，并做相应处理。 （8）恶劣气象条件（如大风后、暴雨后、覆冰等）或雷电、地震、台风、洪水、泥石流等灾害发生时不得进行设备清扫作业
62		充电操作	触电、火灾	五级	（1）作业人员应严格执行现场充电作业指导书。 （2）充电操作前，作业人员应熟知作业过程中存在的危险点、应急措施及相关触电急救知识。 （3）充电操作前，应检查充电设备是否运行正常，严禁在桩体损坏、正在检修等设备上进行充电操作。 （4）作业人员应严格执行充电操作流程，确保将充电枪完全插入充电口内，避免雨淋等现象造成人身伤害。 （5）作业人员应密切关注设备的运行状况，如有电池高温告警、充电模块高温告警等危及设备和人员安全的情况，应立刻按下急停按钮，严禁拔出正在充电的充电枪。 （6）充电完成后，应按照充电操作流程将充电枪归位
63		充换电站检修试验	触电、火灾、机械伤害	四级	（1）检修作业前，作业人员应用低压验电设备检验检修设备、金属外壳和相邻设备是否有电。 （2）检修工作时，拆开的引线、断开的线头应采取绝缘包裹等遮蔽措施。因检修试验需要解开设备接头时，拆前应做好标记，接后应进行检查。 （3）变更接线或试验结束，应断开试验电源，并将升压设备的高压部分放电、短路接地。 （4）试验结束后，试验人员应拆除自装的接地线和短路线，检查被试设备，恢复试验前的状态，经试验负责人复核后，清理现场
64		充换电站缺陷处理	触电、机械伤害	四级	（1）设备缺陷处理需将充电设备断电。缺陷处理前，应对充电设备进行验电。 （2）抢修消缺时，需断开充电机交流进线断路器、隔离开关（低压）等，并在进线断路器、隔离开关（低压）等设置隔离挡板，防止工器具或其他物体掉落引发短路故障。 （3）充换电设备断电后，需等待2~3min，待充电机所有信号指示灯熄灭后，经验电确定无电后方可进行作业。 （4）缺陷处理过程中，若发现设备严重异常情况应停止工作，并将充电设备电源断开，同时上报上级管理部门
65	储能专业	预制电缆沟道施工（压顶、盖板等参照执行）、现浇式电缆沟施工、砖砌电缆沟施工	物体打击、机械伤害、高处坠落	四级	一、预制构件运输、堆放、安装 （1）预制件的搬运宜使用手推车，双人搬运。 （2）使用手推车运输时，作业人员应先将运输通道清理干净，并注意脚下有无障碍，防止磕绊导致预制件从车上掉下砸伤。 （3）加工成型的电缆槽构件应分类堆放，堆放场地应平整、坚实、干燥。 （4）构件底部应设垫木并垫平实，构件堆放要平稳。 （5）梁及梁垫放高度不应超过1m，防止倾倒砸伤。 （6）盖板运至现场后，放置要平稳，防止塌落伤人；堆放时，每5块盖板用木方加以分隔。 （7）作业人员在安装完成或下班时应将现场的预制件碎片、砂浆清扫干净后再离开，做到工完、料尽、场地清。

序号	所属专业	作业内容	风险因素	风险等级	典型控制措施
65	储能专业	预制电缆沟道件施工（压顶、盖板等参照执行）、现浇式电缆沟施工、砖砌电缆沟施工	物体打击、机械伤害、高处坠落	四级	（8）预制件安装时应轻拿轻放，防止预制件断裂后砸伤人员。 二、电缆沟基槽开挖 （1）当使用机械挖槽时，指挥人员应在机械臂工作半径外，并应设专人监护。人工挖土时，应根据土质及电缆沟深度放坡，电缆沟基槽两侧设排水沟或集水井，开挖过程中或敞露期间应防止沟壁塌方。 （2）挖方作业时，相邻人员应保持一定间距，防止相互磕碰，所用工具完整、牢固。挖出的土应堆放在距坑边 0.8m 以外，其高度不得超过 1.5m。 （3）沟槽边应设提示遮栏和警示牌，防止人员不慎坠入。 （4）孔洞及沟道临时盖板使用 4～5mm 厚花纹钢板（或其他强度满足要求的材料，盖板强度为 10kPa）制作并涂以黑黄相间的警告标志和禁止挪用标识。盖板下方适当位置（不少于 4 处）设置限位块，以防止盖板移动。盖板边缘应大于孔洞（沟道）边缘 100mm，并紧贴地面。 （5）孔洞及沟道临时盖板因工作需要揭开时，孔洞（沟道）四周应设置安全围栏和警告牌，根据需要增设夜间警告灯，工作结束应立即恢复。 （6）沟槽开挖后，铺设临时盖板，因工作需要揭开时，四周设置提示围栏和警示牌。 三、钢筋加工及绑扎 （1）工作台的上铁屑应及时清理，钢筋加工机械的接地良好，操作人员及时清理加工废弃料，保证电焊机、切割机等周围无易燃物。 （2）在运行变电站中，作业人员应严防钢筋与任何带电体接触。 （3）钢筋绑扎过程中，绑扎人员应注意配合，相互间保持一定工作距离。 （4）钢筋夜间绑扎时，场区应有足够的照明，并安排专人监护，在工作结束时，监护人应清点人数。 四、模板安装及拆除 （1）模板应在距沟槽边 1m 外的平坦地面处整齐堆放。 （2）模板运输宜用平板推车。在向沟内搬运时，上下人员应配合一致，防止模板倾倒产生砸伤事故。 （3）模板加固过程中，支点加固牢固、可靠，所用的木方无裂痕、腐朽，所有钉头均砸平，防止人员刮伤。 （4）拆除模板时应选择稳妥可靠的立足点。拆下的模板应整齐堆放，及时运走，拆下的木方应及时清理，拔除钉子等，堆放整齐，防止人员绊倒及刮伤。 五、混凝土浇筑 （1）上料平台应选择地表平坦、坚实处，不宜距沟槽太近，且上料平台不应堆积过多混凝土。 （2）下料及振捣施工人员严禁站在沟壁模板和支撑条上。 （3）振捣施工作业人员应穿绝缘鞋、戴绝缘手套，不得将开启的振捣器放在模板或支撑上。 （4）振动器搬动或暂停，必须切断电源。不得将运行中的振动器放在模板、脚手架或未凝固的混凝土上。 （5）手推车运送混凝土时，装料不得过满，卸料时，不得用力过猛和双手放把。用翻斗车运送混凝土时，不得搭乘人员，车就位和卸料要缓慢。采用泵送混凝土时，泵送设备支腿应支承在水平坚实的地面上，支腿底部与路面等边缘应保持一定的安全距离；泵启动时，人员禁止进入末端软管可能摇摆触及的危险区域

续表

序号	所属专业	作业内容	风险因素	风险等级	典型控制措施
66		干式变压器安装	机械伤害、高处坠落、物体打击	四级	（1）搬运过程中，车的行驶速度应小于 15km/h，不得人货混装。 （2）作业人员不得站在吊件和吊车臂活动范围内的下方。 （3）吊装物应设溜绳，距就位点的正上方 200～300mm 稳定后，作业人员方可进入作业点。 （4）应按设备说明书要求，从专用吊点处进行吊装，非吊点部位不可吊装，防止在吊装过程脱落伤及人身与设备
67	储能专业	开关柜、屏、箱搬运、开箱及就位（含PCS变流器）	触电、物体打击、高处坠落、机械伤害	四级	（1）运输过程中，行走应平稳匀速，车速应小于 15km/h，并应有专人指挥。 （2）拆箱时作业人员应相互协调，严禁野蛮作业，防止损坏盘面，及时将拆下的木板清理干净。 （3）开关柜、屏就位前，作业人员应将就位点周围的孔洞盖严，避免作业人员摔伤。 （4）开关柜、屏找正时，作业人员不可将手、脚伸入柜底，避免挤压手脚。屏、柜顶部作业人员，应有防护措施，防止从屏柜上坠落。 （5）用电焊固定开关柜时，作业人员必须将电缆进口用铁板盖严，防止焊渣将电缆烫坏，应设专人进行监护。 （6）端子箱安装时，作业人员搬运必须同心协力，防止滑脱挤伤手脚。 （7）动火作业时，应在作业面附近配备消防器材
68		母线桥（密集母线）及其附件安装	触电、物体打击、高处坠落、机械伤害	四级	（1）母线加工使用切割机等电动工具，其外壳必须接地可靠牢固，电源必须有漏电保护。 （2）使用绝缘材料对母线热缩或接触面搪锡时，应防止灼伤，同时做好防火措施。 （3）高处作业人员，必须系好安全带和水平安全绳，地面应设专人监护。 （4）上下传递母线，应有防止被砸伤的措施
69		蓄电池安装及充放电（一体化电源部分）	触电、物体打击火灾	四级	（1）施工区周围的孔洞应采取措施可靠遮盖，防止人员摔伤。 （2）搬运电池时不得触动极柱和安全阀。 （3）蓄电池应轻抬轻放，防止伤及手脚。 （4）蓄电池安装过程及完成后室内禁止烟火。作业场所应配备足量的消防器材。 （5）安装或搬运电池时应戴绝缘手套、围裙和护目镜，若酸液泄漏溅落到人体上，应立即用苏打水和清水冲洗。 （6）紧固电极连接件时所用的工具手柄要带有绝缘，避免蓄电池组短路。 （7）安装免维护蓄电池组应符合产品技术文件的要求，不得人为随意开启安全阀。 （8）充放电应专人负责。定时巡视并记录充放电情况。当蓄电池充放电有异常时应立即断开电源，妥善采取处理措施。 （9）应采用专用仪器进行充放电，不得用电炉丝等非常规方式进行充放电

续表

序号	所属专业	作业内容	风险因素	风险等级	典型控制措施
70		预制舱整体吊装	起重伤害、物体打击、高处坠落、火灾	四级	（1）吊装方法需满足预制舱厂家或设计要求，采用专用吊具，编制吊装施工方案。 （2）起吊前做好起重机防倾斜、防坍塌等安全措施，作业前通知监理旁站。 （3）工程技术人员应对照电池预制舱的重量和高度选择起重机的吨位，并计算出吊装所用的吊带、钢丝绳、卡扣的型号与临时拉线长度和地锚的荷重，并选用检验合格的吊具。 （4）起吊前起重机司机要对起重机的各种性能进行检查。 （5）起重机机械设备严禁超载。 （6）严禁用各种起重机械进行斜吊、拉吊；严禁起吊地下的埋设物件及其他不明重量的物件，以免机械载荷过大，而造成事故。 （7）严禁各种起重机吊运人员或用手抓吊钩升降，以防起重系统突然失灵而发生事故。 （8）在起吊和落吊的过程中，吊件下方禁止人员停留或通过，以防物件坠落而发生事故
71	储能专业	预制舱内电池及其他电气设备安装	触电、物体打击、高处坠落、火灾、其他伤害	四级	（1）搬运过程中应采取可靠固定措施，防止蓄电池滑落。 （2）拆开包装时注意，作业人员应相互协调，严禁野蛮作业，防止损坏蓄电池，及时将拆下的木板清理干净，避免钉子扎脚。 （3）蓄电池搬运时应有防滑措施，防止搬运过程中滑落伤人。 （4）蓄电池数量较多时，蓄电池搬运时应注意合理安排搬运时间，不得疲劳搬运。 （5）蓄电池搬运过程中应加强监护。 （6）蓄电池搬运时应轻拿、轻放，防止损伤电池。 （7）进入电池预制舱前应打开风机先通风 15min。 （8）进入电池预制舱后应打开门窗，注意通风
72		电缆支架、电缆预埋管、电缆槽盒安装	触电、物体打击、高处坠落、其他伤害	四级	（1）电动机械或电动工具必须做到"一机一闸一保护"。移动式电动机械必须使用绝缘护套软电缆。所有电动工机具必须做好外壳保护接地，暂停工作时，应切断电源。电动机械的转动部分必须装设保护罩。 （2）进行桥架、吊架安装时，应确认预埋件可靠牢固，使用工具袋进行上下工具材料传递。 （3）地面工作人员不得站在可能坠物的电缆桥架（吊架）下方。 （4）高处作业人员，必须系好安全带，地面应设专人监护。 （5）电缆沟内作业，应设置安全通道，不宜踩踏电缆支架上下电缆沟。电缆沟应设置安全防护措施，防止人员摔入沟内
73		10kV 及以上高压电缆敷设	触电、物体打击、高处坠落、其他伤害	四级	（1）牵引器具荷载已经过验算，牵引力满足敷设要求。 （2）敷设人员戴好安全帽、手套，严禁穿塑料底鞋。 （3）上下电缆沟、竖井、工井应设置临时通道。 （4）电缆展放敷设过程中，转弯处应设专人监护。转弯和进洞口前，应放慢牵引速度，调整电缆的展放形态，当发生异常情况时，应立即停止牵引，经处理后方可继续作业。电缆通过孔洞或楼板时，两侧应设监护人，入口处应采取措施防止电缆被卡，不得伸手，防止被带入孔中。

续表

序号	所属专业	作业内容	风险因素	风险等级	典型控制措施
73		10kV 及以上高压电缆敷设	触电、物体打击、高处坠落、其他伤害	四级	（5）用滑轮敷设电缆时，作业人员应站在滑轮前进方向，不得在滑轮滚动时用手搬动滑轮。 （6）操作电缆盘人员要时刻注意电缆盘有无倾斜现象，特别是在电缆盘上剩下几圈时，应防止电缆突然蹦出伤人。 （7）电缆通过孔洞时，出口侧的人员不得在正面接引，避免电缆伤及面部。 （8）高压电缆敷设采用人力敷设时，作业人员应听从指挥统一行动，抬电缆行走时要注意脚下，放电缆时要协调一致同时下放，避免扭腰砸脚和磕坏电缆外绝缘。 （9）固定电缆用的夹具应具有表面平滑、便于安装、足够的机械强度和适合使用环境的耐久性特点。 （10）采用输送机敷设电缆，当局部工序或整体敷设工作结束，需调整输送机位置，或移出、搬离原来工作场地，之前必须切断电源拔去电源插头，避免搬移过程中发生触电事故
74	储能专业	10kV 及以上高压电缆头制作	物体打击、机械伤害、高处坠落	四级	（1）使用压接工具前，应检查压接工具型号、模具是否符合所压接工作等级要求。 （2）压接时，人员要注意头部远离压接点，保持 300mm 以上距离。装卸压接工具时，应防止砸碰伤手脚。 （3）进行充油电缆接头安装时，应做好充油电缆接头附件及油压力箱的存放作业，并配备必要的消防器材。 （4）搭设平台进行电缆头制作应有防高坠的措施。在电缆终端施工区域下方应设置围栏或采取其他保护措施，禁止无关人员在作业地点下方通行或逗留。 （5）进行电缆终端瓷质绝缘子吊装时，应采取可靠的绑扎方式，防止瓷质绝缘子倾斜，并在吊装过程中做好相关的安全措施。 （6）制作环氧树脂电缆头和调配环氧树脂作业过程中，应采取有效的防毒和防火措施。 （7）对施工区域内临近的运行电缆，应采取妥善的安全防护措施加以保护，避免影响正常的施工作业。 （8）扩建工程施工时，与带电设备保持的安全距离应满足规范要求。不得在带电导线、带电设备、变压器等附近以及在电缆夹层、隧道、沟洞内对火炉或喷灯加油、点火。在电缆沟盖板上或旁边进行动火工作时需采取必要的防火措施
75		全站电缆防火及封堵	触电、物体打击、窒息、其他伤害	四级	（1）施工前，进行方案交底，对作业进行岗前安全知识培训，安排好工作负责人、监护人责任落实到位。 （2）在作业现场人员严禁吸烟，禁止做与工作无关的事情。 （3）施工时必须小心谨慎，不得碰触带电设备，保持安全距离，保证设备安全运行，不得擅自施工。 （4）施工时应注意防火阻燃材料虽为无毒物质，但其中防火涂料对人体器官有一定的刺激，故在涂防火涂料时，施工人员应戴护目镜、口罩及橡皮手套等劳动保护用品。 （5）施工作业区域需配置相应的灭火器材

续表

序号	所属专业	作业内容	风险因素	风险等级	典型控制措施
76	储能专业	一次电气设备交接试验	触电、物体打击、高处坠落、其他伤害	四级	（1）一次设备试验工作不得少于 2 人；试验作业前，必须规范设置安全隔离区域，向外悬挂"止步，高压危险"的警示牌。设专人监护，严禁非作业人员进入。设备试验时，应将所要试验的设备与其他相邻设备做好物理隔离措施，避免试验带电回路串至其他设备上，导致人身事故。 （2）进入施工现场应使用安全防护用具，正确配戴安全帽，高处作业时系好安全带，使用防滑的梯子，并做好安全监护。 （3）调试过程中试验电源应从试验电源屏或检修电源箱取得，严禁使用绝缘破损的电源线，用电设备与电源点距离超过 3m 的，必须使用带剩余电流动作保护器的移动式电源盘，试验设备和被试设备应可靠接地，设备通电过程中，试验人员不得中途离开。工作结束后应及时将试验电源断开。 （4）高压试验时试验设备及一次设备铁芯等应有可靠接地；试验结束，要对容性被试设备进行充分的放电后，方可拆除试验接线。 （5）试验前，被试设备应接地可靠。试验结束后，临时拆除的一、二次接线（或接入的二次线）应及时恢复，并确保接触可靠，防止遗漏导致电网事故。 （6）进入地下施工现场调试时，还应满足地下变电站作业的相关安全措施
77		二次保护设备及自动化设备调试（交流部分）	触电、物体打击、高处坠落、其他伤害	四级	（1）试验作业前，必须规范设置安全隔离区域。设专人监护，严禁非作业人员进入。设备试验时，应将所要试验的设备与其他相邻设备做好物理隔离措施，避免试验带电回路串至其他设备上，导致人身事故。 （2）进入施工现场应使用安全防护用具，正确配戴安全帽，高处作业时系好安全带，使用有防滑的梯子，并做好安全监护。 （3）调试过程试验电源应从试验电源屏或检修电源箱取得，严禁使用绝缘损坏的电源线，用电设备与电源点距离超过 3m 的，必须使用带剩余电流动作保护器的移动式电源盘，试验设备通电过程中，试验人员不得中途离开。工作结束后应及时将试验电源断开。 （4）新建站已带电的直流屏和低压配电屏上应悬挂"设备运行中"标志牌和装设安全围网，各抽屉开关必须断开，重要操作上锁，防止误碰、误操作；带电设备专人负责监护，若需操作送电，须经调试负责人、安装负责人许可后才可以合上开关，同时挂上"已送电"标志牌；对不能送电的抽屉开关必须悬挂"禁止合闸"标志牌。 （5）在 TA、TV、交流电源、直流电源等带电回路进行测试或接线时必须使用合格工具，落实好严防 TA 二次开路的措施。 （6）进行断路器、协控 CCM、PCS 变流器等主设备远方传动试验时，主设备处应设专人监视，并有通信联络或就地紧急操作的措施。 （7）试验前，被试设备应接地可靠。试验结束后，临时拆除的一、二次接线（或接入的二次线）应及时恢复，并确保接触可靠，防止遗漏导致电网事故

续表

序号	所属专业	作业内容	风险因素	风险等级	典型控制措施
78	储能专业	电池调试（EMS、BMS、PCS、协控）直流部分❶	触电、物体打击、高处坠落、其他伤害	四级	（1）进入调试现场的人员要正确佩戴安全帽，严禁穿拖鞋、凉鞋、高跟鞋或带钉的鞋，严禁酒后进入调试现场。 （2）每日调试工作开始前，调试负责人要布置当天的调试作业内容及要求，并填写《风险控制措施检查记录表》。 （3）调试过程中要记录调试发现的问题，并跟踪解决，形成问题闭环管理机制。 （4）调试场所必须光线充足，道路无遮挡。 （5）在对设备进行对点调试的过程中，对于需要对设备进行动作的操作，要事先征得业主方（或设备责任方）同意，最好由对方去操作，以免误操作造成设备损坏。 （6）在主控室不能私拉网线，如果需要临时网线连接笔记本电脑，要规划好走线，不能在地上乱扯乱放。 （7）对点调试现场狭窄处，调试人员应有序站位，以免挤伤或碰到设备。 （8）在室内及电池舱等场所调试时，要保持全程专注，不得吸烟或走神。 （9）要认真做好各项调试记录，做到凡事有人负责，凡事有人监督，凡事有据可查。 （10）在调试现场和主控室接插电源插排时，要注意插拔安全，以免触电。 （11）对于调试过程中有爬高作业的，要检查用于爬高的凳子或梯子等摆放是否稳固，并有专人监护。 （12）在排查网络过程中，若发现网络不通需要重新制作水晶头，工作完成后应清理现场遗留杂物，保持地面清洁，以免杂物掉入设备中。 （13）对EMS数据库及相关文件要定期备份，并异机备份，以免服务器故障导致数据丢失。 （14）每日调试工作结束后，要对设备采取防护措施，服务器等柜门关闭严密，以防灰尘进入开关柜内。对室内进行经常性的清扫，保持内清洁，并且做到人走门锁，室内照明电源及空调关闭。 （15）进入电池预制舱内前应打开风机先通风15min。 （16）进入电池预制舱后应打开门窗，注意通风畅通，通风良好，确保调试环境安全
79		系统性联调（BMS保护逻辑及消防联动策略功能验证）	触电、火灾、其他伤害	四级	（1）检查电池预制舱、升压室灭火器是否齐全，是否在有效期内。 （2）进入电站作业，遵守储能电站安全管理制度，并对作业人员进行安全培训，讲解安全注意事项。 （3）根据现场工作环境（如暴雨、湿度大于90%以上）灵活调整系统充放电调试时间，保证调试过程绝对安全。 （4）制订应急预案，并进行演练，确保故障及危险发生时，人身安全不会受到损伤。 （5）调试作业时，应严格按调试方案执行，上电前进行检查，确认无误后再进行上电。 （6）储能系统运行时，调试人员远离高压带电体，防止发生触电；如必须靠近观察设备状态，必须穿绝缘鞋、戴安全帽、戴绝缘手套，并不碰触带电设备，观察完成后立即退出，断电后再进行维护。 （7）当发现储能电站事故区电池部位温度急剧上升、有大量烟雾冒出时，应当即安排人员撤离至安全区域。 （8）试验结束时，应记录试验的过程数据和结果数据

❶ 能量管理系统（Energy Management System，EMS）、电池管理系统（Battery Management System，BMS）、储能变流器（Power Conversion System，PCS）。

序号	所属专业	作业内容	风险因素	风险等级	典型控制措施
80	储能专业	一次设备耐压试验	触电、高处坠落	四级	（1）进入施工现场应使用安全防护用具，正确佩戴安全帽，高处作业时系好安全带，使用有防滑功能的梯子，并做好安全监护；设备试验时，应将所要试验的设备与其他相邻设备做好物理隔离措施，避免试验带电回路串至其他设备上，导致人身事故。 （2）严格遵守 Q/GDW 11957—2020《国家电网有限公司电力建设安全工作规程》，保持与带电高压设备足够的安全距离。 （3）耐压试验应由专人指挥，设置安全围栏、围网，向外悬挂"止步，高压危险"的警示牌，试验过程设专人监护。设立警戒，严禁非作业人员进入。 （4）耐压试验前应将被试设备与主变压器断开，与进、出线断开，同时还应将电压互感器、避雷器断开，试验后再安装恢复。 （5）由一次设备处引入的测试回路注意采取防止高电压引入的危险，注意检查一次设备接地点和试验设备安全接地，高压试验设备必须铺设绝缘垫。 （6）进入地下施工现场时，要随时查看气体检测仪是否正常，并检查通风装置运转是否良好、空气是否流通。如有异常，立即停止作业，组织作业人员撤离现场。 （7）高压试验设备的外壳必须可靠接地，一次设备末屏要可靠接地，接地线应使用截面积不小于 4mm² 的多股软裸铜线。严禁接在自来水管、暖气管及铁轨上，高压试验时，高压引线的接线应牢固并尽量缩短，不可过长，引线用绝缘支架固定。 （8）试验结束，应将残留电荷放净后，方可拆除试验接线。试验前，被试设备应接地可靠。试验结束后，临时拆除的一、二次接线（或接入的二次线）应及时恢复，并确保接触可靠，防止遗漏导致电网事故
81		电力变压器局部放电及耐压试验	触电、火灾、其他伤害	四级	（1）一次设备试验工作不得少于 2 人；试验作业前，必须规范设置安全隔离区域，向外悬挂"止步，高压危险"的警示牌。设专人监护，严禁非作业人员进入。设备试验时，应将所要试验的设备与其他相邻设备做好物理隔离措施。 （2）调试过程试验电源应从试验电源屏或检修电源箱取得，严禁使用绝缘破损的电源线，用电设备与电源点距离超过 3m 的，必须使用带剩余电流动作保护器的移动式电源盘，试验设备和被试设备应可靠接地。 （3）装、拆试验接线应在接地保护范围内，穿绝缘鞋。在绝缘垫上加压操作，与加压设备保持足够的安全距离。 （4）更换试验接线前，应对测试设备充分放电。 （5）高处作业应正确使用安全带，作业人员在转移作业位置时不准失去安全保护。 （6）高压试验的安全措施已完善，试验设备和被试验设备外壳和铁芯及非试线圈已可靠接地（电抗器除外），电流互感器二次绕组应短接并可靠接地，试验区域应设装临时围栏和警告牌，并有专人警戒。 （7）耐压、局部放电试验时必须有监护人监视操作，操作人员应穿绝缘鞋，升压前后必须使调压器可靠回零并告知有关人员密切注意被试品。升压过程中，升压速度应平稳并密切注意有关仪表和设备情况，发现异常应立即降压或断开电源，进行放电，停止试验，待查明原因后，方可继续试验

续表

序号	所属专业	作业内容	风险因素	风险等级	典型控制措施
82		高压电缆耐压试验	触电、火灾、其他伤害	四级	（1）进入施工现场应使用安全防护用具，正确佩戴安全帽，高处作业时系好安全带，使用有防滑的梯子，并做好安全监护。 （2）严格遵守《国家电网有限公司输变电工程建设安全管理规定》，保持与带电设备的安全距离。 （3）高压电缆耐压试验应设专人统一指挥，电缆两端应设专人监护，时刻保持通信畅通。 （4）电缆两端均应设置安全围栏、围网，向外悬挂"止步，高压危险"的警示牌。设专人监护，严禁非作业人员进入。 （5）高压试验设备的外壳必须接地，被试高压电缆接地必须良好可靠。 （6）高压电缆绝缘试验或直流耐压试验完毕后，作业人员必须及时将电缆对地充分放电后，方可拆除试验接线
83	储能专业	电站验收、消缺作业	触电、物体打击、高处坠落、其他伤害	四级	（1）在进行一次设备试验验收前，必须规范设置硬质安全隔离区域，向外悬挂"止步，高压危险"的警示牌。设专人监护，严禁非作业人员进入。 （2）试验设备和被试设备必须可靠接地，设备通电过程中，试验人员不得中途离开。 （3）试验结束后及时将试验电源断开，并对容性被试设备进行充分的放电后，方可拆除试验接线。 （4）在验收过程中需要触碰一次设备连线等部位时，必须确认被验设备与高压出线有明显的断开点，或已可靠接地。 （5）在高压出线处验收时，要严格落实防静电措施，作业人员穿屏蔽服作业。 （6）班组负责人和安全监护人检查作业人员正确使用安全工器具和个人安全防护用品，检查高处作业人员全方位防冲击安全带规范穿戴及使用情况，高处作业使用垂直攀登自锁器，水平移动使用速差保护器。特别是厂家人员高处作业时，需严格遵守。 （7）在验收过程中需要进行高处作业时，应使用绝缘梯等符合安全规定的作业设备，作业人员必须用绳索上、下传递工具。 （8）地面配合人员和验收人员，应站在可能坠落物的坠落半径以外。 （9）严格执行《变电安规》中与带电调试相关的规定，在二次调试中做好与运行回路的隔离措施。 （10）在相关设备上消缺时，应严格按该设备的使用说明书进行操作，执行该设备的风险控制措施，严禁无措施作业，防止伤及人身和设备。必要时应有厂家人员在场配合。 （11）消缺人员应熟悉所在设备的运行、通电情况，现场作业应切断相关可能带电的回路。需要对设备进行通电调试时，应经班组负责人同意，并做好防护措施
84		设备检查	触电、其他伤害	四级	（1）投产前，应检查设备处于冷备用状态，临时地线已拆除；变压器的网门处于关闭状态；设备功能工作接地可靠；各处的孔洞、箱（屏柜）门已恢复至关闭状态。 （2）投产送电时一次设备检查工作每小组应有 2 人及以上工作人员进行，加强监护。保持与高压设备带电体有足够的安全距离。夜间检查，应配备照明灯具。 （3）设备检查时，若发现设备有异常情况，应立即汇报启动指挥部，严禁擅自处理

续表

序号	所属专业	作业内容	风险因素	风险等级	典型控制措施
85		继电保护装置向量测试	触电、其他伤害	四级	（1）保护向量测试工作每小组应有 2 人及以上工作人员进行，加强监护。 （2）通电测量过程中，试验人员不得中途离开。 （3）测试过程严禁造成 TA 开路或 TV 短路。 （4）测试完成后，恢复设备带电等警示牌
86	储能专业	储能系统挂网后试运行	触电、火灾、其他伤害	三级	（1）填写施工作业 B 票，编写专项方案并对所有作业人员进行交底，使每个现场人员了解现场情况，掌握应急处理措施。 （2）调试人员进入现场必须戴好劳动保护用品。 （3）在调试中要求严格执行安全技术、操作规程，听从指挥，现场设围栏、警告牌、警戒线。 （4）送电时，每个岗位上的人员必须明确自己的职责及整个受电概况和要求。 （5）操作人员必须听从指挥人员的指挥，坚守岗位。 （6）设专人指挥，专人监护，每次操作由指挥人员发出命令，并经监护人员同意后方可操作。 （7）在已送电设备上，应挂上明显标志或设围栏。 （8）当储能集装箱在调试过程中出现异常声响、火花、异味等紧急情况时的应急措施：1）现场操作人员应该立即按下 PCS 设备急停开关，使设备停止运行；2）在二次设备预制舱就地监控系统将相对应的电池预制舱直流侧框架断路器断开，同时将 PCS 交流断路器、控制柜各开关依次断开。 （9）设专人值守消防及智能辅助系统，电池预制舱空调系统等均正常投入运行使用。 （10）针对 EMS、BMS，做好监测全站电池温度、电压、充电电流等主要数据，与各方人员保持沟通
87		AGC/AVC 控制并网测试（计划曲线控制、功率定值控制等运行模式）	触电、火灾、其他伤害	三级	（1）掌握专项测试方案，与各专家讨论方案可行性；根据调试方案明确自己的操作，配合各方专业人员完成调试。 （2）严格执行 EMS、BMS 联调试验方案。防止私自调整试验步骤和试验条件；认真分析试验过程中试验数据的正确性，防止重复试验。 （3）一次设备第一次冲击送电、电池充放电能量试验时，现场应由专人监护，并注意安全距离，二次人员待运行稳定后，方可到现场进行相量测试和检查工作。 （4）由一次设备处引入的测试回路注意采取防止高电压引入的危险，注意检查一次设备接地点和试验设备安全接地，高压试验设备应铺设绝缘垫。 （5）AGC/AVC 控制并网测试结束后，应认真核对调控中心下达的定值和策略，核对装置运行状态。 （6）电站保护室保护屏，通信机房通信屏设备区域工作时，应用红色标志牌区分运行及检修设备，并将检修区域与运行区域进行隔离，二次工作安全措施票执行正确。 （7）应确认待试验的控制系统（试验系统）与运行系统已完全隔离后方可开始工作，严防走错间隔及误碰无关带电端子。 （8）在进行试验接线时应严防 TV 二次侧短路、TA 二次侧开路。

续表

序号	所属专业	作业内容	风险因素	风险等级	典型控制措施
87		AGC/AVC控制并网测试（计划曲线控制、功率定值控制等运行模式）	触电、火灾、其他伤害	三级	（9）试验完成后应根据 EMS、PCS 等控制系统的正式定值进行认真核对，确保无误。 （10）试验前，被试设备应接地可靠。试验结束后，临时拆除的一、二次接线（或接入的二次线）应及时恢复，并确保接触可靠，防止遗漏导致电网事故。 （11）通电试验过程中，试验人员不得中途离开。 （12）电流互感器升流试验时，封闭相应的母差、失灵电流回路。 （13）完成各项工作、办理交接手续离开即将带电设备后，未经运行人员许可、登记，不得擅自再进行任何检查和检修、安装工作。 （14）试验工作结束后，将被试验设备恢复原状。 （15）最终的电池试验必须满足 GB/T 36547—2024《电化学储能电站接入电网技术规定》等相关国标的规定，保证在实际使用中安全可靠，能够达到预期的充放电量
88	储能专业	电网储能正式并网运行	触电、火灾、其他伤害	三级	（1）储能电站应配备满足电站安全可靠运行维护人员。运维人员上岗前经过培训，掌握储能电站的设备性能和运行状态。 （2）储能电站各设备已完成现场单体调试并提供相应调试报告，所有设备满足交接验收要求，已完成交接验收，满足运行要求。 （3）确保储能电站内各分系统独立运行正常且无告警信号，同时各分系统之间互联互通，信号上传、命令下达功能均正常，分系统调试时应同步完成电池系统 SOC 标定和储能系统充放电响应时间、充放电调节时间、充放电转换时间等测试。储能电站分系统包括电池管理系统、变流器系统和监控系统。 （4）完成相关并网性能测试工作。 （5）EMS、消防系统、电池预制舱空调系统、智能辅助等均已投入正常使用。 （6）按照"储能电站运行维护规程"规定，进行运行监视、运行操作和巡视检查。 （7）储能系统的并网、解列，应获得电网调度机构同意，因故解列，不应自动并网，应通过电网调度机构许可后方可并网。 （8）储能电站投运前应指定典型操作票和工作票、指定交接班制度、巡视巡查制度、设备定期试验等制度。 （9）储能电站应做好各项数据记录，定期对运行指标进行统计，对运行效果进行评价。 （10）储能电站自动化设备装置、通信设备装置及运行维护应符合国家、电网、调度机构有关规程、标准和相关规定。 （11）储能电站运行单位根据储能电站实际运行情况，编制现场维护规程及相关应急预案

续表

序号	所属专业	作业内容	风险因素	风险等级	典型控制措施
89	储能专业	开关柜本体拆除及安装就位	机械伤害、物体打击、触电、高空坠落、火灾	三级	（1）工作前，确保并网侧及蓄电池侧两侧相关的开关处于断开检修，避免两侧来电。 （2）拆除及安装就位时，应有防脱落措施，避免机械伤害。 （3）开关柜使用液压叉车、地牛、滚杆等工具拆除及安装就位时应做好防倾倒、挤压伤人的安全措施。 （4）开展电气焊、气割等动火作业前，应在作业面附近配备消防器材，并将电缆进口用铁板盖严，防止焊渣将电缆烫坏，并应设专人进行监护，避免引发火灾或设备损坏。 （5）施工区周围的孔洞应采取措施可靠的遮盖，防止人员摔伤。 （6）开关柜柜顶作业人员，应有防护措施，防止从柜顶坠落。 （7）配电室内拆装开关柜应与裸露带电部分保持足够的安全距离，防止感电伤人。 （8）配电室内拆装开关柜应防止磕碰运行设备
90		开关柜一、二次电缆拆装	触电、机械伤害、高处坠落	三级	（1）拆接二次电缆时，作业人员必须确定所拆电缆确实无电压，并在监护人员监护下进行作业。 （2）拆接一次电缆时，作业人员必须用接地线逐相充分放电，确保无残余电荷伤人，并将电缆终端三相短路接地。 （3）施工区周围的一、二次电缆孔应采取措施可靠的遮盖，防止人员摔伤。 （4）对于拉手线路或低压侧分布式电源接入等存在返送电可能的电缆线路，应立体辨识带电部位和危险点，采取针对性安全措施加以防范。 （5）拆二次线时，应严格按照二次回路拆、接线记录进行，并对相邻的带电端子进行标示、遮盖和绝缘隔离。合理使用绝缘工具，进行回路测量前核对所使用万用表的挡位。 （6）母线与主变压器未同时停电时，应做好防止母线差动保护误动的措施，宜将母差用间隔电流回路两端拆除并做好绝缘措施，回路试验前工作负责人必须再次对该电流回路进行确认、核实。TA二次通电试验前检查未接入保护装置。 （7）在空气流通较差区域内作业应采取防止人身中毒窒息安全措施。在电缆沟等有限空间作业，坚持"先通风、再检测、后作业"的原则，保持通风良好，并在出入口设置明显的安全警示标志
91		开关手车式断路器更换	触电、机械伤害、物体打击	四级	（1）更换前断开相关控制电源。 （2）开关操动机构作业前，传动时应相互呼应，防止机械伤人。 （3）拆除、搬运时，应有防脱措施。 （4）手车式开关隔离挡板保持关闭。 （5）二次回路作业时应使用合电、交直流接地或者短路。 （6）断路器手车拉出后应断开断路器，防止带电设备感电。 （7）断路器手车拉出后应悬挂"止步，高压危险"标志牌

续表

序号	所属专业	作业内容	风险因素	风险等级	典型控制措施
92		其他元件（隔离开关、手车式开关柜绝缘件、TV、避雷器等）更换	触电、机械伤害、物体打击	四级	（1）断开相关控制电源，二次线做好绝缘处理。 （2）拆除、搬运时，应有防脱措施。 （3）二次回路作业时应使用合格的绝缘工器具，防止低压触电及交直流接地或短路。 （4）手车式开关柜内其他元件更换应保证其电气连接部分均停电后方可进行。 （5）打开电压互感器柜门前，应检查电压互感器确已断开，打开后再次对电压互感器一次电压互感器高压端不带电方可工作
93		开关柜储能电机、缓冲器、储能弹簧、带电显示装置等一、二次元器件更换	触电、机械伤害、物体打击	五级	（1）断开与断路器相关的各类电源并确认无电压。 （2）拆下的控制回路及电源线头所做标记正确、清晰、牢固，防潮措施可靠。 （3）工作前，操动机构应充分释放所储能量
94	储能专业	升压变压器、站用变压器等干式变压器拆除及安装就位	触电、机械伤害、物体打击	三级	（1）确保交流高压侧及直流 PCS 侧断路器均处于断开检修位置，防止两侧来电。 （2）拆除连接电缆及铜排前需再次核实是否有电并挂接地线。 （3）拆除及安装就位时，应有防脱落措施，避免机械伤害。 （4）配电室内拆装变压器应防止磕碰运行设备。 （5）消防站用电停电前应将灭火系统控制回路电源断开、自动投入改手动投入，防止检修过程中误动作；检修后、送电前，应及时恢复
95		开关柜、变压器等一次设备交接试验	高空坠落、机械伤害、触电	四级	（1）现场再次核查停电方式和开关柜结构，对母线与主变压器、线路未同时停电，拉手线路或低压侧分布式电源接入等存在返送电可能的线路，针对不同段邻布置的开关柜以及分段联络开关柜，采取针对性安全措施加以防范。 （2）开关柜设备试验工作不得少于 2 人；试验作业前，必须规范设置安全隔离区域，向外悬挂"止步，高压危险"的标志牌，并派人看守。被试设备两端不在同一地点时，另一端还应派人看守，严禁非作业人员进入。设备试验时，应将所要试验的设备与其他相邻设备做好物理隔离措施。 （3）检修试验电源应从试验电源屏或检修电源箱取得，严禁使用绝缘破损的电源线，用电设备与电源点距离超过3m 的，必须使用剩余电流动作保护器的移动式电源盘，试验设备和被试设备应可靠接地，设备通电过程中，试验人员不得中途离开。工作结束后应及时将试验电源断开。 （4）装、拆试验接线应在接地保护范围内，戴线手套，穿绝缘鞋。在绝缘垫上加压操作，与加压设备保持足够的安全距离。 （5）更换试验接线前，应对测试设备充分放电。 （6）高处作业应正确使用安全带，作业人员在转移作业位置时不准失去安全保护

序号	所属专业	作业内容	风险因素	风险等级	典型控制措施
96	储能专业	开关柜、变压器等一次设备例行检修试验	高空坠落、机械伤害、触电	四级	（1）现场再次核查停电方式和开关柜结构，对母线与主变压器线路未同时停电、拉手线路或低压侧分布式电源接入等存在返送电可能的线路，应立体辨识带电部位和危险点，采取针对性安全措施加以防范。 （2）开关柜设备试验工作不得少于 2 人；试验作业前，必须规范设置安全隔离区域，向外悬挂"止步，高压危险"的标志牌，并派人看守。被试设备两端不在同一地点时，另一端还应派人看守，严禁非作业人员进入。设备试验时，应将所要试验的设备与其他相邻设备做好物理隔离。 （3）检修试验电源应从试验电源屏或检修电源箱取得，严禁使用绝缘破损的电源线，用电设备与电源点距离超过3m的，必须使用剩余电流动作保护器的移动式电源盘，试验设备和被试设备应可靠接地，设备通电过程中，试验人员不得中途离开。工作结束后应及时将试验电源断开。 （4）装、拆试验接线应在接地保护范围内，戴线手套，穿绝缘鞋。在绝缘垫上加压操作，与加压设备保持足够的安全距离。 （5）更换试验接线前，应对测试设备充分放电。 （6）高处作业应正确使用安全带，作业人员在转移作业位置时不准失去安全保护。 （7）开关柜试验短接线应统一规范制作、颜色鲜明、按作业班组统一编号，禁止使用细铜丝、铅丝等作为短接线措施
97		电容器安装及拆除	物体打击、触电、高处坠落、机械伤害	四级	（1）电容器设备安装及拆除前应将电容器逐个多次充分放电。 （2）吊装过程应设专人指挥，指挥人员应站在全面观察到整个作业范围及起重机司机的位置，对于任何工作人员发出紧急信号、必须停止吊装作业。 （3）起吊应缓慢进行，离地 100mm 左右进行试吊，吊件稳定后，指挥人员检查起吊系统的受力情况，无问题后方可继续起吊。 （4）电容器组起吊时应防止晃动，设置溜绳。 （5）室内电容器搬运转移采用叉车工具，要重心平稳防止倾覆。 （6）电容器散装时应注意配合，防止磕碰、砸伤。 （7）安装作业使用电气焊时，应按规定使用动火工作票，作业现场配备灭火器，电焊机外壳应可靠接地，氧气、乙炔气瓶应竖直放置，并且气瓶间距不小于 10m，气瓶与火源间距离不小于 10m。 （8）作业人员在斗臂车或脚手架搭设的平台上作业时正确佩戴安全带。 （9）作业人员高处作业时正确使用安全带、绝缘梯。 （10）使用吊车需注意与带电设备保持足够的安全距离，吊车使用时周围应设围栏

续表

序号	所属专业	作业内容	风险因素	风险等级	典型控制措施
98	储能专业	交（直）流电源柜整体更换	物体打击、火灾、触电、电弧灼伤、高空坠落	三级	（1）屏柜拆除、安装时尽量避免在运行中屏附近进行任何有震动的工作，如要进行，则必须采取妥善措施，以防止运行中的设备误动作。 （2）拆装过程中加强监护，作业人员协调呼应，严禁野蛮施工，并做好防倾倒措施。 （3）应戴手套，使用带绝缘柄或经绝缘处理的工具；工作过程中注意加强监护，不得碰触带电导体。 （4）拆除防火封堵时应注意逐层渐进凿开，并与柜内连接电缆保持足够安全距离，防止误伤电缆。 （5）作业过程中拆开的孔洞应及时封堵，作业完毕后应完善屏柜内、电缆穿孔等孔洞封堵。 （6）退出或接入电缆时应注意角度和通道，不得野蛮拖拽，防止绝缘包裹层脱落、磨损电缆外皮或造成内部损坏。 （7）临时断开交流进线断路器，停运整段母线电源时，应检查主变压器冷控、直流电源、通信电源、不间断电源等重要交流负载和机房、保护控制室空调系统运正常。 （8）拆出电缆接线前应先检查交流母线、接线端子确无电压后方可拆除，拆、接的电缆均应做好绝缘包扎及标记，确保正确恢复、接入。 （9）无第三路交流外接电源时，应配置必要的临时过渡配电屏和发电机，将交流负荷临时转移至临时过渡配电屏供电，临时过渡电源应接线规范、线缆绝缘良好。 （10）屏柜、线缆安装接入完毕后，应逐个检查固定螺栓、端子、卡扣等紧固，接线、相序正确无误，无短路故障，系统遥测、遥信信号正常，监控装置、剩余电流监测装置、采样模块、表计、交流断路器和指示灯等运行正常，交流电源系统参数设置、断路器定值、剩余电流监测整定正确，屏柜接地可靠。 （11）应逐相开展交流进线缺相自投试验。 （12）绝缘测试时注意加强监护，不得碰触柜内导体。 （13）作业过程中，临近的带电导体应做好绝缘遮蔽措施。 （14）电缆沟、电缆竖井等作业区域盖板揭开后应设置警示标志，必要时设置围栏、遮栏，作业完毕及时恢复盖板。 （15）电缆夹层、竖井内等高处作业时应系好安全带，安全带应挂在牢固固件上，不可低挂高用。 （16）使用梯子时，应按规定正确使用，固定良好，应由专人监护、撑扶
99		交（直）流电源柜监控装置、低压断路器、采样单元模块、表计、变送器等更换、检修	触电	四级	（1）应戴手套，使用带绝缘柄或经绝缘处理的工具，工作过程中注意加强监护，不得碰触带电导体（断路器上端直接接入母线时，上端带电拆除）。 （2）更换检修总路进线断路器时，断开被更换低压断路器，检查主变压器冷控、直流电源、通信电源、不间断电源、机房空调等重要负载运行正常，如有异常应立即恢复，并查明原因。 （3）更换检修馈线断路器时，应断开被更换回路断路器。检查低压交流断路器上下端端已无电压后方可拆出。 （4）更换完毕后检查接线无误、端子紧固、回路无短路。 （5）更换前断开监控装置、采样单元模块、表计、变送器电源开关或熔断器。 （6）拆出的接线均做好绝缘包扎和标记。故障、电源电压正常后合上电源开关或熔断器。 （7）临近的带电导体应做好绝缘遮蔽措施

序号	所属专业	作业内容	风险因素	风险等级	典型控制措施
100	储能专业	不间断电源柜整体更换	物体打击、火灾、触电、电弧灼伤、高空坠落	三级	（1）应戴手套，使用带绝缘柄或经绝缘处理的工具，工作过程中注意加强监护，不得碰触带电导体。 （2）拆除防火封堵时应注意逐层渐进凿开，并与柜内连接电缆保持足够安全距离，防止误伤电缆。 （3）退出或接入电缆时应注意角度和路径，不得野蛮拖拽，防止绝缘层脱落、磨损电缆外皮或造成内部损坏。 （4）更换前临时申请断开不间断电源馈线断路器。 （5）不间断电源监控装置参数设置正确，遥测、遥信信号正常，接电缆应做好绝缘包扎及标记，确保正确恢复、接入。 （6）拆出接线前检查接线端子确无电压后方可拆除。 （7）作业完毕后，应逐个检查螺栓紧固，接线、相序正确无误且无短路故障，不间断电源遥测遥信信号正常逆变切换、旁路切换等功能正常，监控装置、采样模块、表计和指示灯等运行正常，屏柜接地可靠。 （8）绝缘测试时注意加强监护，不得碰触柜内导体。 （9）监控装置、采样单元、表计及状态等指示正确。 （10）临近的带电导体应做好绝缘遮蔽措施。 （11）屏柜更换、电缆敷设过程中做好临时孔洞封堵。 （12）电缆沟、电缆竖井等作业区域盖板揭开后应设警示标志，必要时设围栏、遮栏，作业完毕及时恢复盖板。 （13）电缆夹层、竖井内等高处作业时应系好安全带，安全带应挂在牢固固件上，不可低挂高用
101		不间断电源柜监控装置、采样单元模块、表计、变送器更换、检修	触电	四级	（1）应戴手套，使用带绝缘柄或经绝缘处理的工具，工作过程中注意加强监护，不得碰触带电导体。 （2）断开监控装置、采样单元模块、表计、变送器电源开关或熔断器。 （3）拆出的接线均做好绝缘包扎和标记。 （4）更换完毕后检查接线无误、端子紧固、回路无短路故障，电源电压正常后合上电源开关或熔断器。 （5）临近的带电导体应做好绝缘遮蔽措施
102		直流充电柜（分电柜）整体更换	物体打击、火灾、触电、电弧灼伤、高空坠落	三级	（1）屏柜拆除、安装时尽量避免在运行中屏附近进行任何有震动的工作，如要进行，则必须采取妥善措施，以防止运行中的设备误动作。 （2）拆装过程中加强监护，作业人员协调呼应，严禁野蛮施工，并做好防倾倒措施。 （3）应戴手套，使用带绝缘柄或经绝缘处理的工具，工作过程中注意加强监护，不得碰触带电导体。 （4）拆除防火封堵时应注意逐层渐进凿开，并与柜内连接电缆保持足够安全距离，防止误伤电缆。 （5）完善屏柜内、电缆穿井等孔洞封堵，作业完毕后应固，封堵完善。 （6）退出或接入电缆时应注意角度和通道，不得野蛮拖拽，防止绝缘包裹层脱落、磨损电缆外皮或造成内部损坏。 （7）直流屏停运后应检查运行屏及负载设备无异常。 （8）拆、接的电缆均应做好绝缘包扎及标记，确保正确。 （9）屏柜、线缆安装接入完毕后，应逐个检查固定螺栓端子、卡扣等紧固，接线、极性正确无误，无短路故障，系统遥测、遥信信号正常，监控装置、采样模块表计、断路器和指示灯等运行正常，屏柜接地可靠。

续表

序号	所属专业	作业内容	风险因素	风险等级	典型控制措施
102	储能专业	直流充电柜（分电柜）整体更换	物体打击、火灾、触电、电弧灼伤、高空坠落	三级	（10）充电装置试验合格、各项功能正常、遥测遥信信号正常，检查充电参数、报警参数正常，检查充电装置输出开关（充电屏至直流母线、充电屏至蓄电池组等）上下极性无误后方可上输出开关。 （11）绝缘测试时注意加强监护，不得碰触柜内导体。 （12）充电模块试验时按照试验设备说明正确接入，核对相序、极性无误后开始试验。 （13）充电屏内清洁时，应采用干燥、洁净的抹布、毛刷，严禁使用金属刷，清扫时注意不得接触带电导体。 （14）作业过程中，临近的带电导体做好绝缘遮蔽措施。 （15）电缆沟、电缆竖井等作业区域盖板揭开后应设警示标志，必要时设围栏、遮栏，作业完毕及时恢复盖板。 （16）电缆夹层、竖井内等高处作业时应系好安全带，安全带应挂在牢固固件上，不可低挂高用。 （17）使用梯子时，应按规定正确使用，固定良好，应由专人监护、撑扶。 （18）两台充电装置及两组蓄电池配置时，应先合上母线联络断路器后再退出被更换充电屏。 （19）单台充电装置单组蓄电池配置时，应采用临时充电装置接入直流馈电母线（压差不超过 5V）后方可退出被更换充电屏，临时充电装置输出电压及容量应满足直流电源系统供电需要；蓄电池组接入点在充电屏内时，还应采用临时蓄电池组接入直流馈电母线进行过渡，临时蓄电池组容量应合格，标称电压与原蓄电池组一致
103		直流充电柜充电模块、监控装置（含一体化电源监控装置）、采样单元模块、表计、变送器更换、检修	触电	五级	（1）断开故障模块交流输入断路器。 （2）检查新更换模块型号、参数正常。 （3）充电模块更换后合上交流输入断路器，修改通信地址、控制（手动、自动）方式。 （4）应戴手套，并使用带绝缘柄或经绝缘处理的工具。 （5）工作过程中注意加强监护，人身不得碰触带电导体。 （6）断开监控装置、采样单元模块、表计、变送电源开关或熔断器。 （7）拆出的接线均做好绝缘包扎和标记。 （8）更换完毕后检查接线、极性等确认无误，检查无短路故障，电源电压正常后合上电源开关或熔断器
104		通信专用DC/DC 电源屏整体更换	物体打击、火灾、触电、电弧灼伤	三级	（1）屏柜拆除、安装时尽量避免在运行中屏附近进行任何有震动的工作，如要进行，则必须采取妥善措施，以防止运行中的设备误动作。 （2）拆装过程中加强监护，作业人员协调呼应，严禁野蛮施工，并做好防倾倒措施。 （3）应戴线手套，并使用带绝缘柄或经绝缘处理的工具。 （4）工作过程中注意加强监护，不得碰触带电导体。 （5）除办理 PMS 工作票外，还应办理 TMS 工作票，并向信通调申请工作。 （6）拆、接电缆均应做好绝缘包扎及标记，确保正确恢复、接入。 （7）拆除防火封堵时应注意逐层渐进凿开，并与柜内连接电缆保持足够安全距离，防止误伤电缆。

续表

序号	所属专业	作业内容	风险因素	风险等级	典型控制措施
104	储能专业	通信专用DC/DC电源屏整体更换	物体打击、火灾、触电、电弧灼伤	三级	（8）退出或接入电缆时应注意角度和路径，不得野蛮拖拽，防止绝缘包裹层脱落、磨损电缆外皮或造成内部损坏。 （9）负荷转接： 1）申请临时断开单电源负荷或双电源负荷中的其中一路，检查负载设备运行正常。 2）断开馈线断路器，将负荷电缆转接至临时过渡馈电屏。 3）保护接口柜等重要单电源负荷应办理专业申请，断开对应负荷后转接或搭接临时电源不停电转接，临时电源接通前注意核对电压差不超过0.5V。 4）核对临时过渡馈电屏馈线断路器上下端极性无误，不停电转接时电压差不超过0.5V，合上临时过渡屏馈线断路器。 5）依次完成馈线屏负荷转接。 （10）负荷转接完毕后，断开通信专用DC/DC电源屏进线电源，拆除进线电缆并做好绝缘包扎和标记。 （11）更换通信专用DC/DC电源屏，屏柜安装完毕并接线完毕后，应逐个检查螺栓紧固，接线、极性正确无误且无短路故障，合上进线断路器，检查各馈线断路器、指示灯、开关量采集模块正常。 （12）绝缘测试时注意加强监护，不得碰触柜内导体。 （13）通信专用DC/DC电源屏内清洁时，应采用干燥、洁净的抹布、毛刷，严禁使用金属刷或带金属丝的抹布，清扫时注意不得接触带电导体。 （14）按照负荷转接方式依次将临时馈电屏负荷转接至新通信专用DC/DC电源屏。 （15）作业过程中拆开的孔洞应及时封堵，作业完毕后应完善屏柜内、电缆穿孔等孔洞封堵。 （16）电缆沟、电缆竖井等作业区域盖板揭开后应设置警示标志，必要时设置围栏、遮拦，作业完毕及时恢复盖板。 （17）电缆夹层、竖井内等高处作业时应系好安全带，安全带应挂在牢固固件上，不可低挂高用。 （18）使用梯子时，应由专人监护、撑扶
105		通信专用DC/DC电源屏模块监控装置、采样单元模块、表计、变送器更换、检修	触电	五级	（1）应戴手套，并使用带绝缘柄或经绝缘处理的工具。 （2）工作过程中注意加强监护，不得碰触带电导体。 （3）断开通信专用DC/DC模块直流输入断路器。 （4）检查新更换的通信专用DC/DC模块型号、参数正常，回路无短路故障，极性无误。 （5）通信专用DC/DC模块更换后合上直流输入断路器，显示正常。修改通信地址、控制（手动、自动）方式。 （6）断开监控装置、采样单元模块、表计、变送器电源开关或熔断器。 （7）拆出的接线均做好绝缘包扎和标记。 （8）更换完毕后检查接线、极性等确认无误，检查回路无短路故障，电源电压正常后合上电源开关或熔断器

续表

序号	所属专业	作业内容	风险因素	风险等级	典型控制措施
106	储能专业	孤岛保护屏整体更换，保护装置更换、检修	物体打击、火灾、触电、电弧灼伤	三级	（1）退出保护功能连接片及所有出口连接片。 （2）主控室相邻屏柜均在运行，工作中加强监护，严禁误碰运行设备及装置，运行屏柜应锁屏。 （3）在各工作地点四周设临时遮栏，并在临时遮栏出入口处设"从此进出""在此工作"标志牌，并在相邻运行盘柜上由工作人员设红布幔。 （4）在运行电站内施工时需严格执行"两票三制"及安全施工作业票制度、继电保护措施票制度，严格执行储能电站安全施工相关规定。 （5）运输屏柜时必须配备足够施工人员，以防倾倒伤人。 （6）所有现场施工人员均应正确佩戴安全帽，施工负责人、安全员必须佩穿统一的"红马甲"，班组每日开工前应开好开工会，在安排工作任务同时交代危险点，明确安全保证措施，并贯穿执行于施工的全过程。 （7）拆除二次电缆前应做好记录，并与拆搭表核对。拆除至开关柜二次电缆时，认清位置，核查接线端子的正确性，专人监护，先拆开关侧，用万用表确认无误后，再拆保护屏侧。 （8）试验时，投跳闸连接片应核对连接片正确性后方可投入，其余间隔应保持退出状态。 （9）工作期间负责变电站的临时安保工作，进出电站应随手关门，进出保护室应随手关好门窗
107		协控主机屏CCM，协控就地屏CCL整体更换及协控装置更换、检修	物体打击、火灾、触电、电弧灼伤	三级	（1）提前上报检修计划、对接调度中心，待调度下令后，全站或区域 PCS 将退出运行至停机状态，通知调度网安挂牌；收到正式许可后，方可开展下一步工作。 （2）主控室相邻屏柜均在运行，工作中加强监护，严禁误碰运行设备及装置，运行屏柜应锁屏。 （3）在各工作地点四周设临时遮栏，并在临时遮栏出入口处设"从此进出""在此工作"标志牌，并在相邻运行盘柜上由工作人员设红布幔。 （4）在运行电站内施工时需严格执行"两票三制"及安全施工作业票制度、继电保护措施票制度，严格执行储能电站安全施工相关规定。 （5）核对图纸、做好标记及绝缘措施，并核对电流及电压回路的检修状态。 （6）运输屏柜时必须配备足够施工人员，以防倾倒伤人。 （7）所有现场施工人员均应正确佩戴安全帽，施工负责人、安全员必须佩穿统一的"红马甲"，班组每日开工前应开好开工会，在安排工作任务同时交代危险点，明确安全保证措施，并贯穿执行于施工的全过程。 （8）拆除二次电缆前应做好记录，并与拆搭表核对。拆除至开关柜二次电缆时，认清位置，核查接线端子的正确性，专人监护，先拆开关侧，用万用表确认无误后，再拆保护屏侧。 （9）试验时，投跳闸连接片应核对连接片正确性后方可投入，其余间隔应保持退出状态。 （10）工作期间负责变电站的临时安保工作，进出变电站应随手关门，进出保护室应随手关好门窗。 （11）试验结束后，电流互感器应维持退出短接及接地状态，电压回路应断开

续表

序号	所属专业	作业内容	风险因素	风险等级	典型控制措施
108	储能专业	协控就地控制箱 CCU 整体更换及控制元器件更换、检修	触电	四级	（1）对应 PCS 变流器、BMS 退出运行，就地设备同时按下急停按钮，并断开 PCS 变流器内部交流及直流主回路开关。 （2）断开相应设备的控制电源。 （3）应戴手套，使用带绝缘柄或经绝缘处理的工具，工作过程中注意加强监护，不得碰触带电导体。 （4）邻屏设备均在运行，工作中加强监护，严禁误碰运行设备及装置，运行设备应锁屏。 （5）施工区周围的孔洞应采取措施可靠的遮盖，防止人员摔伤
109		故障录波屏整体更换、保护装置更换	机械伤害、物体打击、触电、火灾	三级	（1）退出保护功能连接片及所有出口连接片。 （2）主控室相邻屏柜均在运行，工作中加强监护，严禁误碰运行设备及装置，运行屏柜应锁屏。 （3）在各工作地点四周设临时遮栏，并在临时遮栏出入口处设"从此进出""在此工作"标志牌，并在相邻运行盘柜上由工作人员设红布幔。 （4）在运行电站内施工时需严格执行"两票三制"及安全施工作业票制度、继电保护措施票制度，严格执行储能电站安全施工相关规定。 （5）运输屏柜时必须配备足够施工人员，以防倾倒伤人。 （6）所有现场施工人员均应正确佩戴安全帽，施工负责人、安全员必须佩穿统一的"红马甲"，班组每日开工前应开好开工会，在安排工作任务同时交代危险点，明确安全保证措施，并贯穿执行于施工的全过程。 （7）拆除二次电缆前应做好记录，并与拆搭表核对。拆除至开关柜二次电缆时，认清位置，核查接线端子的正确性，专人监护，先拆开关侧，用万用表确认无误后，再拆保护屏侧。 （8）试验时，投跳闸连接片应核对连接片正确性后方可投入，其余间隔应保持退出状态。 （9）工作期间负责变电站的临时安保工作，进出变电站应随手关门，进出保护室应随手关好门窗。 （10）试验结束后，电流互感器应维持退出短接及接地状态，电压回路应断开
110		PCS 储能变流器本体拆除及安装就位（整体更换）	机械伤害、物体打击、触电、火灾	三级	（1）工作前，PCS 工作状态处于停机状态，同时按下"急停按钮"，PCS 应断开与蓄电池组件、电网的连接，断开交流与直流断路器，确保 PCS 处于停机状态，交流侧直流侧无电压，面板指示灯不亮，由于 PCS 内部分元器件（如电容）仍存在残余电压，发电较慢，当确认这些电源不会再接通且等待 20min 以上时，方可对 PCS 执行维护和维修操作。 （2）确认交流高压侧交流及汇流柜侧直流开关均由工作状态转换至断开、接地检修状态，通过高压侧开关位置、电气测量等二次确认，同时断开 PCS、BMS 等相关设备控制电源。 （3）拆除及安装就位时，应有防脱落措施，避免机械伤害。 （4）PCS 使用液压叉车、地牛、滚杆等工具拆除及安装就位时应做好防倾倒、挤压伤人的安全措施。 （5）开展电气焊、气割等动火作业前，应在作业面附近配备消防器材，并将电缆进口用铁板盖严，防止焊渣将电缆烫坏，并应设专人进行监护，避免引发火灾或设备损坏。 （6）施工区周围的孔洞应采取措施可靠的遮盖，防止人员摔伤。 （7）PCS 柜顶作业人员，应有防护措施，防止从柜顶坠落。 （8）配电室内拆装 PCS 应与裸露带电部分保持足够的安全距离，防止感电伤人。 （9）配电室内拆装 PCS 柜应防止磕碰运行设备

续表

序号	所属专业	作业内容	风险因素	风险等级	典型控制措施
111		PCS 变流器内部接触器、交直流开关、功率单元等更换	机械伤害、物体打击、触电、火灾	四级	（1）工作前，PCS 工作状态处于停机状态，同时按下"急停按钮"，PCS 应断开与蓄电池组件、电网的连接，断开交流与直流断路器，确保 PCS 处于停机状态，交流侧及直流侧无电压，面板指示灯不亮，由于 PCS 内部分元器件（如电容）仍存在残余电压，发电较慢，当确认这些电源不会再接通且等待 20min 以上时，方可对 PCS 执行维护和维修操作。 （2）确认交流高压侧交流及汇流柜侧直流开关均由工作状态转换至断开、接地检修状态，通过高压侧开关位置、电气测量等二次确认，同时断开 PCS、BMS 等相关设备控制电源。 （3）打开柜门，使用验电器进行验电（内部存在储能器件，需确保放电完毕后，再进行其他操作），验电安全后，挂接地线后，可进行下一步。 （4）维修人员进行维护、检修作业。 （5）施工区周围的孔洞应采取措施可靠的遮盖，防止人员摔伤
112		电池预制舱进入作业	火灾	五级	（1）电池预制舱内严禁烟火。 （2）进入电池预制舱内前应打开风机先通风 15min。 （3）进入电池预制舱后应打开门窗，注意通风
113	储能专业	电池预制舱整体更换	机械伤害、物体打击、触电、高空坠落、火灾	三级	（1）工作前，PCS 及 BMS 工作状态处于停机状态，同时按下"急停按钮"，PCS 应断开与蓄电池组件、电网的连接，断开交流与直流断路器，确保 PCS 处于停机状态，交流侧直流侧无电压，面板指示灯不亮，由于 PCS 内部分元器件（如电容）仍存在残余电压，发电较慢，当确认这些电源不会再接通且等待 20min 以上时，方可对 PCS 执行维护和维修操作。 （2）确认交流高压侧交流及汇流柜侧直流开关均由工作状态转换至断开、接地检修状态，通过高压侧开关位置、电气测量等二次确认，同时断开 PCS、BMS 等相关设备控制电源。 （3）打开柜门，使用验电器进行验电，验电安全后，挂接地线后，可进行下一步。 （4）拆除连接的一、二次电缆及网线等，做好标记并有绝缘措施。 （5）关闭消防细水雾联动阀门、智能辅助系统等联动功能，防止误发信号，导致误动作。 （6）预制舱使用起重机、滚杆等工具拆除及安装就位时应做好防倾倒、挤压伤人的安全措施。 （7）开展电气焊、气割等动火作业前，应在作业面附近配备消防器材，并将电缆进口用铁板盖严，防止焊渣将电缆烫坏，并应设专人进行监护，避免引发火灾或设备损坏。 （8）预制舱顶作业人员，应有防护措施，防止从柜顶坠落。 （9）预制舱起吊拆除时应防止磕碰运行设备

序号	所属专业	作业内容	风险因素	风险等级	典型控制措施
114		电池预制舱汇流柜内BMS监控装置、直流开关等元器件更换	触电、火灾	四级	（1）工作前，确认PCS与BMS处于停机状态，并断开相关控制电源。 （2）确认相应电池簇或电池堆内部高压箱处于停机状态并断开工作电源。 （3）打开柜门，使用验电器进行验电，验电安全后，挂接地线后，可进行下一步。 （4）专业维修人员进行维护、检修作业
115	储能专业	电池预制舱内电池单体更换	机械伤害、物体打击、触电、高空坠落、火灾	四级	（1）应戴手套，并使用带绝缘柄或经绝缘处理的工具。 （2）更换蓄电池组前应确定PCS、BMS处于停机状态，并先断开PCS柜内主回路开关及汇流柜内相关蓄电池组直流开关。同时，确认相应电池簇或电池堆内部高压箱处于停机状态并断开工作电源。 （3）工作过程中注意加强监护，人身及工具不得同时碰触蓄电池（组）正、负极柱或电池柜（架）。 （4）拆开的蓄电池连接电缆（连接片）、巡检采样线均应采用绝缘胶布包扎，并做好编号和极性标记。 （5）搭接蓄电池连接电缆（连接片）、巡检采样接线前应检查蓄电池极性正确，连接电缆（连接片）的一端应采用绝缘胶布包扎，待一端接入并核对极性无误后拆开绝缘胶布接入另外一端。 （6）更换单体蓄电池前应接入临时备用蓄电池组（或采用跨接装置将被更换单体电池跨接），检查临时备用蓄电池组连接、螺栓紧固并接入直流母线（或跨接设备连接正确且牢靠）后方可开始更换单体蓄电池。 （7）单体蓄电池更换完毕，检查接线正确、极性无误、螺栓紧固后拆除临时备用蓄电池或跨接设备。 （8）需要接入临时备用蓄电池组时，临时备用蓄电池组应经断路器（应与直流电源系统下级断路器级差配合）接入直流电源母线，合上断路器前应检查断路器上下极性一致。 （9）临时备用蓄电池组接入直流母线前应检查蓄电池组绝缘胶布接入另外一端
116		电池预制内电池容量、内阻、电压等常规试验	触电、火灾	五级	（1）应戴手套，并使用带绝缘柄或经绝缘处理的工具。 （2）工作过程中注意加强监护，人身及工具不得同时碰触蓄电池（组）正、负极柱或电池柜（架）。 （3）按照说明正确设置内阻测试仪参数、核对万用表接线、挡位无误后方可测试，接入时检查核对极性无误。 （4）蓄电池清洁时，应采用干燥、洁净的抹布、毛刷，严禁使用金属刷或带金属丝的抹布，清扫时注意不得同时接触正、负极柱。 （5）蓄电池室严禁烟火。 （6）试验前应打开风机做好通风措施。 （7）试验前检查蓄电池螺栓紧固，蓄电池本体和极柱温度正常
117		电池预制舱内空调系统检修	触电	四级	（1）工作过程中注意加强监护，不得触碰汇流柜、电池柜等运行设备。 （2）必须规范设置安全隔离区域，设专人监护。 （3）做好电池预制舱内部温度监测，必要时采用备用风机等降温措施，确定电池舱内电池温度运行。 （4）进入电池预制舱内前应打开风机先通风15min。 （5）进入电池预制舱后应打开门窗，注意通风

续表

序号	所属专业	作业内容	风险因素	风险等级	典型控制措施
118	储能专业	电池预制舱内电池清洁维护	触电	五级	（1）应戴手套，并使用带绝缘柄或经绝缘处理的工具。 （2）工作过程中注意加强监护，人身及工具不得同时碰触蓄电池（组）正、负极柱或电池柜（架）。 （3）蓄电池清洁时，应采用干燥、洁净的抹布、毛刷，严禁使用金属刷或带金属丝的抹布，清扫时注意不得同时接触正、负极柱
119		二次设备传动、试验及保护定值整定、检查（保护装置、协控装置、PCS等）	触电	四级	（1）试验作业前，必须规范设置安全隔离区域。设专人监护，严禁非作业人员进入。设备试验时，应将所要试验的设备与其他相邻设备做好物理隔离措施，避免试验带电回路串至其他设备上，导致人身事故。 （2）进入施工现场应使用安全防护用具，正确佩戴安全帽，高处作业时系好安全带，使用有防滑的梯子，并做好安全监护。 （3）调试过程试验电源应从试验电源屏或检修电源箱取得，严禁使用绝缘损坏的电源线，用电设备与电源点距离超过3m的，必须使用带剩余电流动作保护器的移动式电源盘，试验设备通电过程中，试验人员不得中途离开。工作结束后应及时将试验电源断开。 （4）新建站已带电的直流屏和低压配电屏上应悬挂"设备运行中"标志牌和装设安全围网，各抽屉开关必须断开，重要设备应上锁，防止误碰、误操作；带电设备设专人监护，若需操作送电，须经调试负责人、安装负责人许可后才可以合上开关，同时挂上"已送电"标志牌；对不能送电的抽屉开关必须悬挂"禁止合闸"标志牌。 （5）在TA、TV、交流电源、直流电源等带电回路进行测试或接线时必须使用合格工具，落实好严防TA二次开路的措施。 （6）进行断路器、协控CCM、PCS变流器等主设备远方传动试验时，主设备处应设专人监视，并有通信联络或就地紧急操作的措施。 （7）试验前，被试设备应接地可靠。试验结束后，临时拆除的一、二次接线（或接入的二次线）应及时恢复，并确保接触可靠，防止遗漏导致电网事故
120		保护装置、PCS、BMS等二次设备故障、告警信号排查	触电	五级	（1）检查二次设备故障信息时，不得少于2人，严禁非作业人员进入，不得开展其他无关工作。 （2）相关设备均在运行，不准靠近或接触任何有电设备的带电部分，设专人监护，工作中加强监护，悬挂警示牌。 （3）做好相关记录、备份工作。 （4）核实电池温度超温等重大异常危险信号时，需及时上报调度，开展进一步的操作，避免事故扩大
121		10kV/35kV一次设备耐压试验	触电	四级	（1）一次设备试验工作不得少于2人；试验作业前，必须规范设置安全隔离区域，向外悬挂"止步，高压危险"警示牌。设专人监护，严禁非作业人员进入。设备试验时，应将所要试验的设备与其他相邻设备做好物理隔离措施。 （2）调试过程试验电源应从试验电源屏或检修电源箱取得，严禁使用绝缘破损的电源线，用电设备与电源点距离超过3m的，必须使用带剩余电流动作保护器的移动式电源盘，试验设备和被试设备应可靠接地。

续表

序号	所属专业	作业内容	风险因素	风险等级	典型控制措施
121		10kV/35kV 一次设备耐压试验	触电	四级	（3）装、拆试验接线应在接地保护范围内，穿绝缘鞋。在绝缘垫上加压操作，与加压设备保持足够的安全距离。 （4）更换试验接线前，应对测试设备充分放电。 （5）高处作业应正确使用安全带，作业人员在转移作业位置时不准失去安全保护。 （6）高压试验的安全措施已完善，试验设备和被试设备外壳和铁芯及非试线圈已可靠接地（电抗器除外），电流互感器二次绕组短接并可靠接地，试验区域装设临时围栏和警告牌，并有专人警戒。 （7）耐压、局放试验时必须有监护人监视操作，操作人员应穿绝缘鞋，升压前后必须使调压器可靠回零并告知有关人员密切注意被试品。升压过程中，升压速度应平稳并密切注意有关仪表和设备情况，发现异常应立即降压或断开电源，进行放电，停止试验，待查明原因后，方可继续试验
122	储能专业	10kV/35kV 一次电缆耐压试验	触电	四级	（1）一次设备试验工作不得少于2人；试验作业前，必须规范设置安全隔离区域，向外悬挂"止步，高压危险"的警示牌。设专人监护，严禁非作业人员进入。设备试验时，应将所要试验的设备与其他相邻设备做好物理隔离措施。 （2）调试过程试验电源应从试验电源屏或检修电源箱取得，严禁使用绝缘破损的电源线，用电设备与电源点距离超过3m，必须使用带剩余电流动作保护器的移动式电源盘，试验设备和被试设备应可靠接地，设备通电过程中，试验人员不得中途离开。工作结束后应及时将试验电源断开。 （3）装、拆试验接线应在接地保护范围内，戴绝缘手套，穿绝缘鞋。在绝缘垫上加压操作，与加压设备保持足够的安全距离。 （4）更换试验接线前，应对测试设备充分放电。 （5）高处作业应正确使用安全带，作业人员在转移作业位置时不准失去安全保护。 （6）接取低压电源时，防止触电伤人。对于因平行或邻近带电设备导致检修设备可能产生感应电压时，应加装工作接地线或使用个人保安线，防止感应电伤人
123		新储能站投运	触电、火灾	三级	（1）储能电站应配备满足电站安全可靠运行维护人员。运维人员上岗前经过培训，掌握储能电站的设备性能和运行状态。 （2）储能电站各设备已完成现场单体调试并提供相应调试报告，所有设备满足交接验收要求，已完成交接验收，满足运行要求。 （3）确保储能电站内各分系统独立运行正常且无告警信号，同时各分系统之间互联互通，信号上传、命令下达功能均正常，分系统调试时应同步完成电池系统 SOC 标定和储能系统充放电响应时间、充放电调节时间、充放电转换时间等测试。储能电站分系统包括电池管理系统、变流器系统和监控系统。 （4）完成相关并网性能测试工作。 （5）电池管理系统、PCS 系统、EMS 能量管理系统、消防系统、电池预制舱空调系统（水冷系统）、智能辅助等各分系统均已投入正常使用。 （6）按照"储能电站运行维护规程"规定，进行运行监视、运行操作和巡视检查。

续表

序号	所属专业	作业内容	风险因素	风险等级	典型控制措施
123		新储能站投运	触电、火灾	三级	（7）储能系统的并网、解列，应获得电网调度机构同意，因故解列，不应自动并网，应通过电网调度机构许可后方可并网。 （8）储能电站投运前应指定典型操作票和工作票、指定交接班制度、巡视巡查制度、设备定期试验等制度。 （9）储能电站设备操作不宜在交接班期间进行，当在交接班期间进行操作时，应在操作完成后进行交接班。 （10）储能电站应做好各项数据记录，定期对运行指标进行统计，对运行效果进行评价。 （11）储能电站自动化设备装置、通信设备装置及运行维护应符合国家、电网、调度机构有关规程、标准和相关规定。 （12）储能电站运行单位根据储能电站实际运行情况，编制现场维护规程及相关应急预案
124	储能专业	全站停送电	触电、火灾	三级	（1）严格落实检修期间"电网运行风险预警通知单"相关运维保障措施要求，加强在运一、二次设备的特巡特护，必要时安排运维和检修人员驻站值守，并做好应急抢修准备。 （2）检查倒闸操作正确性、组织措施、技术措施和安全措施完备性，倒闸操作内容和作业计划的一致性、标准作业开展情况等，同时督导多专业、多单位工作协同情况。 （3）现场作业应严格执行倒闸操作标准化流程，细化风险点、关键环节预控措施，编制倒闸操作作业风险预控措施卡。监护人应严格对照措施卡检查预控措施执行情况，确保执行到位、落实到人。 （4）全站停电前应将消防灭火系统控制回路电源断开、自动投入改手动投入，防止检修过程中误动作；检修后、送电前，应及时恢复。 （5）严格执行储能电站操作票和工作票制度、操作设备前需上报调度许可后方能开展下一步工作，操作结束及时上报调度。 （6）设备倒闸操作时，设专人监护，防止误动其他运行设备。 （7）根据操作任务，认真准备所用的安全帽、绝缘手套、绝缘靴、验电笔、接地线、绝缘操作杆等安全工器具，认真检查，确保使用的安全工器具正确、合格
125		并网点开关柜停运（运行至冷备用、检修状态）交流部分	触电、火灾	四级	（1）严格执行储能电站操作票和工作票制度、操作设备前需上报调度许可后方能开展下一步工作，操作结束及时上报调度。 （2）设备倒闸操作时，设专人监护，防止误动其他运行设备。 （3）操作人员、检修维护人员未做到"三懂二会"（懂防误装置的原理、性能、结构；会操作、维护），运维人员上岗前经过培训，掌握储能电站的设备性能和运行状态。 （4）设备倒闸操作时，设专人监护，防止误动其他运行设备。 （5）所有作业人员需使用专用合格工具进行操作，穿戴安保防护用具。悬挂标志牌和装设遮栏：在工作地点、施工设备和一经合闸即可送电到工作地点或施工设备的断路器和隔离开关的操作把手上，均应悬挂"禁止合闸，有人工作"的标志牌。 （6）在部分停电一次设备上进行工作时，工作人员应保持在进行工作中正常活动范围内的距离，执行停电、验电制度

续表

序号	所属专业	作业内容	风险因素	风险等级	典型控制措施
126	储能专业	升压变压器、就地开关柜、PCS 变流器（运行至冷备用、检修状态）直流部分	触电、火灾	四级	（1）严格执行储能电站操作票和工作票制度，操作设备前需上报调度许可后方能开展下一步工作，操作结束及时上报调度。 （2）操作人员、检修维护人员做到"三懂二会"（懂防误装置的原理、性能、结构；会操作、维护），运维人员上岗前经过培训，掌握储能电站的设备性能和运行状态。 （3）设备倒闸操作时，设专人监护，防止误动其他运行设备。 （4）所有作业人员需使用专用设备进行操作，穿戴安保防护用具。 （5）高压开关柜停电时执行防止直流侧倒送电的措施，需确认并网点直流侧升压变压器及 PCS 停运无压后开展下一步操作。 （6）悬挂标志牌和装设遮栏：在工作地点、施工设备和一经合闸即可送电到工作地点或施工设备的断路器和隔离开关的操作把手上，均应悬挂"禁止合闸，有人工作"的标志牌
127		主控室一体化交直流系统停复役	触电、火灾	五级	（1）严格执行储能电站操作票和工作票制度，操作设备前需上报调度许可后方能开展下一步工作，操作结束及时上报调度。 （2）操作人员、检修维护人员做到"三懂二会"（懂防误装置的原理、性能、结构；会操作、维护），运维人员上岗前经过培训，掌握储能电站的设备性能和运行状态。 （3）设备倒闸操作时，设专人监护，防止误动其他运行设备。 （4）所有作业人员需使用专用设备进行操作，穿戴安保防护用具。 （5）相关交直流控制电源停电前，做好备用电源投运，保证自动化装置及通信装置稳定可靠运行
128		保护停复役（继电保护装置、PCS 变流器软保护）	触电、火灾	四级	（1）按照正式定值计算书及相关要求进行整定投退，做好整定记录。 （2）投运前需将变动保护定值进行恢复，核对。 （3）现场运维人员做好安全措施，在二次设备上工作时，使用合格的工器具，操作规范，禁止误碰一次设备及其他运行设备。 （4）所有工作人员进行安全措施交底、专人监护等。 （5）所有操作需上报调度中心许可后方能开展下一步工作，操作结束及时上报调度。 （6）在工作地点悬挂标志牌和装设遮栏
129		倒闸误操作	触电、火灾	三级	（1）操作人员、检修维护人员做到"三懂二会"（懂防误装置的原理、性能、结构；会操作、维护），以免造成误操作。 （2）操作及事故处理时注意力集中，严格执行调度指令及操作票，做到任务清楚，不漏项、错项等，顺序逐项操作。 （3）操作前核对设备名称、编号和位置，操作设备的命名、编号、转动方向及切换位置的指示标志或标志应明显等。 （4）操作过程中，出现操作异常时应立即停止操作，禁止跳项操作，认真进行核对检查，待异常消除后，再继续操作。确认自身操作行为无误后，应及时汇报相关调度及管理人员，必要时联系检修人员到场处理。

续表

序号	所属专业	作业内容	风险因素	风险等级	典型控制措施
129		倒闸误操作	触电、火灾	三级	（5）倒闸操作前，监护人和操作人应对监控系统进行全面信号核对，确认设备状态与操作要求相符，进行操作的间隔及相关公用设备内无异常信号；倒闸操作全过程，应安排专人做好监控后台光字信号、遥信遥测的核对和确认工作，发现后台光字及简报窗口有异常信号或出现多余信号时，必须立即停止操作，确认并排除异常后方可进行下一步操作。 （6）设备检修、验收或试验过程中，按照要求规定加锁、围栏等安全措施，防止误分合开关断路器或接地开关。 （7）选择电压等级匹配的验电器进行验电，确认无压后立即装设接地线。 （8）切换二次连接片失灵联跳回路、备自投装置、跳闸连接片切换等误（漏）投、退等。需考虑保护和自动装置联跳回路影响。 （9）严格执行储能电站操作票和工作票制度，操作设备前需上报调度许可后方能开展下一步工作，操作结束及时上报调度。 （10）设备倒闸操作时，设专人监护，防止误动其他运行设备
130	储能专业	电气一次设备（开关柜、高压电缆、升压变压器、PCS变流器等）故障或者损坏时间超过24h，运行人员需及时上报调度，许可后操作相关电气设备，部分设备退出运行	触电、火灾	三级	（1）操作人员、检修维护人员做到"三懂二会"（懂防误装置的原理、性能、结构；会操作、维护），及时进行故障预定位。 （2）储能电站设备异常运行时，运行人员应该加强监视和巡视检查。 （3）储能电站设备异常运行时，运行人员进行异常处理前应向调度人员汇总，故障时可以立即停运和汇报调度，运行管理部门，请求检修人员开展紧急抢修。 （4）做好备品备件存放、统计等管理工作，及时进行故障处理及配件更换工作。 （5）运行人员将异常或故障处置后应及时记录相关设备名称、现象、处理方法及运行情况，并按照要求进行归档。 （6）对于操作范围内设备存在威胁人身安全的缺陷或隐患，操作过程中人员远离相应设备，待停电或送电正常，监控后台无相关告警信号后，再现场检查设备实际状态。 （7）做好倒闸操作过程中隐患设备发生故障的事故预案，准备必要的应急工具，确保应急处置迅速、正确
131		EMS能量管理（AVC/AGC）系统失效、系统运行异常、影响事故处理及延误停送电，运行人员需及时上报调度，许可后操作相关电气设备，设备退出运行，实时监视全站设备运行状态	触电、火灾、机械伤害、其他伤害	三级	（1）储能电站设备异常运行时，运行人员进行异常处理前应向调度人员汇总，一次设备故障时可以手动立即停运并汇报调度、运行管理部门，请求检修人员开展紧急抢修。 （2）储能电站设备异常运行时，运行人员应该加强监视和巡视检查。 （3）自动化设备需要断电重启前需上报调度许可后方可开展下一步操作。 （4）调度数据网、通信设备等均按照要求双平面、双通道保证可靠稳定运行。 （5）运维人员维护人员做到"三懂二会"（懂防误装置的原理、性能、结构；会操作、维护），及时进行一般故障处理，预防影响进一步扩大。 （6）根据现场实际情况，必要时立即启动应急预案

序号	所属专业	作业内容	风险因素	风险等级	典型控制措施
132		PCS变流器、BMS系统充放电单元跳闸停运，减供负荷数值，运行人员停运操作并网开关等电气设备，设备退出运行	触电、火灾、机械伤害、其他伤害	四级	（1）安排专人做好监控后台光字信号、遥信遥测等日常运行工作，发现后台光字及简报窗口有异常信号或出现多余信号时，确认并及时排除异常。 （2）储能电站设备异常运行时，运行人员进行异常处理前应向调度人员汇总，一次设备故障时可以手动立即停运并汇报调度、运行管理部门，请求检修、保护等专业人员开展紧急抢修。 （3）对于操作范围内设备存在威胁人身安全的缺陷或隐患，操作过程中人员应远离相应设备，待停电或送电正常，监控后台无相关告警信号后，再现场检查设备实际状态。 （4）做好倒闸操作过程中隐患设备发生故障的事故预案，准备必要的应急工具，确保应急处置迅速、正确。 （5）已知操作范围内设备存在威胁人身安全的缺陷或隐患，对倒闸操作风险等级进行提级管控
133	储能专业	厂（站）用电失电（直流、交流全部失电）	触电、火灾	三级	（1）全站停电时应将消防灭火系统控制回路电源断开、自动投入改手动投入，防止消防设备误动作，检修后、送电前，应及时恢复。 （2）根据现场实际情况，通过投入母联分段开关、备自投等方式，恢复部分设备供电，降低影响。 （3）检查设备故障时，不得少于2人，严禁非作业人员进入，不得开展其他无关工作。 （4）使用验电器进行验电，验电安全后，挂接地线后，可进行下一步。 （5）安排专业维修人员进行维护、检修作业。 （6）运行人员将异常或故障处置后应及时记录相关设备名称、现象、处理方法及运行情况，并按照要求进行归档，并汇报调度、运行管理部门，请求检修人员开展紧急抢修
134		预制舱单体电池温度、电压等异常信号告警	触电、火灾	四级	（1）运维人员工作应实时监视EMS能量管理系统（运行人员工作站）事件记录及其他辅助控制系统报警事件，掌握每条事件的含义，发现异常按流程即时汇报，运行人员应该加强监视和巡视检查。 （2）根据实际情况，可以按下PCS变流器、BMS等现场设备"急停按钮"，将故障设备停运。 （3）检查设备故障时，不得少于2人，严禁非作业人员进入，不得开展其他无关工作。 （4）确认电池预制舱内消防系统及空调系统投入，运行正常，温度在设定范围内。 （5）检查单体电池是否有漏液、变形、膨胀等异常现象，确认是否BMS误告警。 （6）根据现场实际情况，必要时立即启动应急预案，并汇报调度、运行管理部门，请求检修人员开展紧急抢修
135		通信专用电源故障停运	触电、火灾	四级	（1）应戴手套，并使用带绝缘柄或经绝缘处理的工具。 （2）运行人员应该加强监视和巡视检查，不得碰触带电导体。 （3）调度数据网、通信设备等均按照要求双平面、双通道保证可靠稳定运行。 （4）启用备用电源，确保故障处理完成前，剩余电源能够稳定可靠运行。 （5）运行人员进行异常处理前应向调度人员汇总，故障时可以立即停运并汇报调度

续表

序号	所属专业	作业内容	风险因素	风险等级	典型控制措施
136		调度数据网设备与省调、地调通信中断	触电、火灾	三级	（1）调度数据网、通信设备等均按照要求双平面、双通道保证可靠稳定运行。 （2）检查备用通道，确保故障处理完成前能够稳定可靠运行。 （3）运行人员应该加强监视和巡视检查，实时监控 EMS 系统有无告警信息。 （4）运行人员进行异常处理前应向调度人员汇总，故障时可以立即停运并汇报调度，请求检修人员开展紧急抢修。 （5）运行人员异常或故障处置后及时记录相关设备名称、现象、处理方法及恢复运行等情况，并按照要求进行归档
137	储能专业	消防系统、告警火灾、故障	触电、火灾	四级	（1）设专人实时监控消防系统运行情况、风险告警或者故障，及时汇报调度及运行管理单位。 （2）严格执行储能电站运行维护规程，加强消防设备的巡视巡查，保证记录完整、准确。 （3）发现告警情况进行现场核实时，应该不少于 2 人，注意加强防护。 （4）编制应急预案，定期演练，并组织学习交底，根据故障情况，必要时，立即启动消防应急方案
138		运行日常、巡视巡查	触电、火灾	五级	（1）应戴手套，并使用带绝缘柄或经绝缘处理的工具。 （2）工作过程中注意加强监护，人身不得碰触带电导体。 （3）工作时至少应有 2 人，运维人员工作应实时监视 EMS 能量管理系统（运行人员工作站）事件记录及其他辅助控制系统报警事件，掌握每条事件的含义，发现异常按流程即时汇报。 （4）巡视时禁止独自打开一次设备柜门，防止误触误碰带电设备。 （5）例行巡视有故障风险的隐患设备（特别是电池预制舱内电池等）时，优先采用 EMS 能量管理系统、电池监测系统等技术手段开展数据判定；必须人工巡视的，应采取合理规划巡视路线、视频监控等措施确保人身安全。进入电池预制舱内前应做好通风、检测，确保气体含量在正常范围内，同时开启强排风
139		极端恶劣等特殊天气环境下的操作及巡视	触电、火灾	四级	（1）检查电池运行环境温度、湿度是否正常。 （2）检查电池、PCS 变流器导线有无发热等现象。 （3）针对雷雨、大风（8 级以上）、冰雹等恶劣天气，密切关注天气对倒闸操作的影响，安排有经验的人员参加操作及监护。 （4）雷电等恶劣天气时，一般不进行倒闸操作，禁止在就地进行倒闸操作，以防发生雷击跨步电压引起人身伤害。 （5）根据天气预报已知有影响倒闸操作安全的雷雨、大风（8 级以上）、冰雹、高温等恶劣天气，但又必须开展的倒闸操作，其风险等级进行提级管控

续表

序号	所属专业	作业内容	风险因素	风险等级	典型控制措施
140	储能专业	电池预制舱发生火灾或电池热失控事故	触电、火灾	二级	（1）运维等单位配备足够数量的专业管理人员，建立安全生产责任制及安全管理制度。 （2）建立运维管理台账，制定相关运行规程和安全操作规程；运维检修人员是否经培训合格后上岗，是否按要求定期开展日常检查，维护、保养、检测等工作；储能电站关键部件及设备、监控系统、安全保护装置等是否处于正常运行状态。 （3）定期进行防火检查、防火巡查和消防设备维护保养，消防设施、火灾报警系统处于正常运行状态。 （4）编制电池热失控、电气火灾等事故应急预案和现场处置方案，与地方政府建立应急联动机制，定期开展应急演练，应急疏散通道、安全出口、消防通道保持畅通。 （5）发现火灾及热失控现场时，立即启动应急预案，及时报告事故情况，迅速组织抢救，防止事故扩大，减少人员伤亡和财产损失，并保护好事故现场

四、作业风险管控督查例会

（1）各单位应围绕作业计划，以专业管理为核心，依托各级各类专业工作和安全例会，分层分级构建作业风险分析预控和监督工作机制，强化作业组织管理，规范开展作业风险分析辨识、评估定级及管控措施督促执行等工作。

（2）省公司级单位每周由副总师及以上负责同志主持、安监部门牵头召开督查会议，对本单位作业风险管控情况和各专业二级及以上作业风险评估定级、管控措施制订等进行督查。

（3）地市公司级单位每周由副总师及以上负责同志主持、安监部门牵头召开督查会议，对本单位作业风险管控情况和各专业三级及以上作业风险评估定级、管控措施制订等进行督查。

五、风险公示告知

（1）地市（县）公司级单位、二级机构按照"谁管理、谁公示"原则，以审定的作业计划、风险等级、管控措施为依据，每周日前对本层级（不含下层级）管理的下周所有作业风险进行全面公示。

（2）风险公示内容应包括作业内容、作业时间、作业地点、专业类型、风险等级、风险因素、作业单位、工作负责人姓名及联系方式、到岗到位人员信息等。

（3）地市（县）公司级单位作业风险内容由安监部门汇总后在本单位网页公告栏内进行公示；各工区、项目部等二级机构均应在醒目位置张贴作业风险内容。

（4）各单位、专业、班组应充分利用工作例会、班前会等，逐级组织交代工作任务、作业风险和管控措施，并通过移动作业 App 从上至下将"四清楚"（作业任务清楚、作业流程清楚、危险点清楚、安全措施清楚）任务传达到岗、到人。

六、现场风险管控

（1）作业开始前，工作负责人应提前做好准备工作。

1）核实作业必需的工器具和个人安全防护用品，确保合格有效。

2）核实作业人员是否具备安全准入资格、特种作业人员是否持证上岗、特种设备是否检测合格。

3）按要求装设视频监控终端等设备，并通过移动作业 App 与作业计划关联。

4）工作许可人、工作负责人共同做好现场安全措施的布置、检查及确认等工作，必要时进行补充完善，并做好相关记录。安全措施布置完成前，禁止作业。

（2）工作负责人办理工作许可手续后，组织全体作业人员开展安全交底，并应用移动作业 App 留存工作许可、安全交底录音或影像等资料。

（3）工作票（作业票）签发人或工作负责人对有触电危险、施工复杂、容易发生事故的作业，应增设专责监护人，确定被监护的人员和监护范围，专责监护人不得兼做其他工作。

（4）现场作业过程中，工作负责人、专责监护人应始终在作业现场，严格执行工作监护和间断、转移等制度，做好现场工作的有序组织和安全监护。工作负责人重点抓好作业过程中的危险点管控，应用移动作业 App 检查和记录现场安全措施落实情况。

（5）各级单位应建立健全生产作业到岗到位管理制度，明确到岗到位标准和工作内容，实行分层分级管理。

1）三级风险作业，相关地市级单位或建设管理单位专业管理部门、县公司级单位负责人或管理人员应到岗到位。

2）二级风险作业，相关地市级单位或建设管理单位分管领导或专业管理部门负责人应到岗到位；省公司级单位专业管理部门应按有关规定到岗到位。

3）输变电工程到岗到位要求按照《国家电网有限公司输变电工程建设安全管理规定》执行。

（6）各级单位应加强作业现场安全监督检查，充分发挥安全监督体系和保证体系作用，依托各级安全管控中心、安全督查队等对各类作业现场开展"四不两直"现场和远程视频安全督查。

1）省公司级单位应对所辖范围内的二级风险作业现场开展全覆盖督查。

2）地市公司级单位应对所辖范围内的三级及以上风险作业现场开展全覆盖督查。

3）县公司级单位对所辖范围内的作业现场开展全覆盖督查。

（7）现场工作结束后，工作负责人应配合设备运维管理单位做好验收工作，核实工器具、视频监控设备回收情况，清点作业人员，应用移动作业 App 做好工作终结记录。

（8）工作结束后，班组长应组织全体班组人员召开班后会，对作业现场安全管控措施落实及"两票三制"执行情况进行总结评价，分析不足，表扬遵章守纪行为，批评忽视安全、违章作业等不良现象。

七、评价考核

（1）定期分析评估作业风险管控工作执行情况，督促落实安全管控工作标准和措施，持续改进和提高作业安全管控工作水平。

（2）将作业风险管控工作纳入日常督查工作内容，将无计划作业、随意变更作业计划、风险评估定级不严格、管控措施不落实等情形纳入违章行为进行严肃通报处罚。

八、应急处置

针对现场具体作业项目编制风险失控现场应急处置方案，组织作业人员学习并掌握现场处置方案。现场工作人员应定期接受培训，学会紧急救护法，会正确脱离电源、会心肺复苏法、会转移搬运伤员等。

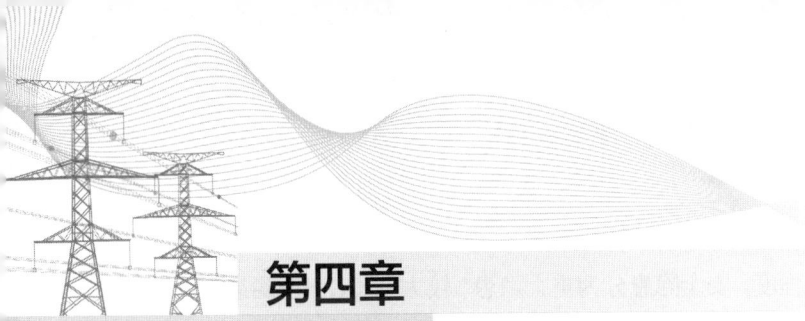

第四章

隐 患 排 查 治 理

第一节 概　　述

本节依据国家电网有限公司发布的《国家电网有限公司安全隐患排查治理管理办法》[国网（安监/3）481—2022]，该办法自 2023 年 3 月 3 日起施行。原《国家电网公司安全隐患排查治理管理办法》[国家电网企管〔2014〕1467号之国网（安监/3）481—2014] 同时废止。

在安全隐患排查治理管理办法中阐述安全隐患的定义和分级、职责与分工、排查治理流程、信息报送等要求，以及对安全隐患流程化控制，做到安全隐患的分类分级管理和全过程闭环管控。

一、定义和分级

1. 安全隐患的定义

《国家电网有限公司安全隐患排查治理管理办法》所称的安全隐患，是指在生产经营活动中，违反国家和电力行业安全生产法律法规、规程标准以及公司安全生产规章制度或其他因素可能导致安全事故（事件）发生的物的不安全状态、人的不安全行为、场所的不安全因素和安全管理方面的缺失等。

隐患排查治理应树立"隐患就是事故"的理念，坚持"谁主管、谁负责"和"全面排查、分级管理、闭环管控"的原则，逐级建立排查标准，实行分级管理，落实闭环管控。

安全隐患与设备缺陷有延续性，又有区别。超出设备缺陷管理制度规定的消缺周期仍未消除的设备紧急缺陷和严重缺陷，以及批量的、家族性存在的违反有关反事故措施或规程规定的现象，即为事故隐患。

2. 安全隐患的分级分类

根据隐患的危害程度，安全隐患分为重大隐患、较大隐患、一般隐患三个等级。

（1）重大隐患主要包括可能导致以下后果的安全隐患：

1）一至三级人身事件；

2）一至四级电网、设备事件；

3）五级信息系统事件；

4）水电站大坝溃决、漫坝、水淹厂房事件；

5）较大及以上火灾事故；

6）违反国家、行业安全生产法律法规的管理问题。

（2）较大隐患主要包括可能导致以下后果的安全隐患：

1）四级人身事件；

2）五至六级电网、设备事件；

3）六至七级信息系统事件；

4）一般火灾事故；

5）其他对社会及公司造成较大影响的事件；

6）违反省级地方性安全生产法规和公司安全生产管理规定的管理问题。

（3）一般隐患主要包括可能导致以下后果的安全隐患：

1）五级及以下人身事件；

2）七至八级电网、设备事件；

3）八级信息系统事件；

4）违反省公司级单位安全生产管理规定的管理问题。

安全隐患根据隐患产生原因和导致事故（事件）类型，可分为系统运行、设备设施、人身安全、网络安全、消防安全、水电及新能源、危险化学品、电化学储能、特种设备、通用航空、安全管理和其他等十二类，配套制定 12 个专业隐患排查标准。

上述人身、电网、设备和信息系统事件，依据《国家电网有限公司安全事故调查规程》（国家电网安监〔2020〕820 号）认定。火灾事故等级依据国家有关规定认定。

二、隐患标准

（1）公司总部以及省、市公司级单位应分级分类建立隐患排查标准，明确隐患排查内容、排查方法和判定依据，指导从业人员及时发现、准确判定安全隐患。

（2）隐患排查标准编制应围绕影响公司安全生产的高风险领域，依据安全生产法律法规和规章制度，结合事故（事件）暴露的典型问题，确保重点突出、内容具体、责任明确。

（3）隐患排查标准编制应坚持"谁主管、谁编制""分级编制、逐级审查"的原则，各级安委办负责制定隐患排查标准编制规范，各级专业部门负责本专业排查标准编制。

1）公司总部组织编制重大、较大隐患排查标准，并对省公司级单位隐患排查标准进行审查。

2）省公司级单位补充完善较大、一般隐患排查标准，并对地市公司级单位隐患排查标准进行审查。

3）地市公司级单位补充完善一般隐患排查标准，形成覆盖各专业、各等级的隐患排查标准体系。

（4）各专业隐患排查标准编制完成后，由本单位安委办负责汇总、审查，经本单位安委会审议后发布。

（5）各级专业部门应将隐患排查标准纳入安全培训计划，及时组织培训，指导从业人员准确理解和执行隐患排查内容、排查方法，提高全员隐患排查发现能力。

（6）隐患排查标准实行动态管理，各级单位应每年对排查标准的针对性、有效性组织评估，结合安全生产规章制度"立改废释"、事故（事件）暴露的问题滚动修订，每年3月底前更新发布。

三、隐患排查和治理

1. 隐患排查要求

（1）各级单位应在每年6月底前，对照隐患排查标准组织开展一次涵盖安全生产各领域、各专业、各层级的隐患全面排查。各级专业部门应加强本专业隐患排查工作指导，对于专业性较强、复杂程度较高的隐患必要时组织专业技术人员或专家开展诊断分析。

（2）针对全面排查发现的安全隐患，隐患所在工区、班组应组织审查，依据隐患排查标准进行初步评估定级，利用公司安全隐患管理信息系统建立档案，形成本工区、班组安全隐患清单，并汇总上报至相关专业部门。

（3）各相关专业部门对本专业安全隐患进行专业审查，评估认定隐患等级，形成本专业安全隐患清单。一般隐患由县公司级单位评估认定，较大隐患由市公司级单位评估认定，重大隐患由省公司级单位评估认定。

（4）各级安委办对各专业安全隐患清单进行汇总、复核，经本单位安委会审议后，报上级单位审查。

1）市公司级单位安委会审议基层单位和本级排查发现的安全隐患，一般隐患审议后反馈至隐患所在单位，较大及以上隐患报省公司级单位审查。

2）省公司级单位安委会审议地市公司级单位和本级排查发现的安全隐患，对较大隐患审议后反馈至隐患所在单位，对重大隐患报公司总部审查。

3）公司总部安委会审议省公司级单位和本级排查发现的安全隐患，对重大隐患审议后反馈至隐患所在单位。

（5）隐患全面排查工作结束后，各单位应结合日常巡视、季节性检查等工作，开展隐患常态化排查。

（6）对于国家、行业及地方政府部署开展的安全生产专项行动，各单位应在公司现行隐患排查标准基础上，补充相关标准条款，开展针对性排查。

（7）对于公司系统安全事故（事件）暴露的典型问题和家族性隐患，各单位应举一反三开展事故类比排查。

（8）各单位应在全面排查和逐级审查基础上，分层分级建立本单位安全隐患清单，并结合日常排查、专项排查和事故类比排查滚动更新。

2. 隐患治理流程和时限要求

（1）隐患一经确定，隐患所在单位应立即采取防止隐患发展的安全管控措施，并根据隐患具体情况和紧急程度，制订治理计划，明确治理单位、责任人和完成时限，做到责任、措施、资金、期限和应急预案"五落实"。

（2）各级专业部门负责组织制订本专业隐患治理方案或措施，重大隐患由省公司级单位制订治理方案，较大隐患由市公司级单位制订治理方案或治理措施，一般隐患由县公司级单位制订治理措施。

（3）各级安委会应及时协调解决隐患治理有关事项，对需要多专业协同治理的明确责任分工、措施和资金，对于需要地方政府协调解决的及时报告政府有关部门，对于超出本单位治理能力的及时报送上级单位协调解决。

（4）各级单位应将隐患治理所需项目、资金作为项目储备的重要依据，纳入综合计划和预算优先安排。公司总部及省、市公司级单位应建立隐患治理绿色通道，对计划和预算外急需实施治理的隐患，及时调剂和保障所需资金和物资。

（5）隐患所在单位应结合电网规划、电网建设、技改大修、检修运维、规章制度"立改废释"等及时开展隐患治理，各专业部门应加强专业指导和督导检查。

（6）对于重大隐患治理完成前或治理过程中无法保证安全的，应从危险区域内撤出相关人员，设置警戒标志，暂时停工停产或停止使用相关设备设施，并及时向政府有关部门报告；治理完成并验收合格后方可恢复生产和使用。

（7）对于因自然灾害可能引发事故灾难的隐患，所属单位应当按照有关规定进行排查治理，采取可靠的预防措施，制订应急预案。在接到有关自然灾害预报时，应当及时发出预警通知；发生自然灾害可能危及人员安全的情况时，应当采取停止作业、撤离人员、加强监测等安全措施。

（8）各级安委办应开展隐患治理挂牌督办，公司总部挂牌督办重大隐患，省公司级单位挂牌督办较大隐患，市公司级单位挂牌督办治理难度大、周期长的一般隐患。

（9）隐患治理完成后，隐患治理单位在自验合格的基础上提出验收申请，相关专业部门应在申请提出后一周内完成验收，验收合格予以销号，不合格重新组织治理。

1）重大隐患治理结果由省公司级单位组织验收，结果向国网安委办和相关专业部门报告。

2）较大隐患治理结果由地市公司级单位组织验收，结果向省公司安委办和相关专业部门报告。

3）一般隐患治理结果由县公司级单位组织验收，结果向地市公司级安委办和相关专业部门报告。

4）涉及国家、行业监管部门、地方政府挂牌督办的重大隐患，治理结束后应及时将有关情况报告相关政府部门。

（10）各级安委办应组织相关专业部门定期向安委会汇报隐患排查治理情况，对于共性问题和突出隐患，深入分析隐患成因，从管理和技术上制订源头防范措施。

（11）各级单位应统一使用公司安全隐患管理信息系统，实现隐患排查治理全过程记录和"一患一档"管理。重大隐患相关文件资料应及时移交本单位档案管理部门归档。

隐患档案应包括以下信息：隐患问题、隐患内容、隐患编号、隐患所在单位、专业分类、归属部门、评估定级、治理期限、资金落实、治理完成情况等。隐患排查治理过程中形成的会议纪要、治理方案、验收报告等应归入隐患档案。

（12）各级单位应将隐患排查治理情况如实记录，并通过职工大会或者职工代表大会、信息公示栏等方式向从业人员通报。各单位应在月度安全例会上通报本单位隐患排查治理情况，各班组应在安全日活动上通报本班组隐患排查治理情况。

（13）各级单位应建立隐患季度分析、年度总结制度，各级专业部门应定期向本级安委办报送专业隐患排查治理工作，省公司级安委办在 7 月 15 日前向公司总部报送上半年工作总结，次年 1 月 10 日前通过公文报送上年度工作总结。

（14）各级安委办按规定向国家能源局及其派出机构、地方政府有关部门报告安全隐患统计信息和工作总结。各级单位应加强内部沟通，确保报送数据的准确性和一致性。

四、重大隐患管理

（1）重大隐患应执行即时报告制度，各单位评估为重大隐患的，应于 2 个工作日内报总部相关专业部门及安委办，并向所在地区政府安全监管部门和电力安全监管机构报告。

重大隐患报告内容应包括隐患的现状及其产生原因、隐患的危害程度和整改难易程度分析、隐患治理方案。

（2）重大隐患应制订治理方案。重大隐患治理方案应包括治理目标和任务、采取方法和措施、经费和物资落实、负责治理的机构和人员、治理时限和要求、防止隐患进一步发展的安全措施和应急预案等。

（3）重大隐患治理应执行"两单一表"（签发《安全督办单》—制定《安全整改过程管控表》—上报《安全整改反馈单》）制度，实现闭环监管。

1）签发《安全督办单》。国网安委办获知或直接发现所属单位存在重大隐患的，由安委办主任或副主任签发《安全督办单》，对省公司级单位整改工作进行全程督导。

2）制定《安全整改过程管控表》。省公司级单位在接到督办单 15 日内，编制《安全整改过程管控表》，明确整改措施、责任单位（部门）和计划节点，由安委会主任签字、盖章后报国网安委办备案，国网安委办按照计划节点进行督导。

3）上报《安全整改反馈单》。省公司级单位完成整改后 5 日内，填写《安全整改反馈单》，并附佐证材料，由安委会主任签字、盖章后报国网安委办备案。

（4）各级单位重大隐患排查治理情况应及时向政府负有安全生产监督管理职责的部门和本单位职工大会或职工代表大会报告。

五、监督考核

各级单位应建立隐患排查治理工作评价机制，对所属单位隐患标准针对性、排查全面性、立项及时性、治理有效性进行评价，定期发布通报，结果纳入安全工作考核。综合利用安全生产巡查、专家抽查、现场实地检查和远程视频督查等手段，对所属单位隐患排查开展情况进行监督检查，并按照以下要求执行：

（1）对隐患排查不细致、防控不到位、整改不及时以及瞒报重大隐患的单位给予通报，必要时开展安全警示约谈。

（2）对已列入隐患排查标准但未有效发现安全隐患的，对重大、较大隐患分别按照五级、七级安全事件对相关责任单位进行惩处，对重复发生的提级惩处。

（3）对因隐患排查治理不到位导致安全事故（事件）发生的，要全面倒查隐患排查治理各环节责任落实情况，严肃追究相关单位及人员责任。

各级单位应建立隐患排查治理激励机制，对在隐患排查治理工作中作出突出贡献的个人、单位给予通报表扬或奖励，相关费用从各单位安全生产专项奖中列支，各级安委办组织对所属单位奖励事项进行审查，并按照以下要求执行：

（1）及时排查发现隐患排查标准之外的安全隐患。

（2）及时完成重大隐患治理、有效避免事故发生。

（3）及时排查治理典型性、家族性隐患，或隐患排查治理技术方法取得创新突破得到上级认可推广。

（4）及时排查发现常规方法（手段）不易发现的隐蔽性安全隐患。

第二节 常见隐患排查治理

为进一步指导基层单位更好地开展隐患排查治理工作，本节结合新能源业务的特点，通过隐患举例让各级人员初步具备辨识隐患、填报隐患的能力，同时对隐患的填报进行简要的介绍。

一、隐患档案

各单位应运用安全隐患管理信息系统，做到"一患一档"。

隐患档案应包括隐患所在的位置、隐患问题、隐患所在单位、隐患来源、专业子类、归属职能部门、电压等级、隐患编号、发现日期、可能导致的后果、行业领域、隐患内容、评估等级、防控措施、整改期限、治理完成情况等。隐患排查治理过程中形成的传真、会议纪要、正式文件、治理方案、验收报告等也应归入隐患档案。

1. 隐患问题内容填写要求

隐患问题作为隐患档案的标题，做到文字简洁、表达恰当、描述准确、内容全面。简题中应包含：① 发现单位、发现时间、隐患所在位置、隐患简要情况等要素。② 隐患所在单位一般为地市公司级、县（工区）级单位，不可填写班组级单位（如供电所、检修班、带电作业班等），县公司前不必填写地市公司名称。③ 发现时间应与"发现日期"一栏及"事故隐患内容"一栏中相应部分保持一致。

如：国网××供电公司××单位××月××日，发现××kV××变电站、××线路、××杆塔（部门、地点、时间要写具体），存在××隐患（隐患简要情况）。

2. 隐患内容填写要求

（1）应完整包括隐患现状具体描述、违反的规程标准、隐患后果分析、隐患定性（对照《事故调规》可能导致的安全事件）、隐患定级（对照隐患管理办法所列的隐患等级）共5部分内容。

（2）隐患现状应包括现场数据等具体描述（宜包括隐患成因），严重性须足以支撑后果判断。

（3）引用违反的规程标准应与隐患现状、专业分类对应，完整填写规程标准的名称和条款具体内容（已失效、废止的规程标准不可引用）。格式如"违反《……规程》×.×.×.×条款：原文"。

也可引用隐患排查标准中的隐患标准内容。格式如"违反了隐患排查标准（编号）＋（内容）"

（4）隐患定性引用《国家电网有限公司安全事故调查规程》应明确为 2021年版（现行有效），完整填写最具体一级的条款编号及内容。格式如"按照《国家电网有限公司安全事故调查规程（2021 版）》×.×.×.×条款：原文，可能导致×级××事件。"

（5）管理类问题隐患定性内容：违反相应级别的安全生产法律或规定的安全管理问题［此为《国家电网有限公司安全隐患排查治理管理办法》（安监一〔2022〕5 号）新增内容］。

（6）"治理措施"：应包括治理的方案、工作票或反映现场措施实施情况的照片附件（JPG 等格式），附件内容清晰并能准确体现相应的措施内容（重大、较大隐患必填）。附件统一命名方式为"序号＋治理措施"，附件命名要求简单明了。附件反映的时间、单位等信息应与该隐患情况对应。

（7）"防控措施"一栏中所列措施不要求逐项提供附件，但所提供的附件应至少与"防控措施"一栏中所列其中一项措施对应（重大、较大隐患必填）。反映现场措施实施情况的照片附件（JPG 等格式），附件内容清晰并能准确体现相应的措施内容。附件统一命名方式为"序号＋防控措施"，附件命名要求简单明了。附件反映的时间、单位等信息应与该隐患情况对应。

（8）治理完成情况：应明确采取的具体治理方式及治理后达到的最终效果，不需要分阶段描述全部治理过程（过程内容在防控措施中相应部分体现）。治理措施应能彻底消除隐患，且不衍生新的缺陷或安全问题。应填写"治理完成后满足设备（或电网、人身）安全要求"。必须填写"现申请对该隐患治理完成情况进行验收"。

（9）验收结论：格式统一为"××月××日，经国网××供电公司××专业部门对该隐患进行现场验收，治理完成情况属实，满足安全（生产）运行要求，该隐患已消除。"非生产、运行相关隐患可以"满足人身安全防护要求"的形式描述。

3. 隐患内容填写示例和要求：

事件类：国网××供电公司××月××日，在××检查中，发现××（含地点、部位、电压等级、设备名称等）存在××（现状详细描述）现象，不满足《××××××规程》（各专业规程）第××××条："×××××××××"的规定内容。若××××可能导致××××后果（与判定依据的后果应一致）。按照《国家电网有限公司安全事故调查规程（2021年版）》第××××条规定："×××××××××"，构成××级××（电网、设备、人身）事件，按照《国网公司安全隐患排查治理管理办法》（安监一〔2022〕5号）××级××（电网、设备、人身）事故（事件）定性为较大隐患。

管理问题类（一般）：国网××供电公司××月××日，在××检查中，发现××（含地点、部位、电压等级、设备名称等）存在××（现状详细描述）现象，不满足××省级地方性安全生产管理规定第××××条："××××××××"的规定内容。按照《国网公司安全隐患排查治理管理办法》（安监一〔2022〕5号）规定，违反××省公司级单位安全生产管理规定的管理问题定性为一般隐患。

管理问题类（较大）：国网××供电公司××月××日，在××检查中，发现××（含地点、部位、电压等级、设备名称等）存在××（现状详细描述）现象，不满足××省级地方性安全生产管理规定第××××条："××××××××"的规定内容。按照《国网公司安全隐患排查治理管理办法》（安监一〔2022〕5号）规定，违反××省级地方性安全生产法规或国家电网有限公司安全生产管理规定的管理问题定性为较大隐患。

管理问题类（重大）：国网××供电公司××月××日，在××检查中，发现××（含地点、部位、电压等级、设备名称等）存在××（现状详细描述）现象，不满足××省级地方性安全生产管理规定第××××条："××××××××"的规定内容。按照《国网公司安全隐患排查治理管理办法》（安监一〔2022〕5号）规定，违反国家、行业安全生产法律法规的管理问题定性为重大隐患。

二、新能源业务常见隐患举例

1. 光伏专业

（1）设备类重大隐患：

1）重大强台风易发地区光伏电站对单位面积的风荷载设计达不到要求，光伏组件抗强台风能力不足。

2）光伏电站场区安装的固定爬梯不牢固、锈蚀严重，不具备人员止坠保护设施。

（2）设备类较大隐患：

1）进入控制室、电缆夹层、控制柜、开关柜等处的电缆孔洞，未采用防火材料严密封闭或封堵不严。

2）现场未配置消防设施。

3）光伏电站 10kV 及以上设备未配置"五防"闭锁装置并定期检查，未经允许，解除"五防"闭锁装置。

4）光伏发电站不具备快速检查孤岛且立即断开与电网连接的能力，又不能满足 GB/T 33982—2017《分布式电源并网继电保护技术规范》故障解列的安装要求。

5）通过 380V 电压等级并网的分布式电源，未安装易操作、无明显开断指示、不具备开断故障电流能力的开关；通过 10（6）～35kV 电压等级并网的分布式电源，在并网点未安装易操作、可闭锁或不具有明显开断点、无接地功能、不具备开断故障电流的开断设备。

6）光伏电站未设置防雷保护装置，汇流箱输出回路未设置隔离保护措施。

7）光伏方阵、支架、逆变器、并网柜等电气设备外壳等接地未可靠连接，接地电阻≥4Ω。

8）光伏电站电气设备交、直流电缆头、隔离开关等易发热点，无测温记录。

9）光伏组件发生热斑效应时，无相应记录。

10）光伏发电并网柜靠墙布置距离过小，操作空间狭小。

11）未对逆变器进行紧急停机功能检查或启停试验（每年 1～2 次）。

12）屋顶电缆未采用阻燃电工管保护套管，而是采用普通 PVC 管和普通波纹管，导致后期电缆外露。

13）光伏发电系统的各个接线端子未安装牢固，设备的接线孔处没有采取有效措施防止蛇、鼠等小动物进入设备内部的措施，导致内部线缆被破坏漏电。

14）光伏发电组件有隐裂、开裂、弯曲、不规整、破碎；接线端子过热、烧灼；插接头、引线破损；组件边框接地线松动脱落；组件间连线松动、断裂等现象。

15）光伏电站并网柜，操作设备无命名、编号、分合指示等明显的标志。

16）屋顶光伏电站，屋顶临空一面未设安全防护栏，场区各类入口、大小孔洞、楼梯和平台，未装设栏杆、护板或安全绳索（带）固定点等安全措施。

17）光伏发电系统中，光伏组件串的电压、方阵朝向、安装倾角接入同一台逆变器相差较大，接入同一 MPPT 不一致。

（3）设备类一般隐患：

1）光伏电站所属设备区域入口处未设置明显的"未经许可，不得入内""禁止攀登，高压危险""当心触电"和"雷雨天气，禁止靠近"等安全标志牌。

2）光伏组件之间及组件与汇流箱、逆变器之间的电缆未固定和无防晒措施。

3）设置光伏组件时跨越建筑物变形缝。

4）在屋面防水层安装光伏组件时，若防水层上没有保护，其支架基础下未增设附加防水层。

5）现场配置消防设施（器材）未定期检查并保持完好。

6）分布式光伏接入引起的公共连接点电压变动最大超过 3%；分布式光伏向公共连接点注入的直流电流分量超过其交流额定值的 0.5%。

7）分布式光伏的保护技术条件不满足可靠性、选择性、灵敏性和速动性要求。

8）光伏设施锈蚀、松动，元件老化，箱门、柜门变形，门锁异常。

9）外露的金属预埋件防腐防锈处理不到位。

10）汇流箱的输入回路宜具有防逆流及过流保护；对于多级汇流光伏发电系统，如果前级已有防逆流保护，则后级可不做防逆流保护。

（4）管理类重大隐患：

1）在既有建筑上的光伏发电系统，未进行建筑物结构和安全复核，未满足建筑结构及电气的安全性要求。

2）光伏项目未依法依规办理备案等手续，落实各项建设条件，满足质量安全等要求。

3）10kV 及以上光伏发电站并网未与电网调度机构签订并网调度协议。

（5）管理类较大隐患：

1）通过 380V 并网的分布式电源，未在并网前向电网企业提供由具备资质的单位或部门出具的设备检测报告；10（6）～35kV 电压等级并网的分布式光伏未在并网运行后 6 个月内向电网企业提供由具备相应资质的单位或部门出具的运行特征性检测报告。

2）汇流箱内光伏组件串的电缆接引前，必须确认光伏组件侧和逆变器侧均有明显断开点。

3）380V、10kV 并网分布式光伏电源并网点不具备一定抗频率波动能力。

4）分布式光伏电源不具备上送电流、电压、有功功率、无功功率和发电量等信息的功能；数据上传通道不正确。

5）新能源企业未落实委托管理场站安全责任。

6）雨中进行光伏组件连接工作。

（6）管理类一般隐患：

1）新能源企业无光伏组件覆冰防控措施等情况。

2）光伏电站电气设备运维、巡视、在线检测工作未及时开展或存在漏项。

3）未组织相关部门开展光伏项目并网验收和调试，设备不满足技术要求。

4）工商业屋顶分布式光伏的审查资料缺失或不符合要求。

5）未对 10kV 及以上的分布式光伏发电项目接入方案进行审查并出具评审意见和接入电网意见函。

6）集中式光伏逆变器室未有良好的通风。

2. 电化学储能专业

（1）设备类重大隐患：

1）储能电站消防设施未按规定配置并正常运行，电气设备间未设置火灾自动报警系统或已失效。新（改、扩）建中大型锂离子电池储能电站电池设备间内未设置固定自动灭火系统，灭火系统无法满足扑灭电池明火且不复燃的要求，系统类型、流量、压力、喷头布置方式等技术参数未经具有相应资质的机构实施模块级电池实体火灾模拟试验验证。

2）储能电站的设备间、隔墙、隔板等管线开孔部位和电缆进出口未采用防火封堵材料封堵严密。设备间（舱）的通风口、孔洞、门、电缆沟等与室外相通部位，未设置防止雨雪、风沙、小动物进入的设施。电化学储能设备防火间距不能满足要求。

3）电池室/舱内未设置可燃气体探测器、温感探测器、烟感探测器等火灾探测器或探测器已失效。磷酸铁锂电池设备间内当 H_2 或 CO 浓度大于设定的阈值时，不能联动断开设备间级和簇级直流开断设备，不能联动启动事故通风系统和报警装置或通风系统故障失效。铅酸/铅炭、液流电池室不能联动启动通风系统和报警装置或通风系统故障失效。

4）锂离子电池存在变形、漏液，铅酸（炭）电池有爬酸，电池极柱、端子、连接排连接不牢固，裸露带电部位未采取绝缘遮挡措施。

（2）设备类较大隐患：

1）储能单元直流回路、电池簇回路未配置直流开断设备，电池模块端子未具备结构性防反接功能。

2）电池管理系统未具备过压、欠压、压差、过流等电量保护功能和过温、温差等非电量保护功能，不具备簇级隔离控制功能，不能发出分级告警信号或跳闸指令，不能实现就地故障隔离。BMS 充放电管理、温度管理、电量均衡管理功能不正常。

3）储能电池、电池管理系统、储能变流器等设备未通过型式试验。并网验收前，未完成整站调试试验。

4）储能电站集中监控系统故障造成电压、电流、荷电状态（SOC）、功率、温度、告警及故障等信息无法及时全部上传。

5）电化学储能电站发生事故紧急断电后，电池柜仍处于高电压状态。

6）电化学储能电站出口、疏散通道，不符合紧急疏散要求，未在醒目位置设有明显标志。站区无供消防车辆进出的出入口，站区消防车道不畅通。

7）0.4kV 并网点未安装具有明显开断指示、具备开断故障电流能力的低压并网专用开关，不具备短路瞬时、长延时保护和分励脱扣、欠压脱扣功能。

8）10（20）kV 及以上电压等级的并网点未安装可闭锁、具有明显开断点、带接地功能、可开断故障电流的开断设备。

9）用户侧储能未能配置独立的防孤岛保护，非计划孤岛时不能在 2s 内动作，将用户侧储能与用户电网断开。

10）用户侧储能公共连接点未装设逆功率保护装置，保护功能未作用于控制用户侧储能放电功率。

11）磷酸铁锂电池设备间通风系统未采用防爆型，启动时每分钟排风量小于设备间容积（可按照扣除电池等设备体积后的净空间计算），未合理设置进风口、排风口位置，排风口不满足至少上下各 1 处的要求，无法保证上下层不同密度可燃气体及时排出室外，进排风口会产生气流短路。

12）正常运行时，通风系统未处于自动运行状态或已发生故障。

13）通风装置未可靠接地。

（3）设备类一般隐患：

1）储能系统设置的维护通道过窄，净宽小于1200mm，或设置不合理。

2）铅酸、液流电池室内的照明，未采用防爆型照明灯具，或者在电池室内装设开关熔断器和插座等可能产生火花的电器。

3）电池室未设置防止太阳光直射室内的措施。

4）电池设备舱（室）内温度不在电池运行范围内。室内有异味。空调等温度调节设备运行不正常。运行中，磷酸铁锂电池运行环境温度为5～45℃。铅酸电池运行环境温度宜为15～30℃，铅炭电池运行环境温度宜为20～25℃；电池本体与环境温差不得超过8℃。液流电池间温度为0～40℃。

5）储能系统的接地设置不符合要求。

6）电池设备室、控制室内的保温、隔音等装修材料不是不燃材料或者燃烧性能等级低于A级。

7）储能变流器柜体外观不完好，有受潮、凝露现象。交、直流侧电压、电流不正常，运行不正常，冷却系统及电源不正常。有异响、冒烟、烧焦气味。液晶屏显示不清晰，指示灯不正常。通信不正常，有异常告警、报文。舱（室）内温度、照明、排风不正常，有异味。

8）电解液储存罐外观变形、漏液，指示液位与实际液位不一致或未在规定范围。电解液输送系统管道、法兰、阀门、输送泵等部位，存在损伤、变形、开裂、松动、异响等现象。有气体保护的液流电池储能系统，气体压力值低于或超出设定的保护值范围。

9）储能电站周边无合适的消防水源，如市政给水、消防水池或天然水源。

（4）管理类重大隐患：

1）电化学储能电站站址贴邻或设置在生产、储存、经营易燃易爆危险品的场所，设置在具有粉尘、腐蚀性气体的场所，设置在重要架空电力线路保护区内。

2）储能电站锂离子电池设备设置在人员密集场所或有人生产生活的建筑物内部或其地下空间，或设置在建筑物楼顶且无法实施消防救援。

（5）管理类较大隐患：

1）当选用梯次利用动力电池时，未能遵循全生命周期理念进行一致性筛选，未能溯源数据进行安全评估；未建立在线监控平台，运行中不能实时监测电池性能并进行一致性管控。

2）运维管理单位每年末开展至少一次储能电站运行指标评价，提出运行安全管控措施并督促落实。

3）运维单位无运行规程，未能根据新型储能电站的事故特点编制应急预案，未能每半年组织开展一次应急演练。

4）公司系统投资的储能电站应取得地方能源主管部门新型储能项目备案管理证明文件。

5）公司系统投资的储能电站项目未通过消防验收（或备案）；属地政府部门不予消防设计审查及验收的，未取得有资质的第三方出具的消防检测报告。

6）项目建设单位（法人）未落实安全生产主体责任，未与运维单位签订安全生产管理协议，未明确各自的安全生产管理职责和应当采取的安全措施。

7）采用经营性租赁、能源管理合同模式的，公司系统承租（使用）未依法履行生产经营责任，未将储能电站纳入自有设备运维管理范围。

8）建设在公司系统土地上的外单位投资运营的储能电站，未签订安全协议，明确双方安全责任。

9）运维管理单位未建立安全风险分级管控制度和事故隐患排查治理制度，开展安全风险分级管控和隐患排查治理工作，及时整改隐患。

10）储能电站未配备满足电站安全可靠运行的运维人员。运维人员上岗前未经过安全教育培训，不能掌握储能电站的设备性能和运行状态。

11）储能电站施工、运行阶段，相关作业人员未经安全准入即参加现场作业。

12）电化学储能电站安全设施建设未与主体工程同时设计、同时施工、同时投入运行和使用，安防设施无法满足事故处置需求。

13）储能电站运维单位未制定消防设施运行操作规程，未定期开展维护保养，未每年进行一次全面检测，无法确保消防设施处于正常工作状态。

（6）管理类一般隐患：

1）项目达到设计寿命或安全运行状况不满足相关技术要求时，未及时组织评估和整改工作。不满足相关要求的电站未及时采取项目退役措施，未落实项目退役储能电池等设施的处置。

2）并网电压等级 10kV 及以上的新型储能项目未具备向电网企业调度部门上传运行信息、接收调度指令的功能。

3）电化学储能设备设施未在明显位置放置禁止、警告、指令、提示等标志，布置在公共场所的用户侧储能未设置禁止无关人员靠近的标志，户外敞开式电化学储能电站未设置栅栏或围墙。

4）未定期对储能变流器清扫或更换滤网，未定期检查储能变流器电缆接线是否松动，未及时对损坏或腐蚀的连接端子进行更换。

5）未定期检查液流电池电解液循环系统、热管理系统、电堆的外表有无腐蚀或者漏点。

（7）人员类一般隐患：

1）运维人员不能熟练使用正压式空气呼吸器。

2）储能电站运行人员未按照规定频次进行日常巡视检查，未在特殊季节和异常天气进行专项巡检。运行人员未实时监视电站运行工况，监视可采用就地监视和远程监视。

3）运维人员未取得高压电工证，未经消防培训合格便上岗。

3．安全隐患填报举例

（1）光伏专业隐患举例。

隐患问题：××光伏电站××号建筑屋顶临空一面未设安全防护栏，场区未装设栏杆、护板、安全绳索（带）固定点。

事故隐患内容：某公司于××××年××月××日，开展光伏隐患专项排查，发现××光伏电站××号建筑屋顶临空一面未设安全防护栏，场区未装设栏杆、护板、安全绳索（带）固定点，存在安全隐患。××光伏电站于 2021年投运，装机容量为 1.8MW。投运时该电站屋顶未安装安全防护栏，场区未装设栏杆、护板、安全绳索（带）固定点等安全设施，当运维人员在该电站屋面巡视作业时，因无安全防护栏、安全绳索（带）固定点等安全设施，可能导致人身高坠事件。不符合《国家电网公司电力安全工作规程　第 6 部分：光伏电站部分》（Q/GDW 10799.6—2018）第 7.1.3、13.3.2 条款。

（2）充电桩专业隐患举例。

隐患问题：国网××供电公司××月××日，发现充电站存在外观破损的设备安全隐患。

事故隐患内容：国网××供电公司××月××日，发现某充电站的充电桩桩体存在表面不平整，有明显凹凸痕、划伤、锈蚀且漆面破损、表面涂镀层脱落。充电枪车辆插头表面不平整，有明显凹凸痕、裂纹、划伤、严重变形，紧固线夹破损断裂严重。不符合 NB/T 33008.1—2018《电动汽车充电设备检验

试验规范　第 1 部分：非车载充电机》条款要求。

（3）储能专业隐患举例。

隐患问题：国网××供电公司××月××日，发现储能电站电池舱未可靠设置可燃气探测器的安全隐患。

事故隐患内容：国网××供电公司××月××日，开展储能电站安全隐患排查工作，发现××储能电站锂电池预制舱内未设置可燃气体探测装置，无法联动跳开舱级和簇级断路器并启动通风系统，不能有效防止储能电池舱内的可燃气体聚集。不符合《电化学储能电站安全规程》（GB/T 42288—2022）第 5.6.4 条规定："电池室/舱内应设置可燃气体探测器、温度探测器、烟感探测器等火灾探测器。"第 5.6.11 条规定："电化学储能电站的消防系统、通风空调系统、视频与环境监控系统之间应具备联动功能，消防联动控制设计应符合 GB 50116—2013《火灾自动报警系统设计规范》的相关规定，消防联动控制系统应符合 GB 16806—2006《消防联动控制系统》的相关规定。"存在可燃气聚集达到爆炸极限引发电池舱燃爆事故的安全隐患。

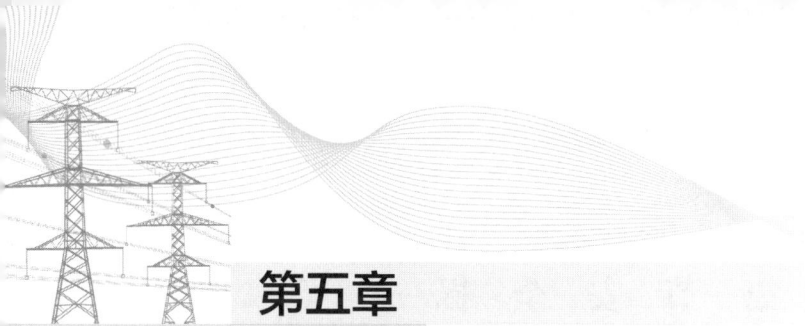

第五章

生产现场的安全设施

安全设施是指在生产现场经营活动中将危险因素、有害因素控制在安全范围内以及预防、减少、消除危害所设置的安全标志、设备标志、安全警示线、安全防护设施等的统称。变电站内生产活动所涉及的场所、设备（设施）、检修施工等特定区域以及其他有必要提醒人们注意危险有害因素的地点，应配置标准化的安全设施。

一般要求：

（1）安全设施应清晰醒目、安全可靠、便于维护，适应使用环境要求。

（2）安全设施的安装应符合安全要求。安全设施的规格、尺寸、安装位置可视现场情况自行确定，同一电站、同类设备（设施）应规范统一。

（3）安全设施所用的颜色应符合 GB 2893—2008《安全色》的规定。

（4）发电、变电设备（设施）本体或附近醒目位置应装设设备标志牌，涂刷相色标志或装设相位标志牌。

（5）电站设备区与其他功能区、运行设备区与改（扩）建施工现场之间应装设区域隔离遮栏。不同电压等级设备区宜装设区域隔离遮栏。

（6）生产场所安装的固定遮栏应牢固，工作人员出入的门等活动部分应加锁。

（7）电站入口应设置减速线，电站内适当位置应设置限高、限速标志。设置标志应易于观察。

（8）电站内地面应标注设备巡视路线和通道边缘警戒线。

（9）设置安全设施后，不应构成对人身伤害、设备安全的潜在风险或妨碍正常工作。

第一节　安　全　标　志

安全标志是指用以表达特定安全信息的标志，由图形符号、安全色、几何形状（边框）和文字构成。安全标志分禁止标志、警告标志、指令标志、提示标志四大基本类型和消防安全标志等特定类型。

一、一般规定

（1）安全标志包括禁止标志、警告标志、指令标志、提示标志四种基本类型和消防安全标志、道路交通标志等特定类型。

（2）安全标志一般使用相应的通用图形标志和文字辅助标志的组合标志。

（3）安全标志一般采用标志牌的形式，宜使用衬边，以使安全标志与周围环境之间形成较为强烈的对比。

（4）安全标志所用的颜色、图形符号、几何形状、文字，标志牌的材质、表面质量、衬边及型号选用、设置高度、使用要求应符合 GB 2894—2008《安全标志及其使用导则》的规定。

（5）安全标志牌应设在与安全有关场所的醒目位置。环境信息标志宜设在有关场所的入口处和醒目位置，局部环境信息应设在所涉及的相应危险地点或设备（部件）的醒目处。

（6）安全标志牌不宜设在可移动的物体上，以免标志牌随母体物体相应移动，影响认读。标志牌前不得放置妨碍认读的障碍物。

（7）多个标志在一起设置时，应按照警告、禁止、指令、提示类型的顺序，先左后右、先上后下地排列，且应避免出现相互矛盾、重复的现象。也可以根据实际，使用多重标志。

（8）安全标志牌应定期检查，如发现破损、变形、褪色等情况时，应及时修整或更换。修整或更换时，应有临时的标志替换，避免发生意外伤害。

（9）在电站入口，应根据站内通道、设备、电压等级等具体情况，在醒目位置按配置规范设置相应的安全标志牌，如"当心触电""未经许可，不得入内""禁止吸烟""必须戴安全帽"等，并应视情况设立限速的标识（装置）。

（10）在设备区入口，应根据通道、设备、电压等级等具体情况，在醒目位置按配置规范设置相应的安全标志牌，如"当心触电""未经许可，不得入内""禁止吸烟""必须戴安全帽"及安全距离等，并应设立限速、限高的标识（装置）。

（11）在各设备区，在醒目位置按配置规范设置相应的安全标志牌，如光伏方阵的入口、彩钢瓦等不可承重处配置"禁止踩踏"；支架区域配置"当心碰头"；逆变器、电缆桥架等处配置"当心触电"等安全标志牌。

（12）各设备间入口，应根据内部设备、电压等级等具体情况，在醒目位置按配置规范设置相应的安全标志牌，如主控制室、继电保护室、通信室、自动装置室应配置"未经许可　不得入内""禁止烟火"；继电保护室、自动装置室应配置"禁止使用无线通信"；高压配电装置室应配置"未经许可　不得入内""禁止烟火"；GIS 组合电器室、SF_6 设备室、电缆夹层应配置"禁止烟火""注意通风""必须戴安全帽"等安全标志牌。

二、禁止标志及设置规范

禁止标志是指禁止或制止人们不安全行为的图形标志。常用禁止标志名称、图形标志示例及设置规范见表 5-1。

表 5-1　　　　常用禁止标志名称、图形标志示例及设置规范

序号	名称	图形标志示例	设置范围和地点
1	禁止烟火	禁止烟火	主控制室、继电保护室、蓄电池室、通信室、自动装置室、变压器室、配电装置室、电缆夹层、隧道入口，危险品存放点，施工作业场所等处
2	禁止用水灭火	禁止用水灭火	变压器室、配电装置室、继电保护室、通信室、自动装置室等处（有隔离油源设施的室内油浸设备除外）
3	禁止跨越	禁止跨越	不允许跨越的深坑（沟）等危险场所、安全遮栏等处
4	禁止攀登	禁止攀登	不允许攀爬的危险地点，如有坍塌危险的建筑物、构筑物等处

续表

序号	名称	图形标志示例	设置范围和地点
5	未经许可 不得入内		易造成事故或对人员有伤害的场所的入口处，如高压设备室入口、消防泵室、雨淋阀室等处
6	禁止堆放		消防器材存放处、消防通道、逃生通道及变电站主通道、安全通道等处
7	禁止使用无线通信		继电保护室、自动装置室等处
8	禁止合闸 有人工作		一经合闸即可送电到施工设备的断路器和隔离开关操作把手上等处
9	禁止合闸 线路有人工作		线路断路器和隔离开关把手上
10	禁止分闸		接地开关与检修设备之间的断路器操作把手上
11	禁止攀登 高压危险		高压配电装置构架的爬梯上，变压器、电抗器等设备的爬梯上

续表

序号	名称	图形标志示例	设置范围和地点
12	禁止踩踏	禁止踩踏	光伏方阵的入口处；彩钢瓦等不可承重等处
13	禁止翻越	禁止翻越	围栏、铁架、爬梯等
14	雷雨天气　禁止靠近	雷雨天气　禁止靠近	光伏方阵入口处

三、警告标志及设置规范

警告标志是指提醒人们对周围环境引起注意，以避免可能发生危险的图形标志。常用警告标志名称、图形标志示例及设置规范见表 5-2。

表 5-2　　　　常用警告标志名称、图形标志示例及设置规范

序号	名称	图形标志示例	设置范围和地点
1	注意安全	注意安全	易造成人员伤害的场所及设备等处
2	注意通风	注意通风	SF_6 装置室、蓄电池室、电缆夹层、电缆隧道入口等处

续表

序号	名称	图形标志示例	设置范围和地点
3	当心火灾	当心火灾	易发生火灾的危险场所，如电气检修试验、焊接及有易燃易爆物质的场所
4	当心爆炸	当心爆炸	易发生爆炸危险的场所，如易燃易爆物质的使用或受压容器等地点
5	当心中毒	当心中毒	装有 SF_6 断路器、GIS 组合电器的配电装置室入口，生产、储运、使用剧毒品及有毒物质的场所
6	当心触电	当心触电	有可能发生触电危险的电气设备和线路，如配电装置室、开关等处
7	当心电缆	当心电缆	暴露的电缆或地面下有电缆处施工的地点
8	止步，高压危险	止步 高压危险	带电设备固定遮栏上，室外带电设备构架上，高压试验地点安全围栏上，因高压危险禁止通行的过道上，工作地点临近室外带电设备的安全围栏上，工作地点临近带电设备的横梁上等处
9	当心碰头	当心碰头	光伏支架临近处醒目位置

序号	名称	图形标志示例	设置范围和地点
10	当心坠落	当心坠落	易发生坠落事故的地点
11	当心中暑	当心中暑	光伏方阵入口处、逆变器室入口处的醒目位置

四、指令标志及设置规范

指令标志是指强制人们必须做出某种动作或采用防范措施的图形标志。常用指令标志名称、图形标志示例及设置规范见表 5-3。

表 5-3　　　　常用指令标志名称、图形标志示例及设置规范

序号	名称	图形标志示例	设置范围和地点
1	必须戴安全帽	必须戴安全帽	生产现场（办公室、主控制室、值班室和检修班组室除外）佩戴
2	必须戴防毒面具	必须戴防毒面具	具有对人体有害的气体、气溶胶、烟尘等作业场所，如有毒物散发的地点或处理有毒物造成的事故现场等处
3	必须戴防护手套	必须戴防护手套	易伤害手部的作业场所，如具有腐蚀、污染、灼烫、冰冻及触电危险的作业等处
4	必须穿防护鞋	必须穿防护鞋	易伤害脚部的作业场所，如具有腐蚀、灼烫、触电、砸（刺）伤等危险的作业地点

五、提示标志及设置规范

提示标志是指向人们提供某种信息（如标明安全设施或场所等）的图形标志。常用提示标志名称、图形标志示例及设置规范见表 5-4。

表 5-4　　　　　常用提示标志名称、图形标志示例及设置规范

序号	名称	图形标志示例	设置范围和地点
1	在此工作	在此工作	工作地点或检修设备上
2	从此上下	从此上下	工作人员可以上下的铁（构）架、爬梯上
3	从此进出	从此进出	工作地点遮栏的出入口处
4	安全距离	220kV 设备不停电时的 安全距离	根据不同电压等级标示出人体与带电体最小安全距离，设置在设备区入口处

六、消防安全标志及设置规范

消防安全标志是指用以表达与消防有关的安全信息，由安全色、边框、以图像为主要特征的图形符号或文字构成的标志。常用消防安全标志名称、图形标志示例及设置规范见表 5-5。

表 5-5　　　　　常用消防安全标志名称、图形标志示例及设置规范

序号	名称	图形标志示例	设置范围和地点
1	消防手动启动器		依据现场环境，设置在火灾报警按钮和消防设备启动按钮的位置

续表

序号	名称	图形标志示例	设置范围和地点
2	火警电话		依据现场环境，设置在适宜、醒目的位置
3	消火栓箱		生产场所构筑物内的消火栓处
4	地上消火栓		固定在距离消火栓 1m 的范围内，不得影响消火栓的使用
5	地下消火栓		固定在距离消火栓 1m 的范围内，不得影响消火栓的使用
6	灭火器		悬挂在灭火器、灭火器箱的上方或存放灭火器、灭火器箱的通道上。泡沫灭火器器身上应标注"不适用于电火"字样
7	消防水带		指示消防水带、软管卷盘或消防栓箱的位置
8	灭火设备或报警装置的方向		指示灭火设备或报警装置的方向

续表

序号	名称	图形标志示例	设置范围和地点
9	疏散通道方向		指示到紧急出口的方向。用于电缆隧道指向最近出口处
10	紧急出口		便于安全疏散的紧急出口处，与方向箭头结合设在通向紧急出口的通道、楼梯口等处
11	消防水池	1号消防水池	装设在消防水池附近醒目位置，并应编号
12	消防沙池（箱）	1号消防沙池	装设在消防沙池（箱）附近醒目位置，并应编号
13	防火墙	1号防火墙	在变电站的电缆沟（槽）进入主控制室、继电保护室处和分接处，电缆沟每间隔约60m处应设防火墙，将盖板涂成红色，标明"防火墙"字样，并应编号

七、道路交通标志及设置规范

道路交通标志是用以管制及引导交通的一种安全管理设施，是用文字和符号传递引导、限制、警告或指示信息的道路设施。变电站应设置限制高度、速度等的禁令标志。

限制高度标志表示禁止装载高度超过标志所示数值的车辆通行。限制速度标志表示该标志至前方解除限制速度标志的路段内，机动车行驶速度（单位为km/h）不准超过标志所示数值。变电站道路交通标志、图形标志示例及设置规范见表5-6。

表 5-6　　　　　　道路交通标志、图形标志示例及设置规范

序号	名称	图形标志示例	设置范围和地点
1	限制高度标志		变电站入口处、不同电压等级设备区入口处等最大容许高度受限制的地方
2	限制速度标志		变电站入口处、变电站主干道及转角处等需要限制车辆速度的路段起点

第二节　设　备　标　志

设备标志是指用以标明设备名称、编号等特定信息的标志，由文字和（或）图形构成。设备标志由设备名称和设备编号组成。设备标志应定义清晰，具有唯一性。功能、用途完全相同的设备，其设备名称应统一。

一般规定如下：

（1）设备标志牌应配置在设备本体或附件醒目位置。

（2）两台及以上集中排列安装的电气盘应在每台盘上分别配置各自的设备标志牌。两台及以上集中排列安装的前后开门的电气盘前后均应配置设备标志牌，且同一盘柜前后设备标志牌一致。

（3）GIS 设备的隔离开关和接地开关标志牌根据现场实际情况装设，母线的标志牌按照实际相序位置排列，安装于母线筒端部；隔室标志安装于靠近本隔室取气阀门旁醒目位置，各隔室之间通气隔板周围涂绿色，非通气隔板周围涂红色，宽度根据现场实际确定。

（4）电缆两端应悬挂标明电缆编号名称、起点、终点、型号的标志牌，电力电缆还应标注电压等级及长度。

（5）在各设备间及其他功能室入口处的醒目位置均应配置房间标志牌，标明其功能及编号，在室内醒目位置应设置逃生路线图及定置图（表）。

（6）电气设备标志文字内容应与调度机构下达的编号相符，其他电气设备

的标志内容可参照调度编号及设计名称。一次设备为分相设备时应逐相标注，直流设备应逐极标注。

设备标志名称、图形标志示例及设置规范见表 5-7。

表 5-7　　　　设备标志名称、图形标志示例及设置规范

序号	名称	图形标志示例	设置范围和地点
1	变压器（电抗器）标志牌	1号主变压器 1号主变压器 A相	（1）安装固定于变压器（电抗器）器身中部，面向主巡视检查路线，并标明名称、编号。 （2）单相变压器每相均应安装标志牌，并标明名称、编号及相别。 （3）线路电抗器每相应安装标志牌，并标明线路电压等级、名称及相别
2	主变压器（线路）穿墙套管标志牌	1号主变压器 10kV穿墙套管 Ⓐ Ⓑ Ⓒ 1号主变压器 110kV穿墙套管 Ⓑ	（1）安装于主变压器（线路）穿墙套管内、外墙处。 （2）标明主变压器（线路）编号、电压等级、名称，分相布置的还应标明相别
3	滤波器组、电容器组标志牌	3601ACF 交流滤波器	（1）在滤波器组（包括交直流滤波器、PLC 噪声滤波器、RI 噪声滤波器）、电容器组的围栏门上分别装设，安装于离地面1.5m处，面向主巡视检查路线。 （2）标明设备名称、编号
4	阀厅内直流设备标志牌	020FQ 换流阀 A相 02DCCT 电流互感器	（1）固定在阀厅顶部巡视走道遮栏上，正对设备，面向走道，安装于离地面1.5m处。 （2）标明设备名称、编号
5	滤波器、电容器组围栏内设备标志牌	C1 电容器 R1 电阻器 L1 电抗器	（1）安装固定于设备本体上醒目处，本体上无位置安装时考虑落地固定，面向围栏正门。 （2）标明设备名称、编号

续表

序号	名称	图形标志示例	设置范围和地点
6	断路器标志牌	500kV ××线 5031 断路器 500kV ××线 5031 断路器 A相	(1) 安装固定于断路器操动机构箱上方醒目处。 (2) 分相布置的断路器标志牌安装在每相操动机构箱上方醒目处，并标明相别。 (3) 标明设备电压等级、名称、编号
7	隔离开关标志牌	500kV ××线 50314 隔离开关 500kV × × 线 50314	(1) 手动操作型隔离开关安装于隔离开关操动机构上方100mm处。 (2) 电动操作型隔离开关安装于操动机构箱门上醒目处。 (3) 标志牌应面向操作人员。 (4) 标明设备电压等级、名称、编号
8	电流互感器、电压互感器、避雷器、耦合电容器等标志牌	500kV ××线 电流互感器 A相 220kV Ⅱ段母线 1号避雷器 A相	(1) 安装在单支架上的设备，其标志牌还应标明相别，安装于离地面1.5m处，面向主巡视检查路线。 (2) 三相共支架设备安装于支架横梁醒目处，面向主巡视检查线路。 (3) 落地安装加独立遮栏的设备（如避雷器、电抗器、电容器、站用变压器、专用变压器等），其标志牌安装在设备围栏中部，面向主巡视检查线路。 (4) 标明设备电压等级、名称、编号及相别
9	换流站特殊辅助设备标志牌	LTT 换流阀 空气冷却器 1号屋顶式 组合空调机组	(1) 安装在设备本体上醒目处，面向主巡视检查线路。 (2) 标明设备名称、编号
10	控制箱、端子箱标志牌	500kV ××线 5031 断路器端子箱	(1) 安装在设备本体上醒目处，面向主巡视检查线路。 (2) 标明设备名称、编号
11	接地开关标志牌	500kV ××线 503147 接地开关 A相 500kV × × 线 503147	(1) 安装于接地开关操动机构上方100mm处。 (2) 标志牌应面向操作人员。 (3) 标明设备电压等级、名称、编号、相别

续表

序号	名称	图形标志示例	设置范围和地点
12	控制、保护、直流、通信等盘柜标志牌	220kV××线光纤纵差保护屏	（1）安装于盘柜前后顶部门楣处。 （2）标明设备电压等级、名称、编号
13	室外线路出线间隔标志牌	220kV ××线 A B C	（1）安装于线路出线间隔龙门架下方或相对应围墙墙壁上。 （2）标明电压等级、名称、编号、相别
14	敞开式母线标志牌	220kV Ⅰ段母线 A B C 220kV Ⅰ段母线 A	（1）室外敞开式布置母线，母线标志牌安装于母线两端头正下方支架上，背向母线。 （2）室内敞开式布置母线，母线标志牌安装于母线端部对应的墙壁上。 （3）标明电压等级、名称、编号、相序
15	封闭式母线标志牌	220kV Ⅰ段母线 A B C 10kV Ⅱ段母线 A B C	（1）GIS 设备封闭母线标志牌按照实际相序排列位置，安装于母线筒端部。 （2）高压开关柜母线标志牌安装于开关柜端部对应母线位置的柜壁上。 （3）标明电压等级、名称、编号、相序
16	室内出线穿墙套管标志牌	10kV ××线 A B C	（1）安装于出线穿墙套管内、外墙处。 （2）标明出线线路电压等级、名称、编号、相序
17	熔断器、交（直）流开关标志牌	回路名称： 型 号： 熔断电流：	（1）悬挂在二次屏中的熔断器、交（直）流开关处。 （2）标明回路名称、型号、额定电流
18	避雷针标志牌	1号避雷针	（1）安装于避雷针距地面 1.5m 处。 （2）标明设备名称、编号
19	明敷接地体	←100mm→	全部设备的接地装置（外露部分）应涂宽度相等的黄绿相间条纹。间距以 100～150mm 为宜
20	地线接地端（临时接地线）	接地端	固定于设备压接型地线的接地端

续表

序号	名称	图形标志示例	设置范围和地点
21	低压电源箱标志牌	220kV 设备区 电源箱	（1）安装于各类低压电源箱上的醒目位置。 （2）标明设备名称及用途
22	充电站标志牌		在充电站入口或路边上设立柱式标志牌
23	直流充电站标志牌	直流充电 DC Charging	在充电站内设直流充电桩的标志牌
24	交流充电站标志牌	交流充电 AC Charging	在充电站内设交流充电桩的标志牌

第三节 安全警示线

安全警示线用于界定和分割危险区域，向人们传递某种注意或警告的信息，以避免人身伤害。安全警示线包括禁止阻塞线、减速提示线、安全警戒线、防止踏空线、防止绊跤线、防止碰头线和生产通道边缘警戒线等。安全警示线一般采用黄色或与对比色（黑色）同时使用。

安全警示线、图形标志示例及设置规范见表5-8。

表5-8 安全警示线、图形标志示例及设置规范

序号	名称	图形标志示例	设置范围和地点
1	禁止阻塞线		（1）标注在地下设施入口盖板上。 （2）标注在主控制室、继电保护室门内外、消防器材存放处、防火重点部位进出通道。 （3）标注在通道旁边的配电柜前（800mm）。 （4）标注在其他禁止阻塞的物体前

续表

序号	名称	图形标志示例	设置范围和地点
2	减速提示线		标注在变电站站内道路的弯道、交叉路口和变电站进站入口等限速区域的入口处
3	安全警戒线	设备屏 设备屏 设备屏 设备屏	（1）设置在控制屏（台）、保护屏、配电屏和高压开关柜等设备周围。 （2）安全警戒线至屏面的距离宜为300～800mm，可根据实际情况进行调整
4	防止碰头线	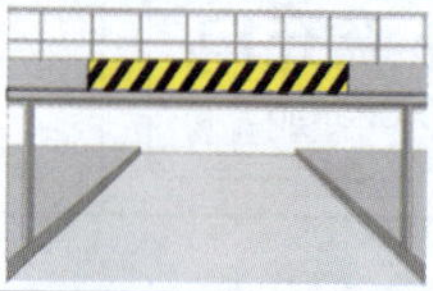	标注在人行通道高度小于1.8m的障碍物上
5	防止绊跤线	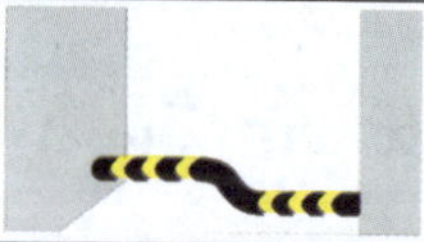	（1）标注在人行横道地面上高差300mm以上的管线或其他障碍物上。 （2）采用45°间隔斜线（黄/黑）排列进行标注
6	防止踏空线		（1）标注在上下楼梯第一级台阶上。 （2）标注在人行通道高差300mm以上的边缘处
7	生产通道边缘警戒线	设备区 生产通道 设备区	（1）标注在生产通道两侧。 （2）为保证夜间可见性，宜采用道路反光漆或强力荧光油漆进行涂刷
8	设备区巡视路线	巡视路线	标注在变电站室内外设备区道路或电缆沟盖板上

第四节　安全防护设施

安全防护设施是指为防止外因引发的人身伤害、设备损坏而配置的防护装置和用具。安全防护设施包括安全帽、安全工器具柜（室）、安全工器具试验合格证标志牌、固定防护遮栏、区域隔离遮栏、临时遮栏（围栏）、红布幔、孔洞盖板、爬梯遮栏门、防小动物挡板、防误闭锁解锁钥匙箱等设施和用具。工作人员进入生产现场，应根据作业环境中所存在的危险因素，穿戴或使用必要的防护用品。

安全防护设施、图形标志示例及配置规范见表 5-9。

表 5-9　　　　　　　　安全防护设施、图形标志示例及配置规范

序号	名称	图形标志示例	设置范围和地点
1	安全帽	**安全帽正面** **安全帽背面**	（1）安全帽用于作业人员头部防护，任何人进入生产现场（办公室、主控制室、值班室和检修班组室除外），应正确佩戴安全帽。 （2）安全帽应符合 GB 2811—2019《头部防护　安全帽》的规定。 （3）安全帽前面有公司（以国家电网为例）标志，后面为单位名称及编号，并按编号定置存放。 （4）安全帽实行分色管理，红色安全帽为管理人员使用，黄色安全帽为运维人员使用，蓝色安全帽为检修（施工、试验等）人员使用，白色安全帽为外来参观人员使用
2	安全工器具柜（室）		（1）变电站应配备足量的专用安全工器具柜。 （2）安全工器具柜应满足国家、行业标准及产品说明书关于保管和存放的要求。 （3）安全工器具柜（室）宜具有温度、湿度监控功能，满足温度为 -15~35℃、相对湿度为 80% 以下、保持干燥通风的基本要求

序号	名称	图形标志示例	设置范围和地点
3	安全工器具试验合格证标志牌	安全工器具试验合格证 名称_____编号____ 试验日期____年__月__日 下次试验日期____年__月__日	（1）安全工器具试验合格证标志牌贴在经试验合格的安全工器具醒目处。 （2）安全工器具试验合格证标志牌可采用粘贴力强的不干胶制作，规格为60mm×40mm
4	接地线标志牌及接地线存放地点标志牌	01 号接地线 编号：01 电压：220kV ××变电站	（1）接地线标志牌固定在接地线接地端线夹上。 （2）接地线标志牌应采用不锈钢板或其他金属材料制成，厚度为1.0mm。 （3）接地线标志牌尺寸为 $D=30\sim50mm$，$D_1=2.0\sim3.0mm$。 （4）接地线存放地点标志牌应固定在接地线存放醒目位置
5	固定防护遮栏		（1）固定防护遮栏适用于落地安装的高压设备周围及生产现场平台、人行通道、升降口、大小坑洞、楼梯等有坠落危险的场所。 （2）用于设备周围的遮栏高度不低于1700mm，设置供工作人员出入的门并上锁；防坠落遮栏高度不低于1050mm，并装设不低于100mm的护板。 （3）固定遮栏上应悬挂安全标志，位置根据实际情况确定。 （4）固定遮栏及防护栏杆、斜梯应符合规定，其强度和间隙满足防护要求。 （5）检修期间需将栏杆拆除时，应装设临时遮栏，并在检修工作结束后将栏杆立即恢复
6	区域隔离遮栏		（1）区域隔离遮栏适用于设备区与生活区的隔离、设备区间的隔离、改（扩）建施工现场与设备运行区域的隔离，也可装设在人员活动密集场所周围。 （2）区域隔离遮栏应采用不锈钢或塑钢等材料制作，高度不低于1050mm，其强度和间隙满足防护要求

续表

序号	名称	图形标志示例	设置范围和地点
7	临时遮栏（围栏）		（1）临时遮栏（围栏）适用于下列场所： 1）有可能高处落物的场所。 2）作业现场与运行设备的隔离。 3）作业现场规范工作人员活动范围。 4）作业现场安全通道。 5）作业现场临时起吊场地。 6）防止其他人员靠近的高压试验场所。 7）安全通道或沿平台等边缘部位，因检修拆除常设栏杆的场所。 8）事故现场保护。 9）需临时打开的平台、地沟、孔洞盖板周围等。 （2）临时遮栏（围栏）应采用满足安全、防护要求的材料制作，有绝缘要求的临时遮栏应采用干燥木材、橡胶或其他坚韧绝缘材料制成。 （3）临时遮栏（围栏）高度为 1050～1200mm，防坠落遮栏应在下部装设不低于 180mm 高的挡脚板。 （4）临时遮栏（围栏）强度和间隙应满足防护要求，装设应牢固可靠。 （5）临时遮栏（围栏）应悬挂安全标志，位置根据实际情况而定
8	红布幔		（1）红布幔适用于变电站二次系统上进行工作时，将检修设备与运行设备前后以明显的标志隔开。 （2）红布幔尺寸一般为 2400mm×800mm、1200mm×800mm、650mm×120mm，也可根据现场实际情况制作。 （3）红布幔上印有运行设备字样、白色黑体字，布幔上下或左右两端设有绝缘隔离的磁铁或挂钩
9	孔洞盖板	 覆盖式 镶嵌式	（1）适用于生产现场需打开的孔洞。 （2）孔洞盖板均应为防滑板，且应覆以与地面齐平的坚固的有限位的盖板。盖板边缘应大于孔洞边缘 100mm，限位块与孔洞边缘距离不得大于 25～30mm，网络板孔眼不应大于 50mm×50mm。 （3）在检修工作中如需将盖板取下，应设临时围栏。临时打开的孔洞，施工结束后应立即恢复原状。夜间不能恢复的，应加装警示红灯。 （4）孔洞盖板可制成与现场孔洞互相配合的矩形、正方形、圆形等形状，选用镶嵌式、覆盖式，并在其表面涂刷 45°黄黑相间的等宽条纹，宽度宜为 50～100mm。 （5）盖板拉手可做成活动式，便于勾起

序号	名称	图形标志示例	设置范围和地点
10	爬梯遮栏门		（1）应在禁止攀登的设备、构架爬梯上安装爬梯遮栏门，并予编号。 （2）爬梯遮栏门为整体不锈钢或铝合金板门，其高度应大于工作人员的跨步长度，宜设置为800mm左右，宽度应与爬梯保持一致。 （3）在爬梯遮栏门正门应装设"禁止攀登，高压危险"的标志牌
11	防小动物挡板		（1）在各配电装置室、电缆室、通信室、蓄电池室、主控制室和继电保护室等出入口处，应装设防小动物挡板，以防止小动物短路故障引发的电气事故。 （2）防小动物挡板宜采用不锈钢、铝合金等不易生锈、变形的材料制作，高度应不低于400mm，其上部应设有45°黑黄相间色斜条防止绊跤线标志，标志线宽宜为50～100mm
12	防误闭锁解锁钥匙箱		（1）防误闭锁解锁钥匙箱是将解锁钥匙存放其中并加封，根据规定执行手续后使用。 （2）防误闭锁解锁钥匙箱应具有信息化授权方式，应具备自动记录、钥匙定置管理、强制管控（通过授权开启）等功能。 （3）防误闭锁解锁钥匙箱应配置在变电站内
13	垂直生命线		（1）屋顶光伏发电设备场区入口爬梯。 （2）垂直生命线系统应该适用于现场环境，抗腐蚀，采用304不锈钢材质。 （3）垂直生命线系统安装在爬梯上，以达到攀爬作业中的安全防护，需要满足以下条件： 1）垂直生命线及核心组件需满足 ANSI Z359.16 标准； 2）顶部支架包含快速安装接头，底部支架包含张紧装置； 3）滑索可连续通过钢缆，以及钢缆导引装置； 4）滑索具备两步骤误触碰防脱落保险功能

序号	名称	图形标志示例	设置范围和地点
14	水平生命线		（1）斜屋面屋顶、水泥屋顶临边作业地点、彩钢瓦屋面临边作业地点、彩钢瓦屋顶采光带、孔洞旁临边作业等处。 （2）水平生命线系统需采用高品质的316号不锈钢材料。 （3）水平生命线系统需能安装在角落里和建筑物轮廓上。 （4）水平生命线系统的缓冲装置需能保护建筑物和结构。 （5）水平生命线系统中间支撑跨度可达到15米（39.36英尺）。 （6）水平生命线系统的电抛光元件，需拥有长期的耐腐蚀性。 （7）水平生命线系统符合EN795：2012 Type C，CEN/TS 16415：2013 Type C，OSHA 1926.502，OSHA 1910.140，AS/NZS 1891.2：200，GB 38454—2019《坠落防护 水平生命线系统》等标准
15	防毒面具和正压式消防空气呼吸器	 **过滤式防毒面具** **正压式消防空气呼吸器**	（1）变电站应按规定配备防毒面具和正压式消防空气呼吸器。 （2）过滤式防毒面具是在有氧环境中使用的呼吸器。 （3）过滤式防毒面具应符合GB 2890—2022《呼吸防护 自吸过滤式防毒面具》的规定。使用时，空气中氧气浓度不低于18%，温度为30～45℃，且不能用于槽、罐等密闭容器环境。 （4）过滤式防毒面具的过滤剂有一定的使用时间，一般为30～100min。过滤剂失去过滤作用（面具内有特殊气味）时，应及时更换。 （5）过滤式防毒面具应存放在干燥、通风，无酸、碱、溶剂等物质的库房内，严禁重压。防毒面具的滤毒罐（盒）的储存期为5年（3年），过期产品应经检验合格后方可使用。 （6）正压式消防空气呼吸器是用于无氧环境中的呼吸器。 （7）正压式消防空气呼吸器应符合 GA 124—2019《正压式消防空气呼吸器》的规定。 （8）正压式消防空气呼吸器在储存时应装入包装箱内，避免长时间暴晒，不能与油、酸、碱或其他有害物质共同贮存，严禁重压
16	救生衣		（1）救生衣用于水面光伏作业现场个人防护。 （2）救生衣应符合GB/T 4303—2023《船用救生衣》的规定。 （3）救生衣前后有公司（以国家电网为例）标志，后面为单位名称，并定置存放

第六章

典型违章举例与事故案例分析

第一节 典型违章举例

一、违章的定义、性质及分类

1. 违章的定义

违章是指在电力生产活动过程中，违反国家安全生产法律法规和电力行业规程规定，违反单位和上级安全生产规章制度、反事故措施和安全管理要求等，可能对人身、电网和设备构成危害并容易诱发事故的管理的不安全作为、人的不安全行为、物的不安全状态和环境的不安全因素。

2. 违章的性质

违章按照性质分为管理违章、行为违章和装置违章三类。

管理违章是指各级领导、管理人员不履行岗位安全职责，不落实安全管理要求，制定的规程、制度和措施不完善，不健全安全规章制度，不执行安全规章制度或在生产作业过程中违章指挥等的各种不安全行为。

行为违章是指现场作业人员在电力建设、运行、检修等生产活动过程中，违反保证安全的规程、规定、制度、反事故措施等的不安全行为。

装置违章是指生产设备、设施、环境和作业使用的工器具及安全防护用品不满足规程、规定、标准、反事故措施等的要求，不能可靠保证人身、电网和设备安全的不安全状态和环境的不安全因素。

3. 违章的分类

按照违章性质、情节及可能造成的后果，可分为严重违章和一般违章两级进行管控。

严重违章是指可能直接造成人身、电网、设备和网络信息事故，或虽不直接对人身、电网、设备和网络信息造成危害，但性质恶劣的违章现象。

一般违章是指对人身、电网、设备和网络信息不直接造成危害，且达不到严重违章标准的违章现象。

二、典型违章举例

1. 严重违章

严重违章条款及释义见表6-1。

表6-1 严重违章条款及释义

序号	严重违章条款	严重违章释义
1	无计划作业	（1）安全风险管控监督平台无日作业计划（含临时计划、抢修计划）。 （2）安全风险管控监督平台中日计划未开工，现场已开展作业；现场作业过程中，计划状态为取消、完工等状态
2	作业人员不清楚工作任务、工作范围、危险点	（1）工作负责人（作业负责人）不了解现场所有的工作内容，不掌握危险点及安全防控措施。 （2）专责监护人不掌握监护范围内的工作内容、危险点及安全防控措施。 （3）作业人员不熟悉本人参与的工作内容，不掌握危险点及安全防控措施
3	超出作业范围未经审批	（1）在原工作票的停电及安全措施范围内增加工作任务时，未征得工作票签发人和工作许可人同意，未在工作票上增填工作项目。 （2）原工作票增加工作任务需变更或增设安全措施时，未重新办理新的工作票，并履行签发、许可手续
4	作业点未在接地保护范围	（1）装设接地线（接地开关）前未验电。 （2）停电工作的设备或地段，可能来电（包括反送电）的各方未在正确位置装设接地线（接地开关）。 （3）作业人员擅自移动、拆除接地线（接地开关）。 （4）配合停电的线路未在交叉跨越或邻近线路处附近装设接地线。 （5）在平行或邻近带电设备、交叉跨越或同杆架设等易产生感应电压的地点工作，未加装工作接地线或个人保安线。 （6）耐张塔挂线前，未使用导体将耐张绝缘子串短接。 （7）放线区段有跨越、平行带电线路时，牵引机及张力机出线端的导（地）线及牵引绳上未安装接地滑车
5	高处作业失去保护	（1）高处作业人员在上下、转移作业位置时，失去安全保护。 （2）高处作业未搭设脚手架，未使用高空作业车、升降平台或采取其他防止坠落措施。 （3）在深基坑口、坝顶、陡坡、屋顶、悬崖、杆塔、吊桥以及其他危险的边沿进行工作，临空一面未装设安全网或防护栏杆，或作业人员未使用安全带
6	无票作业	（1）未按照《安规》规定使用工作票（施工作业票）、操作票、事故紧急抢修单、作业申请单。 （2）未根据值班调控人员或运维负责人正式发布的指令进行倒闸操作。 （3）在油罐区、注油设备、电缆间、计算机房、换流站阀厅等防火重点部位（场所）以及政府部门、本单位划定的禁止明火区动火作业时，未使用动火票。 （4）未针对跨越架搭设拆除、跨越封网等作业，办理跨越电力线路的第一种工作票（停电情况）或第二种工作票（不停电情况）

续表

序号	严重违章条款	严重违章释义
7	票面(包括作业票、工作票及分票、动火票、操作票等)关键内容缺失或错误	(1) 操作票操作设备双重名称,拉合断路器、隔离开关的顺序以及位置检查、验电、装拆接地线(拉合接地开关)、投退保护连接片(软压板)等关键内容遗漏或错误。 (2) 工作票(含分票、工作任务单、动火票等)票面缺少工作许可人、工作负责人、工作票签发人、工作班成员(含新增人员)等签字信息。票面线路名称(含同杆多回线路双重称号)、设备双重名称填写错误。票面防触电、防高坠、防倒(断)杆、防窒息等重要安全技术措施遗漏或错误。工作票延期、工作负责人变更等未在票面上准确记录。作业票缺少审核人、签发人、作业人员(含新增人员)等签字信息。 (3) 操作票发令、操作开始、操作结束时间以及工作票(含分票、工作任务单、动火票、作业票等)签发、许可、计划开工、结束时间存在逻辑错误或与实际不符
8	工作负责人(作业负责人、专责监护人)不在现场	(1) 工作负责人(作业负责人、专责监护人)未到作业现场。 (2) 工作负责人(作业负责人)暂时离开作业现场时,未指定能胜任的人员临时代替;或长时间离开作业现场时,未由原工作票签发人变更工作负责人。 (3) 专责监护人临时离开作业现场时,未通知被监护人员停止作业;或长时间离开作业现场时,未由工作负责人变更专责监护人。 (4) 劳务分包人员担任工作负责人(作业负责人)
9	未经许可即开始工作;全部工作未结束即办理终结手续	(1) 公司系统电网生产作业未经调度管理部门或设备运维管理单位许可,擅自开始工作。 (2) 在用户设备上工作,许可工作前,工作负责人未检查确认用户设备的运行状态、安全措施是否符合作业的安全要求。 (3) 多小组工作,小组负责人未得到工作负责人的许可即开始工作;工作负责人未得到所有小组负责人工作结束的汇报,就与工作许可人办理工作终结手续
10	约时停、送电;带电作业约时停用或恢复重合闸	(1) 电力线路或电气设备的停、送电未按照值班调控人员或工作许可人的指令执行,采取约时停、送电的方式进行倒闸操作。 (2) 需要停用重合闸或直流线路再启动功能的带电作业未由值班调控人员履行许可手续,采取约时方式停用或恢复重合闸或直流线路再启动功能
11	应用未用或使用不合格的安全工器具	(1) 在高处作业、垂直交叉作业、立杆架线、起重吊装等存在高坠、物体打击风险的作业区域内,人员未佩戴安全帽。 (2) 操作没有机械传动的断路器、隔离开关或跌落式熔断器,未使用绝缘棒。 (3) 应用未用或使用的个体防护装备(安全带、安全绳、静电防护服、防电弧服、屏蔽服装等)、绝缘安全工器具[验电器、接地线、绝缘手套(高压)、绝缘靴、绝缘杆、绝缘遮蔽罩、绝缘隔板等]等专用工具和器具未检测或检测结果不合格
12	人员资质不符合现场作业要求	(1) 现场作业人员、监理人员未经安全准入考试并合格。 (2) 不具备"三种人"资格的人员担任工作票签发人、工作负责人或许可人。 (3) 特种设备作业人员、特种作业人员、危险化学品从业人员未依法取得资格证书
13	未计算拉线、地锚受力情况和近电作业安全距离情况	(1) 抱杆、牵张机、索道设备的地锚、拉线,铁塔锚固、导地线锚固的地锚、拉线受力情况未经过验算。 (2) 在带电设备附近作业前,未根据带电体安全距离要求,对施工作业中可能进入安全距离内的人员、机具、构件等进行计算校核;或校核结果与现场实际不符,不满足安全要求时未采取有效措施。 (3) 地锚、拉线未经验收合格即投入使用

序号	严重违章条款	严重违章释义
14	专项施工方案未按规定编审批	（1）对"超过一定规模的危险性较大的分部分项工程"❶（含大修、技改等项目），未组织编制专项施工方案（含安全技术措施），未按规定论证和审批。 （2）针对《国家电网有限公司关于印发严控严防重特大人身事故硬措施通知》要求混凝土建（构）筑物垮塌、脚手架整体倒塌、深基坑及边坡施工等12类典型场景作业，未按规定编制、论证和审批专项施工方案
15	重要工序、关键环节作业未按施工方案或规定程序开展	（1）电网建设工程施工重要工序❷及关键环节未按施工方案中作业方法、标准或规定程序开展作业。 （2）针对《国家电网有限公司关于印发严控严防重特大人身事故硬措施通知》15类典型作业场景，未按规定落实强制措施
16	擅自解除带电部位隔离措施	（1）擅自开启高压开关柜门、检修小窗。 （2）高压开关柜内手车开关拉出后，隔离带电部位的挡板未可靠封闭或擅自开启隔离带电部位的挡板。 （3）擅自移动绝缘挡板（隔板）
17	电容性设备未充分放电	（1）电缆及电容器接地前未逐相充分放电，星形接线电容器的中性点未接地、串联电容器及与整组电容器脱离的电容器未逐个多次放电，装在绝缘支架上的电容器外壳未放电。 （2）高压试验变更接线或试验结束时，未将升压设备的高压部分放电、短路接地。未装接地线的大电容被试设备未先行放电再做试验
18	在带电设备周围违规使用金属器具	（1）在带电设备周围使用钢卷尺、皮卷尺和线尺（夹有金属丝者）进行测量工作。 （2）在变、配电站（开关站）的带电区域内或临近带电线路处，使用金属梯子、金属脚手架
19	大型机械在运行站内或邻近带电线路处违规作业	（1）在运行站内使用起重机、高空作业车、挖掘机等大型机械开展作业前，施工方案未经设备运维单位批准。 （2）未经设备运维单位批准，擅自改变运行站内起重机、高空作业车、挖掘机等大型机械的工作内容、工作方式、行进路线、作业地点等。 （3）近电作业起重机、高空作业车未接地。 （4）近电吊装作业人员徒手扶持吊件
20	立（拆）杆塔、架（撤）线作业未按规定采取防倒杆塔措施	（1）地脚螺栓与螺母型号不匹配。 （2）耐张杆塔非平衡紧挂线、撤线前，未设置杆塔临时拉线或其他补强措施。 （3）在永久拉线未全部安装完成的情况下就拆除临时拉线。 （4）拉线塔分解拆除时未先将原永久拉线更换为临时拉线再进行拆除作业。 （5）杆塔整体拆除时，未增设拉线控制倒塔方向。 （6）带张力断线或采用突然剪断导、地线的做法松线。 （7）杆塔上有人时，调整或拆除拉线。 （8）紧断线平移导线挂线作业未采取交替平移子导线的方式
21	采用正装法对接组立悬浮抱杆	略

❶ 指住房城乡建设部办公厅《关于实施〈危险性较大的分部分项工程安全管理规定〉有关问题的通知》附件2 工程项目超过一定规模的危险性较大的分部分项工程范围。

❷ 指《国家电网有限公司输变电工程建设安全管理规定》附件 4 重要临时设施、重要施工工序、特殊作业、危险作业（包括但不限于）。

续表

序号	严重违章条款	严重违章释义
22	牵引过程中人员处于受力绳索内角侧或直接拉拽受力导、引线	（1）牵引过程中作业人员站在或跨在已受力的牵引绳、起吊绳、导地线的内角侧以及展放的线圈内。 （2）放线、紧线，遇导、地线有卡、挂住现象，未松线后处理，操作人员站在线弯的内角侧，用手直接拉、推导地线
23	跨越施工未采取跨越架、封网等安全措施	跨越带电线路、电气化铁路、高速公路、通航河流展放导（地）线作业，未采取跨越架、封网等安全措施，或跨越架、封网未经验收合格即投入使用
24	货运索道载人或超载使用	物料提升系统、货运小车等非载人提升设施及货运索道载人
25	起重吊装作业未采取防倾倒措施，超限吊装	（1）起重设备、受力工器具（抱杆连接螺栓、吊索具、卸扣等）超负荷使用。 （2）起重机车轮、支腿或履带的前端、外侧与沟、坑边缘的距离小于沟、坑深度的 1.2 倍时，未采取防倾倒、防坍塌措施。 （3）吊车未安装限位器
26	起重作业无专人指挥	以下起重作业无专人指挥： （1）被吊重量达到起重作业额定起重量的 80%。 （2）两台及以上起重机械联合作业。 （3）起吊精密物件、不易吊装的大件或在复杂场所（人员密集区、场地受限或存在障碍物）进行大件吊装。 （4）起重机械在邻近带电区域作业。 （5）易燃易爆品必须起吊时。 （6）起重机械设备自身的安装、拆卸。 （7）新型起重机械首次在工程上应用
27	对带有压力的设备开展拆解作业前未泄压	略
28	平衡挂线时，在同一相邻耐张段的同相导线上进行其他作业	略
29	高空锚线未设置二道保护措施	（1）平衡挂线、导地线更换作业过程中，高空锚线未设置二道保护措施。 （2）更换绝缘子串和移动导线作业过程中，采用单吊（拉）线装置时，未设置防导线脱落的后备保护措施
30	有限空间作业未执行"先通风、再检测、后作业"要求；未正确设置监护人；未配置或不正确使用安全防护装备、应急救援装备	（1）有限空间［电缆井、电缆隧道、深度超过 2m 的基坑及沟（槽）内且相对密闭、容易聚集易燃易爆及有毒气体］作业前未通风、未检测。 （2）在有限空间内作业期间，气体检测浓度高于职业接触限值❶要求，冒险作业。 （3）未根据有限空间作业环境和作业内容，配备气体检测设备、呼吸防护用品、坠落防护用品、其他个体防护用品和通风设备、照明设备、通信设备以及应急救援装备等。 （4）有限空间作业未在入口设置监护人或监护人擅离职守

---

❶ 《国家电网有限公司有限空间作业安全工作规定》附录 7 有限空间作业常见有毒气体浓度判定限值。

序号	严重违章条款	严重违章释义
31	危险性较大的施工平台无施工方案、超载使用	（1）悬吊式作业平台、混凝土承重支撑架、24m 以上落地脚手架无施工方案，使用前未经监理验收即投入使用。 （2）吊篮、悬吊式作业平台未设置上限位装置，在作业面下方涉及危险部位、设备设施安全防护、交叉作业等情况的未设置下限位装置。 （3）吊篮、悬吊式作业平台、混凝土承重支撑架、24m 以上落地脚手架超载使用或荷载严重不均。 （4）脚手架拆除作业未按自上而下的顺序进行，采用上下层同时作业、自下而上或推倒的方式拆除脚手架
32	硐室及高边坡施工未进行安全监测、支护不及时	（1）硐室开挖未按照规范要求进行超前地质预报，未对硐室围岩稳定情况进行安全确认。 （2）硐室和高边坡开挖未按照规范要求进行安全监测和观测分析。 （3）硐室开挖爆破后，未根据作业面裸露围岩情况采取随机支护措施或未按照设计要求进行跟进支护情况下，擅自进行下道工序施工。 （4）对断层、裂隙、破碎带等不良地质构造的高边坡，未按设计要求采取锚喷或加固等支护措施。 （5）强降雨或长时间降雨后，未检查确认护坡稳定性即进入护坡下方
33	模板支架拆除时混凝土强度未达到设计或规范要求	（1）高支模混凝土施工中，混凝土强度未达到设计要求时，拆除模板。 （2）模板滑升、混凝土出模时，混凝土发生流淌或局部塌落现象。 （3）模板爬升时，承载体受力处的混凝土强度小于 10MPa，或不满足设计要求
34	进入水轮机(水泵)内部、检修主进水阀未隔离水源	（1）进入水轮机（水泵）内部工作时，未严密关闭进水闸门（或进水阀），并保持输水管道排水阀和蜗壳排水阀全开启；未切断调速器操作油压；未切断水导轴承透油（水）源、主轴密封润滑水源和调相充气气源等。 （2）进水阀检修时，未严密关闭进水口检修闸门及尾水闸门，切断闸门的操作源，做好彻底隔离水源措施；未关闭所有可能向检修区域管道来压（油、水、气）的管路阀门；未打开上游输水管道、蜗壳排水阀；对带有配重块的进水球阀拐臂，检修拐臂时未做好防止配重块坠落的安全措施
35	水电工程竖(斜)井作业关键部位未防护、封闭	（1）竖（斜）井施工未对洞口采取防护措施。 （2）竖（斜）井导井口未封闭（溜渣、爆破作业时除外）。 （3）竖（斜）井内上下层同时作业

2. 典型违章

（1）典型违章库——充换电站建设与运维部分。

典型违章库——充换电站建设与运维部分见表 6-2。

表 6-2　　　　　典型违章库——充换电站建设与运维部分

序号	专业	工序	违章内容	违章分类
1	充换电站建设与运维	土建施工	无日计划作业，或实际作业内容与日计划不符	管理违章
2	充换电站建设与运维	土建施工	存在重大事故隐患而不排除，冒险组织作业；存在重大事故隐患被要求停止施工、停止使用有关设备、设施、场所或者立即采取排除危险的整改措施，而未执行的	管理违章

续表

序号	专业	工序	违章内容	违章分类
3	充换电站建设与运维	土建施工	建设单位将工程发包给个人或不具有相应资质的单位	管理违章
4	充换电站建设与运维	土建施工	使用达到报废标准的或超出检验期的安全工器具	管理违章
5	充换电站建设与运维	土建施工	工作负责人（作业负责人、专责监护人）不在现场，或劳务分包人员担任工作负责人（作业负责人）	管理违章
6	充换电站建设与运维	土建施工	无票（包括低压工作票、现场作业工作卡等）工作	行为违章
7	充换电站建设与运维	土建施工	作业人员不清楚工作任务、危险点	行为违章
8	充换电站建设与运维	土建施工	超出作业范围未经审批	行为违章
9	充换电站建设与运维	设备检修	高处作业、攀登或转移作业位置时失去保护	行为违章
10	充换电站建设与运维	设备检修	有限空间作业未执行"先通风、再检测、后作业"要求；未正确设置监护人；未配置或不正确使用安全防护装备、应急救援装备	行为违章
11	充换电站建设与运维	设备检修	作业点未在接地保护范围	行为违章
12	充换电站建设与运维	动火作业	在一级动火区域内使用二级动火工作票	行为违章
13	充换电站建设与运维	动火作业	动火作业超过有效期（一级动火工作票有效期超过24h、二级动火票有效期超过120h），未重新办理动火工作票	行为违章
14	充换电站建设与运维	土建施工	承包单位将其承包的全部工程转给其他单位或个人施工；承包单位将其承包的全部工程肢解以后，以分包的名义分别转给其他单位或个人施工	管理违章
15	充换电站建设与运维	土建施工	施工总承包单位或专业承包单位未派驻项目负责人等主要管理人员；合同约定由承包单位负责采购的主要建筑材料、构配件及工程设备或租赁的施工机械设备，由其他单位或个人采购、租赁	管理违章
16	充换电站建设与运维	土建施工	没有资质的单位或个人借用其他施工单位的资质承揽工程；有资质的施工单位相互借用资质承揽工程	管理违章
17	充换电站建设与运维	通用	超允许起重量起吊	管理违章
18	充换电站建设与运维	通用	在带电设备附近作业前未计算校核安全距离；作业安全距离不够且未采取有效措施	管理违章、行为违章
19	充换电站建设与运维	通用	乘坐船舶或水上作业超载，或不使用救生装备	行为违章
20	充换电站建设与运维	通用	在带电设备周围使用钢卷尺、金属梯等禁止使用的工器具	行为违章
21	充换电站建设与运维	动火作业	在带有压力（液体压力或气体压力）的设备上或带电的设备上焊接	行为违章

续表

序号	专业	工序	违章内容	违章分类
22	充换电站建设与运维	设备检修	充（换）电设备约时停、送电	管理违章
23	充换电站建设与运维	土建施工	承包单位将其承包的工程分包给个人；施工总承包单位或专业承包单位将工程分包给不具备相应资质的单位	管理违章
24	充换电站建设与运维	土建施工	施工总承包单位将施工总承包合同范围内工程主体结构的施工分包给其他单位；专业分包单位将其承包的专业工程中非劳务作业部分再分包；劳务分包单位将其承包的劳务再分包	管理违章
25	充换电站建设与运维	通用	承发包双方未签订安全协议，未明确双方应承担的安全责任	管理违章
26	充换电站建设与运维	土建施工	将高风险作业定级为低风险	管理违章
27	充换电站建设与运维	通用	现场作业人员未经安全准入考试并合格；新进、转岗和离岗 3 个月以上的电气作业人员，未经专门安全教育培训，并经考试合格上岗	管理违章
28	充换电站建设与运维	土建施工	不具备"三种人"资格的人员担任工作票签发人、工作负责人或许可人	管理违章
29	充换电站建设与运维	土建施工	工作票票面缺少工作负责人、工作班成员签字等关键内容	行为违章
30	充换电站建设与运维	通用	作业人员擅自穿、跨越安全围栏、安全警戒线	行为违章
31	充换电站建设与运维	通用	起吊过程中，受力钢丝绳周围、上下方、内角侧和起吊物下面，有人逗留或通过	行为违章
32	充换电站建设与运维	通用	在易燃易爆或禁火区域携带火种、使用明火、吸烟；未采取防火等安全措施在易燃物品上方进行焊接，下方无监护人	行为违章
33	充换电站建设与运维	通用	动火作业前，未清除动火现场及周围的易燃物品	行为违章
34	充换电站建设与运维	通用	起重作业无专人指挥	行为违章
35	充换电站建设与运维	土建施工	未按规定开展充（换）电场站施工现场勘察或未留存勘察记录；工作票（作业票）签发人和工作负责人均未参加现场勘察	行为违章
36	充换电站建设与运维	土建施工	脚手架未经验收合格即投入使用	行为违章
37	充换电站建设与运维	土建施工	劳务分包单位自备施工机械设备或安全工器具	管理违章
38	充换电站建设与运维	土建施工	施工方案由劳务分包单位编制	管理违章
39	充换电站建设与运维	土建施工	监理单位、监理人员不履责	管理违章
40	充换电站建设与运维	土建施工	监理人员未经安全准入考试并合格；监理人员不具备相应资格	管理违章
41	充换电站建设与运维	土建施工	安全风险管控平台上的作业内容与实际不符	管理违章

续表

序号	专业	工序	违章内容	违章分类
42	充换电站建设与运维	通用	汽车式起重机作业前未支好全部支腿；支腿未按规程要求加垫木	行为违章
43	充换电站建设与运维	设备检修	现场规程没有每年进行一次复查、修订并通知有关人员；不需修订的情况下，未由复查人、审核人、批准人签署"可以继续执行"的书面文件并通知有关人员	管理违章
44	充换电站建设与运维	设备检修	设备无双重名称，或名称及编号不唯一、不正确、不清晰	管理违章
45	充换电站建设与运维	设备检修	换电站电池管理系统、消防灭火系统、可燃气体报警装置、通风装置未配置，或未达到设计要求，或故障失效	管理违章
46	充换电站建设与运维	设备检修	擅自将自动灭火装置、火灾自动报警装置退出运行	管理违章、行为违章
47	充换电站建设与运维	设备检修	作业现场被查出一般违章后，未通过整改核查擅自恢复作业	行为违章
48	充换电站建设与运维	设备本体	直流充电设备投运后外壳重复接地不可靠	装置违章
49	充换电站建设与运维	设备检修	充换电设备断电后，充电机所有信号指示灯都熄灭后，未经验电就开始进行作业	行为违章
50	充换电站建设与运维	消防设施	换电站疏散通道、安全出口无法打开	管理违章
51	充换电站建设与运维	动火作业	一级动火时，动火部门分管生产的领导或技术负责人、消防（专职）人员未始终在现场监护二级动火时，工区未指定人员并和消防（专职）人员或指定的义务消防员始终在现场监护	管理违章
52	充换电站建设与运维	动火作业	动火作业间断或结束后，现场有残留火种	行为违章
53	充换电站建设与运维	动火作业	高处动火作业（焊割）时，使用非阻燃安全带	行为违章
54	充换电站建设与运维	动火作业	动火作业前，未将盛有或盛过易燃易爆等化学危险物品的容器、设备、管道等生产、储存装置与生产系统隔离，未清洗置换，未检测可燃气体（蒸气）含量，或可燃气体（蒸气）含量不合格即动火作业	行为违章
55	充换电站建设与运维	通用	特种设备作业人员、特种作业人员未依法取得资格证书	管理违章
56	充换电站建设与运维	监理履责	项目监理在旁站或巡视过程中，发现工程存在触及"十不干""现场停工五条红线"等严重安全事故隐患情况，未签发工程暂停令并报告建设单位	管理违章
57	充换电站建设与运维	监理履责	三级及以上风险作业监理人员未按规定进行到岗到位管控，未开展旁站监理或缺少旁站记录	管理违章

序号	专业	工序	违章内容	违章分类
58	充换电站建设与运维	监理履责	已实施的超过一定规模的危险性较大的分部分项工程专项施工方案,项目监理机构未审查	管理违章
59	充换电站建设与运维	电气安装	电缆穿墙部位无防护	设备违章
60	充换电站建设与运维	电气安装	电缆沟内电缆穿墙处未进行封堵;充电桩内电缆进线处未封堵	设备违章
61	充换电站建设与运维	设备调试	设备带电调试时,未设遮栏及安全标志牌,未安排专人看守	行为违章
62	充换电站建设与运维	设备调试	未关闭 TCU 服务开放端口	行为违章
63	充换电站建设与运维	附属设施	充电站未安装车挡等防撞设施	装置违章
64	充换电站建设与运维	消防	充电站未配备或未配齐消防设施	管理违章
65	充换电站建设与运维	土建施工	现场使用的临时电源箱未装设剩余电流动作保护装置,电动工具未做到"一机一闸一保护"	行为违章
66	充换电站建设与运维	土建施工	临近道路施工未设置围栏及警示标志	行为违章
67	充换电站建设与运维	土建施工	电焊机施焊时未接地	行为违章
68	充换电站建设与运维	土建施工	施工现场坑、沟、孔洞等未铺设符合安全要求的盖板或设可靠的围栏、挡板及安全标志	行为违章
69	充换电站建设与运维	土建施工	挖掘机作业时,在同一基坑内有人员同时作业	行为违章
70	充换电站建设与运维	土建施工	施工现场灭火器无月度检查记录	管理违章
71	充换电站建设与运维	土建施工	拆下的模板未及时清理,朝天钉未拔除或砸平	管理违章
72	充换电站建设与运维	土建施工	汽车式起重机起吊作业在吊车正前方起吊,变幅角度或回转半径与起重量不匹配	行为违章
73	充换电站建设与运维	土建施工	机械设备转动部分无防护罩或牢固的遮栏	装置违章
74	充换电站建设与运维	通用	吊车支腿枕木少于 2 根,或枕木长度不足 1.2m	装置违章
75	充换电站建设与运维	通用	现场使用的吊车操作室未铺设绝缘垫	装置违章
76	充换电站建设与运维	通用	切割作业时未佩戴护目镜	行为违章
77	充换电站建设与运维	土建施工	起吊过程,吊车司机离开驾驶室	行为违章
78	充换电站建设与运维	土建施工	现场堆土距离坑边不满足堆土应距坑边 1m,高度小于 1.5m 的要求	行为违章
79	充换电站建设与运维	土建施工	挖掘机暂停作业时未将挖斗放至地面	行为违章
80	充换电站建设与运维	土建施工	吊车无限位器	装置违章
81	充换电站建设与运维	电气安装	电源箱出线断路器缺少相间绝缘板	装置违章

续表

序号	专业	工序	违章内容	违章分类
82	充换电站建设与运维	土建施工	雨雪天使用电焊机进行作业	行为违章
83	充换电站建设与运维	土建施工	振捣作业人员未穿绝缘靴、戴好绝缘手套	行为违章
84	充换电站建设与运维	通用	使用可携式或移动式电动工具时,未戴绝缘手套或站在绝缘垫上(使用三类电器除外)	行为违章
85	充换电站建设与运维	通用	施工现场电焊机电源线大于 5m,焊钳线大于 30m	装置违章
86	充换电站建设与运维	通用	验电或接地单人进行作业	行为违章
87	充换电站建设与运维	土建施工	乙炔瓶、氧气瓶未安装防震圈	装置违章
88	充换电站建设与运维	土建施工	混凝土搅拌机转动时,作业人员将铁锹伸入滚筒内扒料	行为违章
89	充换电站建设与运维	通用	临时电源箱电线挂在金属脚手架、钢筋上	行为违章
90	充换电站建设与运维	土建施工	施工方案中校验仪、绝缘电阻表、万用表等均未报审	管理违章
91	充换电站建设与运维	通用	氧气瓶、乙炔气瓶未直立放置	装置违章
92	充换电站建设与运维	通用	氧气瓶与乙炔气瓶间距小于 5m,气瓶距离火源小于 10m	装置违章
93	充换电站建设与运维	通用	现场跨越公路展放导线,车辆碾压地面导线	行为违章
94	充换电站建设与运维	通用	作业现场没有围栏圈定施工范围	行为违章
95	充换电站建设与运维	土建施工	作业现场开启的电缆井(沟)口未设置围栏	行为违章
96	充换电站建设与运维	土建施工	夜间室外电力电缆等作业,施工人员未佩(穿)戴反光马甲等安全标志物	行为违章
97	充换电站建设与运维	通用	进入施工现场,作业人员未正确佩戴安全帽、穿工作鞋和工作服,未按作业要求正确使用劳动防护用品	行为违章
98	充换电站建设与运维	设备本体	充电桩、配电箱(柜)等箱体和箱门未使用截面积大于 $4mm^2$ 软导线跨接	装置违章
99	充换电站建设与运维	设备本体	充电桩、配电箱(柜)未上锁、门锁破损、缺失等	装置违章
100	充换电站建设与运维	设备本体	充电站无警示标志	管理违章
101	充换电站建设与运维	设备本体	充电桩急停按钮损坏,或急停按钮盖板缺失	装置违章
102	充换电站建设与运维	场站巡视	单人成组开展充电场站巡视工作	行为违章
103	充换电站建设与运维	场站巡视	巡视过程中,运维人员单独开启上锁充电桩、配电箱(柜)门	行为违章
104	充换电站建设与运维	设备清扫	清扫、更换充换电设备精密元器件时,未佩戴防静电手套	行为违章
105	充换电站建设与运维	设备清扫	一体式充电机进线或整流柜进线带电清扫时,未采取绝缘隔离措施以防止相间短路或单相接地	行为违章

续表

序号	专业	工序	违章内容	违章分类
106	充换电站建设与运维	设备清扫	对充换电设备清扫前,未将充换电设备断电	行为违章
107	充换电站建设与运维	设备检修	检修工作时,拆开的引线、断开的线头未采取绝缘包裹等遮蔽措施	行为违章
108	充换电站建设与运维	设备检修	抢修消缺时,未断开充电机交流进线开关	行为违章
109	充换电站建设与运维	场站巡视	运维人员充电完成后未将充电枪归位,或未将现场未归位的充电枪进行归位	行为违章
110	充换电站建设与运维	充电操作	运维人员在进行充电操作时,车辆未处于关闭状态;充电过程中车内留有运维人员,使用车载空调等车内电气设备	行为违章
111	充换电站建设与运维	充电操作	当出现电池高温告警、充电模块高温告警时,运维人员未进行应急操作,并未远离车辆	行为违章
112	充换电站建设与运维	场站巡视	运维人员未及时清除场站内的易燃物品(油漆、润滑油等、枯枝、落叶、柳絮等)	行为违章
113	充换电站建设与运维	充电操作	充电时未将充电枪完全插入充电口内	行为违章
114	充换电站建设与运维	换电作业	电池更换设备在工作时,有人员在电池更换设备与车辆以及电池更换设备与电池架之间逗留	行为违章
115	充换电站建设与运维	换电作业	侧向换电模式下,换电导轨上有异物	管理违章
116	充换电站建设与运维	换电作业	换电站入口处未设置限速标识、减速带	行为违章
117	充换电站建设与运维	附属设施	视频监控缺失或不可用	管理违章
118	充换电站建设与运维	消防	运维人员未定期清查消防物品是否充足、完好,并及时补充、更换	管理违章
119	充换电站建设与运维	动火作业	动火工作票签发人和工作负责人相互兼任,或动火工作票的审批人、消防监护人签发动火工作票	管理违章
120	充换电站建设与运维	动火作业	作业现场配备的消防器材超过有效期或不合格	装置违章
121	充换电站建设与运维	动火作业	一级动火工作的过程中,未每隔 2~4h 测定一次现场可燃气体、易燃液体的可燃气体含量是否合格	行为违章
122	充换电站建设与运维	动火作业	一级动火作业,间断时间超过 2h,继续动火前,未重新测定可燃气体、易燃液体的可燃蒸汽含量,未确认合格就重新动火	行为违章
123	充换电站建设与运维	动火作业	动火工作在次日动火前未重新检查防火安全措施,一级动火作业未测定可燃气体、易燃液体的可燃气体含量,重新动火的	行为违章
124	充换电站建设与运维	动火作业	随身携带电焊导线或气焊(割)软管登高或从高处跨越;将气焊(割)软管缠绕在身上操作	行为违章
125	充换电站建设与运维	动火作业	高处动火作业未采取防止火花溅落措施,未在火花可能溅落的部位安排监护人	行为违章

续表

序号	专业	工序	违章内容	违章分类
126	充换电站建设与运维	动火作业	氧气瓶、乙炔瓶同车运输或氧气瓶、乙炔气瓶与易燃物品或装有可燃气体的容器一起运送。用汽车装运气瓶时,气瓶未横向放置,气瓶押运人员未坐在驾驶室内	行为违章
127	充换电站建设与运维	动火作业	作业时使用的火焰枪气管和接头密封不良	装置违章
128	充换电站建设与运维	动火作业	在带电导线、带电设备、变压器、油断路器附近以及在电缆夹层、隧道、沟洞内对火炉或喷灯加油、点火	行为违章
129	充换电站建设与运维	设备检修	运维人员进行设备带电检修时,未佩戴护目镜,未佩绝缘手套	行为违章
130	充换电站建设与运维	设备检修	有限空间作业现场未悬挂风险告知牌及安全标志牌	行为违章
131	充换电站建设与运维	设备检修	现场使用的螺丝刀裸露导电部位未采取绝缘包裹措施	行为违章
132	充换电站建设与运维	通用	作业人员未正确佩戴安全帽	行为违章
133	充换电站建设与运维	设备检修	装设、拆除接地线时未戴绝缘手套	行为违章
134	充换电站建设与运维	设备检修	充电设备检修时未设置遮拦,悬挂标志牌	行为违章
135	充换电站建设与运维	通用	验电前未对验电器进行自检	行为违章
136	充换电站建设与运维	通用	充电桩内的空气开关在停运时处于关合状态	装置违章
137	充换电站建设与运维	通用	充电桩、配电箱(柜)内存有异物	行为违章
138	充换电站建设与运维	通用	电动工器具(电动扳手)检查周期不符合要求	装置违章
139	充换电站建设与运维	通用	梯上作业时无人扶梯	行为违章
140	充换电站建设与运维	监理履责	项目监理机构未在施工人员、特种设备、施工机械、工器具等报审文件中签署意见	管理违章
141	充换电站建设与运维	监理履责	安全旁站工作计划不明确,或安全旁站工作计划存在缺漏	管理违章
142	充换电站建设与运维	监理履责	项目监理未审查施工单位报送的大中型起重机械、脚手架、跨越架、施工用电、危险品库房等重要施工设施投入使用前的安全检查签证申请,未组织进行安全检查签证	管理违章
143	充换电站建设与运维	监理履责	监理日志、旁站记录不全、填写不规范	管理违章

(2)典型违章库——储能电站建设与运维部分。

典型违章库——储能电站建设与运维部分见表6-3。

表 6−3　　　　　　典型违章库——储能电站建设与运维部分

序号	专业	工序	违章内容	违章分类
1	储能电站建设与运维	安全管理	无日计划作业，或实际作业内容与日计划不符	管理违章
2	储能电站建设与运维	安全管理	存在重大事故隐患而不排除，冒险组织作业；存在重大事故隐患被要求停止作业，停止使用有关设备、设施、场所或者立即采取排除危险的整改措施，而未执行的	管理违章
3	储能电站建设与运维	安全管理	建设单位将工程发包给个人或不具有相应资质的单位	管理违章
4	储能电站建设与运维	安全工器具	使用达到报废标准的或超出检验期的安全工器具	管理违章
5	储能电站建设与运维	两票	工作负责人（作业负责人、专责监护人）不在现场，或劳务分包人员担任工作负责人（作业负责人）	管理违章
6	储能电站建设与运维	两票	未经工作许可即开始工作	行为违章
7	储能电站建设与运维	两票	无票（包括作业票、工作票及分票、操作票、动火票等）工作、无令操作	行为违章
8	储能电站建设与运维	两票	作业人员不清楚工作任务、危险点	行为违章
9	储能电站建设与运维	两票	超出作业范围未经审批	行为违章
10	储能电站建设与运维	两票	作业点未在接地保护范围	行为违章
11	储能电站建设与运维	安全技术措施	漏挂接地线或漏合接地开关	行为违章
12	储能电站建设与运维	线路作业	组立杆塔、撤杆、撤线或紧线前未按规定采取防倒杆塔措施；架线施工前，未紧固地脚螺栓	行为违章
13	储能电站建设与运维	作业安全	高处作业、攀登或转移作业位置时失去保护	行为违章
14	储能电站建设与运维	作业安全	有限空间作业未执行"先通风、再检测、后作业"要求；未正确设置监护人；未配置或不正确使用安全防护装备、应急救援装备	行为违章
15	储能电站建设与运维	消防管理	储能电站建设完成，投运前未通过消防验收或者备案	管理违章
16	储能电站建设与运维	动火作业——动火工作票	在一级动火区域内使用二级动火工作票	行为违章
17	储能电站建设与运维	安全管理	未及时传达学习国家、公司安全工作部署，未及时开展公司系统安全事故（事件）通报学习、安全日活动等	行为违章
18	储能电站建设与运维	安全管理	安全生产巡查通报的问题未组织整改或整改不到位的	管理违章

续表

序号	专业	工序	违章内容	违章分类
19	储能电站建设与运维	安全管理	针对公司通报的安全事故事件、要求开展的隐患排查，未举一反三组织排查；未建立隐患排查标准，分层分级组织排查的	管理违章
20	储能电站建设与运维	安全管理	承包单位将其承包的全部工程转给其他单位或个人施工；承包单位将其承包的全部工程肢解以后，以分包的名义分别转给其他单位或个人施工	管理违章
21	储能电站建设与运维	安全管理	施工总承包单位或专业承包单位未派驻项目负责人、技术负责人、质量管理负责人、安全管理负责人等主要管理人员；合同约定由承包单位负责采购的主要建筑材料、构配件及工程设备或租赁的施工机械设备，由其他单位或个人采购、租赁	管理违章
22	储能电站建设与运维	安全管理	没有资质的单位或个人借用其他施工单位的资质承揽工程；有资质的施工单位相互借用资质承揽工程	管理违章
23	储能电站建设与运维	安全管理	约时停、送电；带电作业约时停用或恢复重合闸	管理违章
24	储能电站建设与运维	安全管理	未按要求开展网络安全等级保护定级、备案和测评工作	管理违章
25	储能电站建设与运维	通用作业安全	电力监控系统中横纵向网络边界防护设备缺失	管理违章
26	储能电站建设与运维	通用作业安全	超允许起重量起吊	行为违章
27	储能电站建设与运维	通用作业安全	在带电设备附近作业前未计算校核安全距离；作业安全距离不够且未采取有效措施	行为违章、管理违章
28	储能电站建设与运维	安全管理	在电容性设备检修前未放电并接地，或结束后未充分放电；高压试验变更接线或试验结束时未将升压设备的高压部分放电、短路接地	行为违章
29	储能电站建设与运维	安全管理	擅自开启高压开关柜门、检修小窗，擅自移动绝缘挡板	行为违章
30	储能电站建设与运维	安全管理	在带电设备周围使用钢卷尺、金属梯等禁止使用的工器具	行为违章
31	储能电站建设与运维	安全管理	倒闸操作前不核对设备名称、编号、位置，不执行监护复诵制度或操作时漏项、跳项	行为违章
32	储能电站建设与运维	安全管理	倒闸操作中不按规定检查设备实际位置，不确认设备操作到位情况	行为违章
33	储能电站建设与运维	安全管理	在继保屏上作业时，运行设备与检修设备无明显标志隔开，或在保护盘上或附近进行振动较大的工作时，未采取防掉闸的安全措施	行为违章
34	储能电站建设与运维	安全管理	防误闭锁装置功能不完善，未按要求投入运行	装置违章

序号	专业	工序	违章内容	违章分类
35	储能电站建设与运维	安全管理	随意解除闭锁装置，或擅自使用解锁工具（钥匙）	行为违章
36	储能电站建设与运维	安全管理	继电保护、直流控保、稳控装置等定值计算、调试错误，误动、误碰、误（漏）接线	行为违章
37	储能电站建设与运维	安全管理	在运行站内使用吊车、高空作业车、挖掘机等大型机械开展作业，未经设备运维单位批准即改变施工方案规定的工作内容、工作方式等	管理违章
38	储能电站建设与运维	安全管理	两个及以上专业、单位参与的改造、扩建、检修等综合性作业，未成立由上级单位领导任组长，相关部门、单位参加的现场作业风险管控协调组；现场作业风险管控协调组未常驻现场督导和协调风险管控工作	管理违章
39	储能电站建设与运维	动火作业——动火工作票	动火作业超过有效期（一级动火工作票有效期超过24h、二级动火票有效期超过120h），未重新办理动火工作票	行为违章
40	储能电站建设与运维	动火作业——作业准备	在带有压力（液体压力或气体压力）的设备上或带电的设备上焊接	行为违章
41	储能电站建设与运维	消防安全	森林防火期内，进入森林防火区的各种机动车辆未配备灭火器材，在森林防火区内进行野外用火	行为违章
42	储能电站建设与运维	设备设施——储能电池	储能电池变形、有异味、漏液未及时处理	装置违章
43	储能电站建设与运维	安全管理	承包单位将其承包的工程分包给个人；施工总承包单位或专业承包单位将工程分包给不具备相应资质单位	管理违章
44	储能电站建设与运维	安全管理	施工总承包单位将施工总承包合同范围内工程主体结构的施工分包给其他单位；专业分包单位将其承包的专业工程中非劳务作业部分再分包；劳务分包单位将其承包的劳务再分包	管理违章
45	储能电站建设与运维	安全管理	承发包双方未依法签订安全协议，未明确双方应承担的安全责任	管理违章
46	储能电站建设与运维	安全管理	将高风险作业定级为低风险	管理违章
47	储能电站建设与运维	线路作业	跨越带电线路展放导（地）线作业，跨越架、封网等安全措施均未采取	管理违章
48	储能电站建设与运维	安全管理	现场规程没有每年进行一次复查、修订并书面通知有关人员；不需修订的情况下，未由复查人、审核人、批准人签署"可以继续执行"的书面文件并通知有关人员	管理违章
49	储能电站建设与运维	安全管理	现场作业人员未经安全准入考试并合格；新进、转岗和离岗3个月以上电气作业人员，未经专门安全教育培训，并经考试合格上岗	管理违章

续表

序号	专业	工序	违章内容	违章分类
50	储能电站建设与运维	安全组织措施	不具备资格的人员担任作业票或工作票签发人、工作负责人或许可人	管理违章
51	储能电站建设与运维	安全管理	特种设备作业人员、特种作业人员未依法取得资格证书	管理违章
52	储能电站建设与运维	施工机械与工器具	特种设备未依法取得使用登记证书、未经定期检验或检验不合格	管理违章
53	储能电站建设与运维	施工机械与工器具	自制施工工器具未经检测试验合格	管理违章
54	储能电站建设与运维	设备安装调试	金属封闭式开关设备未按照国家、行业标准设计制造压力释放通道	装置违章
55	储能电站建设与运维	作业现场	设备无双重名称，或名称及编号不唯一、不正确、不清晰	管理违章
56	储能电站建设与运维	通用作业安全	高压配电装置带电部分对地距离不足且无措施	装置违章
57	储能电站建设与运维	消防安全	电化学储能电站电池管理系统、消防灭火系统、可燃气体报警装置、事故通风装置未达到设计要求或故障失效	装置违章
58	储能电站建设与运维	安全管理	网络边界未按要求部署安全防护设备并定期进行特征库升级	管理违章
59	储能电站建设与运维	消防安全	未经批准，擅自将自动灭火装置、火灾自动报警装置退出运行	管理违章
60	储能电站建设与运维	安全组织措施	票面（包括作业票、工作票及分票、动火票等）缺少工作负责人、工作班成员签字等关键内容	行为违章
61	储能电站建设与运维	安全管理	重要工序、关键环节作业未按施工方案或规定程序开展作业；作业人员未经批准擅自改变已设置的安全措施	行为违章
62	储能电站建设与运维	安全管理	作业人员擅自穿、跨越安全围栏、安全警戒线	行为违章
63	储能电站建设与运维	通用作业安全	起吊或牵引过程中，受力钢丝绳周围、上下方、内角侧和起吊物下面，有人逗留或通过	行为违章
64	储能电站建设与运维	施工机械与工器具	使用金具U型环等非标准件代替卸扣；使用普通材料的螺栓取代卸扣销轴	行为违章
65	储能电站建设与运维	送出线路施工	耐张塔挂线前，未使用导体将耐张绝缘子串短接	行为违章
66	储能电站建设与运维	通用作业安全	在易燃易爆或禁火区域携带火种、使用明火、吸烟；未采取防火等安全措施在易燃物品上方进行焊接，下方无监护人	行为违章
67	储能电站建设与运维	通用作业安全	动火作业前，未清除动火现场及周围的易燃物品	行为违章

续表

序号	专业	工序	违章内容	违章分类
68	储能电站建设与运维	消防安全	生产和施工场所未按规定配备消防器材或配备不合格的消防器材	行为违章
69	储能电站建设与运维	通用作业安全	电力线路设备拆除后，带电部分未处理	行为违章
70	储能电站建设与运维	通用作业安全	在互感器二次回路上工作，未采取防止电流互感器二次回路开路，电压互感器二次回路短路的措施	行为违章
71	储能电站建设与运维	通用作业安全	起重作业无专人指挥	行为违章
72	储能电站建设与运维	安全管理	未按规定开展现场勘察或未留存勘察记录；工作票（作业票）签发人和工作负责人均未参加现场勘察	行为违章
73	储能电站建设与运维	脚手架施工	脚手架、跨越架未经验收合格即投入使用	管理违章
74	储能电站建设与运维	安全管理	三级及以上风险作业管理人员（含监理人员）未到岗到位进行管控；监理单位未开展旁站监理或缺少旁站记录	行为违章
75	储能电站建设与运维	施工机械与工器具	电力监控系统作业过程中，未经授权，接入非专用调试设备，或调试计算机接入外网	管理违章
76	储能电站建设与运维	安全技术措施	劳务分包单位自备施工机械设备或安全工器具	管理违章
77	储能电站建设与运维	安全技术措施	施工方案由劳务分包单位编制	管理违章
78	储能电站建设与运维	安全管理	监理单位、监理项目部、监理人员不履责	管理违章
79	储能电站建设与运维	安全管理	监理人员未经安全准入考试并合格；监理项目部关键岗位（总监、总监代表、安全监理、专业监理等）人员不具备相应资格	管理违章
80	储能电站建设与运维	安全管理	安全风险管控监督平台上的作业开工状态与实际不符；作业现场未布设与安全风险管控监督平台作业计划绑定的视频监控设备，或视频监控设备未开机、未拍摄现场作业内容	管理违章
81	储能电站建设与运维	通用作业安全	应拉断路器、应拉隔离开关、应拉熔断器、应合接地开关、作业现场装设的工作接地线未在工作票上准确登录；工作接地线未按票面要求准确登录安装位置、编号、挂拆时间等信息	管理违章
82	储能电站建设与运维	通用作业安全	高压带电作业未穿戴绝缘手套等绝缘防护用具；高压带电断、接引线或带电断、接空载线路时未戴护目镜	行为违章
83	储能电站建设与运维	通用作业安全	汽车式起重机作业前未支好全部支腿；支腿未按规程要求加垫木	行为违章

续表

序号	专业	工序	违章内容	违章分类
84	储能电站建设与运维	通用作业安全	链条葫芦等装置的吊钩和起重作业使用的吊钩无防止脱钩的保险装置	装置违章
85	储能电站建设与运维	送出线路施工	导线高空锚线未设置二道保护措施	行为违章
86	储能电站建设与运维	安全管理	作业现场被查出一般违章后，未通过整改核查擅自恢复作业	管理违章
87	储能电站建设与运维	安全管理	领导干部和专业管理人员未履行到岗到位职责，相关人员应到位而不到位、应把关而不把关、到位后现场仍存在严重违章	管理违章
88	储能电站建设与运维	安全管理	安监部门、安全督查中心、安全督查队伍不履责，未按照分级全覆盖要求开展督查、本级督查后又被上级督察发现严重违章，未对停工现场执行复查或核查	管理违章
89	储能电站建设与运维	安全技术措施	作业现场视频监控终端无存储卡或不满足存储要求	管理违章
90	储能电站建设与运维	通用作业安全	蓄电池设备拆除后，带电部分未处理	行为违章
91	储能电站建设与运维	监理——现场检查	项目监理在旁站或巡视过程中，发现工程存在触及"十不干""现场停工五条红线"等严重安全事故隐患情况，未签发工程暂停令并报告建设单位	管理违章
92	储能电站建设与运维	监理——监理审查	已实施的超过一定规模的危险性较大的分部分项工程专项施工方案，项目监理机构未审查	管理违章
93	储能电站建设与运维	动火作业——作业执行	一级动火时，动火部门分管生产的领导或技术负责人、消防（专职）人员未始终在现场监护二级动火时，工区未指定人员并和消防（专职）人员或指定的义务消防员始终在现场监护	管理违章
94	储能电站建设与运维	动火作业——作业执行	动火作业间断或结束后，现场有残留火种	行为违章
95	储能电站建设与运维	消防安全	高处动火作业（焊割）时，使用非阻燃安全带	行为违章
96	储能电站建设与运维	安全管理	安全生产责任清单未覆盖全部组织和岗位，未逐层签订安全责任书	管理违章
97	储能电站建设与运维	安全管理	项目部签订的安全责任书中安全目标未层层分解	管理违章
98	储能电站建设与运维	安全管理	项目部未建立特种设备安全技术档案	管理违章
99	储能电站建设与运维	安全管理	项目部未及时识别、获取适用的安全生产法律法规、标准规范	管理违章
100	储能电站建设与运维	安全管理	安全教育培训记录不完整；储能电站未制订或未落实安全生产教育和培训计划	管理违章

序号	专业	工序	违章内容	违章分类
101	储能电站建设与运维	安全管理	隐患未制订针对性治理计划和防控、整改措施	管理违章
102	储能电站建设与运维	安全管理	未定期组织开展涵盖各领域各专业的安全隐患排查	管理违章
103	储能电站建设与运维	安全管理	未制订生产安全事故应急救援预案，应急救援预案未按规定及时修订	管理违章
104	储能电站建设与运维	安全管理	未定期组织应急救援预案演练	管理违章
105	储能电站建设与运维	监理——监理审查	项目监理机构未在施工人员、特种设备、施工机械、工器具等报审文件中签署意见	管理违章
106	储能电站建设与运维	监理——旁站监理	安全旁站工作计划不明确，或安全旁站工作计划存在缺漏	管理违章
107	储能电站建设与运维	监理——安全检查签证	项目监理未审查施工单位报送的大中型起重机械、脚手架、跨越架、施工用电、危险品库房等重要施工设施投入使用前的安全检查签证申请，未组织进行安全检查签证	管理违章
108	储能电站建设与运维	监理——监理记录	监理日志、旁站记录不全，填写不规范	管理违章
109	储能电站建设与运维	施工用电	用电设备金属外壳未接地或接地不规范，使用螺纹钢接地	装置违章
110	储能电站建设与运维	施工用电	三级配电箱未进行重复接地	管理违章
111	储能电站建设与运维	施工用电	配电箱内存在一闸多机现象	行为违章
112	储能电站建设与运维	施工用电	施工作业面电缆沿地面明设	行为违章
113	储能电站建设与运维	起重吊装	在起重机械作业范围内未设置吊装警戒区以及明显的安全警示标志	管理违章
114	储能电站建设与运维	起重吊装	起重机械未安装限位装置或失效	装置违章
115	储能电站建设与运维	起重吊装	作业完毕或暂停作业，吊篮未落到地面	行为违章
116	储能电站建设与运维	起重吊装	钢丝绳绳套插接长度小于30cm或小于15倍绳径	装置违章
117	储能电站建设与运维	起重吊装	起吊作业时，起吊物件长期悬挂在空中	管理违章
118	储能电站建设与运维	起重吊装	吊装过程中出现与吊装无关的悬停	行为违章
119	储能电站建设与运维	作业安全	灭火器未定期检查或无检查记录	管理违章

续表

序号	专业	工序	违章内容	违章分类
120	储能电站建设与运维	作业安全	消防设施无防雨、防冻措施，未定期进行检查、试验	管理违章
121	储能电站建设与运维	作业安全	焊接或切割作业时未采用耐火屏板进行隔离保护	行为违章
122	储能电站建设与运维	作业安全	夜间作业施工现场无充足照明	管理违章
123	储能电站建设与运维	作业安全	作业计划及风险内容未进行公示	管理违章
124	储能电站建设与运维	作业安全	夜间作业时，孔洞、临边的防护栏杆未悬挂警示灯	管理违章
125	储能电站建设与运维	高处作业	高处作业人员，上下传递工具、材料等未使用绳索，随意抛掷	行为违章
126	储能电站建设与运维	高处作业	高处作业时，各种工件、边角余料等未放置在牢靠的地方，并采取防止坠落的措施	行为违章
127	储能电站建设与运维	动火作业—动火工作票	动火工作票签发人和工作负责人相互兼任，或动火工作票的审批人、消防监护人签发动火工作票	管理违章
128	储能电站建设与运维	动火作业—作业执行	焊割作业时，操作人员未穿戴专用工作服、绝缘鞋、防护手套等专业防护劳动保护用品观察电弧时，作业人员及辅助人员未佩戴眼保护装置	行为违章
129	储能电站建设与运维	动火作业—作业执行	在风力5级及以上、雨雪天，焊接或切割未采取防风、防雨雪的措施	行为违章
130	储能电站建设与运维	动火作业—作业执行	一级动火工作的过程中，未每隔2~4h测定一次现场可燃气体、易燃液体的可燃气体含量是否合格	行为违章
131	储能电站建设与运维	动火作业—作业执行	一级动火作业，间断时间超过2h，继续动火前，未重新测定可燃气体、易燃液体的可燃蒸汽含量，未确认合格就重新动火	行为违章
132	储能电站建设与运维	动火作业—作业执行	动火工作在次日动火前未重新检查防火安全措施，一级动火作业未测定可燃气体、易燃液体的可燃气体含量，重新动火的	行为违章
133	储能电站建设与运维	动火作业—典型作业要求	随身携带电焊导线或气焊（割）软管登高或从高处跨越；将气焊（割）软管缠绕在身上操作	行为违章
134	储能电站建设与运维	动火作业—典型作业要求	高处动火作业未采取防止火花溅落措施，未在火花可能溅落的部位安排监护人	行为违章
135	储能电站建设与运维	动火作业—典型作业要求	在带电导线、带电设备、变压器、油断路器附近以及在电缆夹层、隧道、沟洞内对火炉或喷灯加油、点火	行为违章
136	储能电站建设与运维	施工机械与工器具	电焊机的外壳未接地（接零）或多台电焊机串联接地	装置违章

序号	专业	工序	违章内容	违章分类
137	储能电站建设与运维	施工机械与工器具	氧气瓶、乙炔瓶同车运输，或氧气瓶、乙炔气瓶与易燃物品或装有可燃气体的容器一起运送。用汽车装运气瓶时，气瓶未横向放置，气瓶押运人员未坐在驾驶室内	行为违章
138	储能电站建设与运维	施工机械与工器具	使用中的氧气瓶、乙炔瓶未规范放置：未垂直固定放置，相距小于 5m，距明火不足 10m	行为违章
139	储能电站建设与运维	施工机械与工器具	气瓶未装减压器直接使用或使用不合格的减压器；或气瓶防震圈（两个）缺失	装置违章
140	储能电站建设与运维	施工机械与工器具	作业时使用的火焰枪气管和接头密封不良	装置违章
141	储能电站建设与运维	施工机械与工器具	作业现场使用的乙炔瓶无防回火装置	装置违章
142	储能电站建设与运维	施工机械与工器具	作业现场气瓶无检验合格标志，缺少瓶帽和安全仪表等安全保护附件	管理违章
143	储能电站建设与运维	施工机械与工器具	施工机械设备的灯光、制动、作业信号、警示装置不齐全或无法正常使用	装置违章
144	储能电站建设与运维	施工机械与工器具	物料提升机未设有安全保险装置和过卷扬限制器	装置违章
145	储能电站建设与运维	施工机械与工器具	施工场地内车辆超载	行为违章
146	储能电站建设与运维	施工机械与工器具	装载机、平板车、叉车等施工机械非驾乘位置载人	行为违章
147	储能电站建设与运维	土建工程	堆土距坑边 1m 以内，堆土高度超过 1.5m	行为违章
148	储能电站建设与运维	土建工程	基坑未设置专用出入通道，作业人员沿坑壁、支撑或乘坐非载人运输工具进出基坑	装置违章
149	储能电站建设与运维	土建工程	在有电缆、光缆及管道等地下设施的地方开挖时，未事先取得有关管理部门的同意，未制订施工方案，没有专人监护	行为违章、管理违章
150	储能电站建设与运维	土建工程	基坑开挖施工过程中发现危险隐患时，未处理完毕就继续施工	行为违章
151	储能电站建设与运维	土建工程	开展临边坠落高度在 2m 及以上的混凝土结构构件浇筑作业时未设置作业平台	行为违章
152	储能电站建设与运维	脚手架施工	脚手架作业层脚手板未满铺或未固定	行为违章
153	储能电站建设与运维	脚手架施工	脚手架连墙件、剪刀撑未设置或设置不规范	行为违章
154	储能电站建设与运维	脚手架施工	脚手架安装与拆除作业区域未设围栏和安全标志牌，搭拆作业未设专人安全监护，无关人员入内	行为违章

序号	专业	工序	违章内容	违章分类
155	储能电站建设与运维	脚手架施工	脚手架的外侧、斜道和平台未按要求设护栏、栏杆和挡脚板或设防护立网	行为违章
156	储能电站建设与运维	电缆施工	施工人员未根据电缆盘的规格、材质、结构等情况选择合适的吊装方式，在吊装施工时未做好相关的安全措施	行为违章
157	储能电站建设与运维	电缆施工	施工人员在搬运及滚动电缆盘时，未确保电缆盘结构牢固、滚动方向正确	行为违章
158	储能电站建设与运维	电缆施工	线盘架设未选用与线盘相匹配的放线架，或架设不平稳	行为违章
159	储能电站建设与运维	电缆施工	电缆盘、输送机、电缆转弯处未按规定搭建牢固的放线架并放置稳妥	行为违章
160	储能电站建设与运维	电缆施工	电缆施工完成后未将穿越过的孔洞进行封堵	行为违章
161	储能电站建设与运维	电缆施工	电缆直埋敷设施工前未查清图纸，未开挖足够数量的样洞和样沟，未摸清地下管线分布情况	行为违章
162	储能电站建设与运维	电缆施工	在电缆沟盖板上或旁边进行动火工作时未采取必要的防火措施	行为违章
163	储能电站建设与运维	电缆施工	电缆试验时，被试电缆两端及试验操作未设专人监护，监护人员未保持通信畅通	行为违章
164	储能电站建设与运维	电缆施工	电缆耐压试验分相进行时，另外两相未可靠接地	行为违章
165	储能电站建设与运维	电缆施工	电缆故障声测定点时，直接用手触摸电缆外皮或冒烟小洞	行为违章
166	储能电站建设与运维	电缆施工	电缆沟作业前，施工区域未设置标准路栏	管理违章
167	储能电站建设与运维	电缆施工	沟槽开挖深度达到1.5m及以上时，未采取措施防止土层塌方	行为违章
168	储能电站建设与运维	储能电站总体管理要求	储能电站未根据实际情况建立安全风险分级管控机制，未建立风险定级库	管理违章
169	储能电站建设与运维	储能电站总体管理要求	储能电站作业人员未佩戴相应的劳动防护用品	行为违章
170	储能电站建设与运维	设备设施—通用	未在储能设备设施明显位置放置禁止、警告指令、提示等标志，标志样式不符合 GB 2894《安全标志及其使用导则》的相关规定	管理违章
171	储能电站建设与运维	设备设施—通用	储能电站设备设施无可靠接地	装置违章
172	储能电站建设与运维	设备设施—储能电池	电池模块外壳、接插件、采集和控制线束、动力电缆等部件未采用阻燃材料	装置违章
173	储能电站建设与运维	设备设施—电池管理系统	电池管理系统线束未采用阻燃材料	装置违章

序号	专业	工序	违章内容	违章分类
174	储能电站建设与运维	设备设施—储能变流器	储能变流器电压、电流、温度等保护设定值不满足安全运行要求	装置违章
175	储能电站建设与运维	设备设施—储能变流器	储能变流器交流侧或直流侧不具备开断能力	装置违章
176	储能电站建设与运维	设备设施—监控系统	监控系统不具备数据采集处理、监视报警、控制调节、自诊断及自恢复等功能	装置违章
177	储能电站建设与运维	设备设施—监控系统	监控系统不具备手动控制和自动控制两种控制方式；自动控制功能不可投退	装置违章
178	储能电站建设与运维	设备设施—监控系统	监控系统未配置不间断电源	装置违章
179	储能电站建设与运维	设备设施—预制舱	预制舱未接地	装置违章
180	储能电站建设与运维	设备设施—其他设备设施	储能电站出口、疏散通道，不符合紧急疏散要求，未在醒目位置设有明显标志	装置违章
181	储能电站建设与运维	设备设施—其他设备设施	电化学储能电站设备室/舱、隔墙、电池架、隔板等管线开孔部位和电缆进出口未采用防火封堵材料进行封堵	装置违章
182	储能电站建设与运维	设备设施—其他设备设施	设备室/舱通风口、孔洞、门、电缆沟等与室/舱外相通部位无防止雨雪、风沙、小动物进入的设施	装置违章
183	储能电站建设与运维	设备设施—其他设备设施	电池室/舱门未向疏散方向开启，不能自行关闭，用于疏散的门为非从内向外开	装置违章
184	储能电站建设与运维	运行维护—一般规定	储能电站未建立定期巡检制度或未定期对储能设备设施进行巡视检查	管理违章
185	储能电站建设与运维	运行维护—电池及电池管理系统	电池管理系统指示灯、通信、显示器、电源工作异常，未及时处理	管理违章
186	储能电站建设与运维	运行维护—电池及电池管理系统	电池进行维护时，未将储能变流器停机，未断开储能变流器交流侧、直流侧断路器及相关各级直流断路器、隔离开关	行为违章
187	储能电站建设与运维	运行维护—储能变流器	储能变流器未设置就地紧急按钮或就地紧急按钮故障	装置违章
188	储能电站建设与运维	运行维护—储能变流器	储能设备异常原因未查明之前，重新投入运行	行为违章
189	储能电站建设与运维	运行维护—其他设备设施	电池支架、机柜、预制舱箱体有损伤、变形、腐蚀等情况，其机械强度不满足承重要求	装置违章
190	储能电站建设与运维	检修试验—一般规定	变流器、高压断路器、隔离开关等设备检修前，设备"远方/就地"控制方式未设置在"就地"方式	行为违章
191	储能电站建设与运维	检修试验—一般规定	在雷雨等极端天气下进行室外检修和试验	行为违章

续表

序号	专业	工序	违章内容	违章分类
192	储能电站建设与运维	检修试验——一般规定	检修和试验过程中，非作业人员进入作业现场	行为违章
193	储能电站建设与运维	检修试验——一般规定	检修和试验过程中，作业现场通风、照明不满足作业要求	管理违章
194	储能电站建设与运维	检修试验——电池及电池管理系统	离子电池、铅炭电池、液流电池更换前，新电池未进行绝缘性能试验	管理违章
195	储能电站建设与运维	检修试验——电池及电池管理系统	电池检修过程中，未采取防止电池正负极短路、反接和人员触电的措施	行为违章
196	储能电站建设与运维	检修试验——电池及电池管理系统	储能变流器、储能电池、监控系统检修或试验过程中未采取防静电措施	行为违章
197	储能电站建设与运维	巡视检查	对特殊季节和异常天气（如雨季、极寒、极热、台风等）未进行专项巡检工作	管理违章
198	储能电站建设与运维	巡视检查	对储能电站设备新投入或经过大修等特殊情况未加强巡检工作	管理违章
199	储能电站建设与运维	异常运行及紧急情况处理	储能电站交接班发生故障时，未处理完成后再进行交接班	管理违章
200	储能电站建设与运维	电气试验	由1人完成高压试验	行为违章
201	储能电站建设与运维	电气试验	试验电源未按电源类别、相别、电压等级合理布置，未设立安全标志，试验设备未接地，试验台上未根据要求铺设橡胶绝缘垫，试验人员未站在绝缘垫上操作	管理违章、行为违章
202	储能电站建设与运维	电气试验	高压试验设备和被试验设备的接地端或外壳未可靠接地，低压回路中没有过载自动保护装置的开关。接地线不能满足相应试验项目要求	装置违章、管理违章
203	储能电站建设与运维	电气试验	现场高压试验区域未设置遮栏或围栏，未向外悬挂"止步，高压危险"的安全标志牌，并设专人看护，被试设备两端不在同一地点时，另一端未派人看守	管理违章
204	储能电站建设与运维	安全管理	起重机车轮、支腿或履带的前端、外侧与沟、坑边缘的距离不满足基坑深度的1.2倍的要求	行为违章
205	储能电站建设与运维	施工用电	未经验收擅自使用临时用电设施，未按要求编制施工用电组织设计	管理违章
206	储能电站建设与运维	设备设施——通用	电池室/舱未设置环境温湿度控制系统、防爆型通风装置	装置违章
207	储能电站建设与运维	通用作业安全	电池组检修未使用绝缘工器具，未采取安全防护措施	行为违章

（3）典型违章库——光伏电站建设与运维部分。

典型违章库——光伏电站建设与运维部分见表6-4。

表6-4 典型违章库——光伏电站建设与运维部分

序号	专业	工序	违章内容	违章分类
1	光伏电站建设与运维	安全管理	无日计划作业，或实际作业内容与日计划不符	管理违章
2	光伏电站建设与运维	安全管理	存在重大事故隐患而不排除，冒险组织作业；存在重大事故隐患被要求停止作业，停止使用有关设备、设施、场所或者立即采取排除危险的整改措施，而未执行的	管理违章
3	光伏电站建设与运维	安全管理	建设单位将工程发包给个人或不具有相应资质的单位	管理违章
4	光伏电站建设与运维	安全工器具	使用达到报废标准的或超出检验期的安全工器具	管理违章
5	光伏电站建设与运维	两票	工作负责人（作业负责人、专责监护人）不在现场，或劳务分包人员担任工作负责人（作业负责人）	管理违章
6	光伏电站建设与运维	两票	未经工作许可即开始工作	行为违章
7	光伏电站建设与运维	两票	无票（包括作业票、工作票及分票、操作票、动火票等）工作、无令操作	行为违章
8	光伏电站建设与运维	两票	作业人员不清楚工作任务、危险点	行为违章
9	光伏电站建设与运维	两票	超出作业范围未经审批	行为违章
10	光伏电站建设与运维	两票	作业点未在接地保护范围	行为违章
11	光伏电站建设与运维	安全技术措施	漏挂接地线或漏合接地开关	行为违章
12	光伏电站建设与运维	送出线路施工	组立杆塔、撤杆、撤线或紧线前未按规定采取防倒杆塔措施；架线施工前，未紧固地脚螺栓	行为违章
13	光伏电站建设与运维	作业安全	高处作业、攀登或转移作业位置时失去保护	行为违章
14	光伏电站建设与运维	作业安全	有限空间作业未执行"先通风、再检测、后作业"要求；未正确设置监护人；未配置或不正确使用安全防护装备、应急救援装备	行为违章
15	光伏电站建设与运维	动火作业	在一级动火区域内使用二级动火工作票	行为违章
16	光伏电站建设与运维	安全管理	未及时传达学习国家、公司安全工作部署，未及时开展公司系统安全事故（事件）通报学习、安全日活动等	行为违章
17	光伏电站建设与运维	安全管理	安全生产巡查通报的问题未组织整改或整改不到位的	管理违章

续表

序号	专业	工序	违章内容	违章分类
18	光伏电站建设与运维	安全管理	针对公司通报的安全事故事件、要求开展的隐患排查，未举一反三组织排查；未建立隐患排查标准，分层分级组织排查的	管理违章
19	光伏电站建设与运维	安全管理	承包单位将其承包的全部工程转给其他单位或个人施工；承包单位将其承包的全部工程肢解以后，以分包的名义分别转给其他单位或个人施工	管理违章
20	光伏电站建设与运维	安全管理	施工总承包单位或专业承包单位未派驻项目负责人、技术负责人、质量管理负责人、安全管理负责人等主要管理人员；合同约定由承包单位负责采购的主要建筑材料、构配件及工程设备或租赁的施工机械设备，由其他单位或个人采购、租赁	管理违章
21	光伏电站建设与运维	安全管理	没有资质的单位或个人借用其他施工单位的资质承揽工程；有资质的施工单位相互借用资质承揽工程	管理违章
22	光伏电站建设与运维	送出线路施工	拉线、地锚、索道投入使用前未计算校核受力情况	管理违章
23	光伏电站建设与运维	送出线路施工	拉线、地锚、索道投入使用前未开展验收；组塔架线前未对地脚螺栓开展验收；验收不合格，未整改并重新验收合格即投入使用	管理违章
24	光伏电站建设与运维	安全管理	约时停、送电；带电作业约时停用或恢复重合闸	管理违章
25	光伏电站建设与运维	安全管理	未按要求开展网络安全等级保护定级、备案和测评工作	管理违章
26	光伏电站建设与运维	通用作业安全	电力监控系统中横纵向网络边界防护设备缺失	管理违章
27	光伏电站建设与运维	通用作业安全	超允许起重量起吊	行为违章
28	光伏电站建设与运维	通用作业安全	在带电设备附近作业前未计算校核安全距离；作业安全距离不够且未采取有效措施	行为违章、管理违章
29	光伏电站建设与运维	安全管理	在电容性设备检修前未放电并接地，或结束后未充分放电；高压试验变更接线或试验结束时未将升压设备的高压部分放电、短路接地	行为违章
30	光伏电站建设与运维	安全管理	擅自开启高压开关柜门、检修小窗，擅自移动绝缘挡板	行为违章
31	光伏电站建设与运维	安全管理	在带电设备周围使用钢卷尺、金属梯等禁止使用的工器具	行为违章

序号	专业	工序	违章内容	违章分类
32	光伏电站建设与运维	安全管理	倒闸操作前不核对设备名称、编号、位置，不执行监护复诵制度或操作时漏项、跳项	行为违章
33	光伏电站建设与运维	安全管理	倒闸操作中不按规定检查设备实际位置，不确认设备操作到位情况	行为违章
34	光伏电站建设与运维	安全管理	在继保屏上作业时，运行设备与检修设备无明显标志隔开，或在保护盘上或附近进行振动较大的工作时，未采取防掉闸的安全措施	行为违章
35	光伏电站建设与运维	安全管理	防误闭锁装置功能不完善，未按要求投入运行	装置违章
36	光伏电站建设与运维	安全管理	随意解除闭锁装置，或擅自使用解锁工具（钥匙）	行为违章
37	光伏电站建设与运维	安全管理	继电保护、直流控保、稳控装置等定值计算、调试错误，误动、误碰、误（漏）接线	行为违章
38	光伏电站建设与运维	安全管理	在运行站内使用起重机、高空作业车、挖掘机等大型机械开展作业，未经设备运维单位批准即改变施工方案规定的工作内容、工作方式等	管理违章
39	光伏电站建设与运维	安全管理	两个及以上专业、单位参与的改造、扩建、检修等综合性作业，未成立由上级单位领导任组长，相关部门、单位参加的现场作业风险管控协调组；现场作业风险管控协调组未常驻现场督导和协调风险管控工作	管理违章
40	光伏电站建设与运维	动火作业	动火作业超过有效期（一级动火工作票有效期超过24h、二级动火票有效期超过120h），未重新办理动火工作票	行为违章
41	光伏电站建设与运维	动火作业	在带有压力（液体压力或气体压力）的设备上或带电的设备上焊接	行为违章
42	光伏电站建设与运维	消防安全	森林防火期内，进入森林防火区的各种机动车辆未配备灭火器材，在森林防火区内进行野外用火	行为违章
43	光伏电站建设与运维	安全管理	承包单位将其承包的工程分包给个人；施工总承包单位或专业承包单位将工程分包给不具备相应资质单位	管理违章
44	光伏电站建设与运维	安全管理	施工总承包单位将施工总承包合同范围内工程主体结构的施工分包给其他单位；专业分包单位将其承包的专业工程中非劳务作业部分再分包；劳务分包单位将其承包的劳务再分包	管理违章

序号	专业	工序	违章内容	违章分类
45	光伏电站建设与运维	安全管理	承发包双方未依法签订安全协议，未明确双方应承担的安全责任	管理违章
46	光伏电站建设与运维	安全管理	将高风险作业定级为低风险	管理违章
47	光伏电站建设与运维	送出线路施工	跨越带电线路展放导（地）线作业，跨越架、封网等安全措施均未采取	管理违章
48	光伏电站建设与运维	安全管理	现场规程没有每年进行一次复查、修订并书面通知有关人员；不需修订的情况下，未由复查人、审核人、批准人签署"可以继续执行"的书面文件并通知有关人员	管理违章
49	光伏电站建设与运维	安全管理	现场作业人员未经安全准入考试并合格；新进、转岗和离岗3个月以上的电气作业人员，未经专门安全教育培训，并经考试合格上岗	管理违章
50	光伏电站建设与运维	安全组织措施	不具备资格的人员担任作业票或工作票签发人、工作负责人或许可人	管理违章
51	光伏电站建设与运维	安全管理	特种设备作业人员、特种作业人员未依法取得资格证书	管理违章
52	光伏电站建设与运维	施工机械与工器具	特种设备未依法取得使用登记证书、未经定期检验或检验不合格	管理违章
53	光伏电站建设与运维	施工机械与工器具	自制施工工器具未经检测试验合格	管理违章
54	光伏电站建设与运维	设备安装调试	金属封闭式开关设备未按照国家、行业标准设计制造压力释放通道	装置违章
55	光伏电站建设与运维	作业现场	设备无双重名称，或名称及编号不唯一、不正确、不清晰	管理违章
56	光伏电站建设与运维	通用作业安全	高压配电装置带电部分对地距离不足且无措施	装置违章
57	光伏电站建设与运维	安全管理	网络边界未按要求部署安全防护设备并定期进行特征库升级	管理违章
58	光伏电站建设与运维	送出线路施工	高边坡施工未按要求设置安全防护设施；对不良地质构造的高边坡，未按设计要求采取锚喷或加固等支护措施	管理违章、行为违章
59	光伏电站建设与运维	消防安全	未经批准，擅自将自动灭火装置、火灾自动报警装置退出运行	管理违章
60	光伏电站建设与运维	安全组织措施	票面（包括作业票、工作票及分票、动火票等）缺少工作负责人、工作班成员签字等关键内容	行为违章
61	光伏电站建设与运维	安全管理	重要工序、关键环节作业未按施工方案或规定程序开展作业；作业人员未经批准擅自改变已设置的安全措施	行为违章

续表

序号	专业	工序	违章内容	违章分类
62	光伏电站建设与运维	安全管理	作业人员擅自穿、跨越安全围栏、安全警戒线	行为违章
63	光伏电站建设与运维	通用作业安全	起吊或牵引过程中，受力钢丝绳周围、上下方、内角侧和起吊物下面，有人逗留或通过	行为违章
64	光伏电站建设与运维	施工机械与工器具	使用金具 U 型环等非标准件代替卸扣；使用普通材料的螺栓取代卸扣销轴	行为违章
65	光伏电站建设与运维	送出线路施工	耐张塔挂线前，未使用导体将耐张绝缘子串短接	行为违章
66	光伏电站建设与运维	通用作业安全	在易燃易爆或禁火区域携带火种、使用明火、吸烟；未采取防火等安全措施在易燃物品上方进行焊接，下方无监护人	行为违章
67	光伏电站建设与运维	通用作业安全	动火作业前，未清除动火现场及周围的易燃物品	行为违章
68	光伏电站建设与运维	消防安全	生产和施工场所未按规定配备消防器材或配备不合格的消防器材	行为违章
69	光伏电站建设与运维	危险化学品安全	擅自倾倒、堆放、丢弃或遗撒危险化学品	行为违章
70	光伏电站建设与运维	通用作业安全	电力线路设备拆除后，带电部分未处理	行为违章
71	光伏电站建设与运维	通用作业安全	在互感器二次回路上工作，未采取防止电流互感器二次回路开路、电压互感器二次回路短路的措施	行为违章
72	光伏电站建设与运维	通用作业安全	起重作业无专人指挥	行为违章
73	光伏电站建设与运维	安全管理	未按规定开展现场勘察或未留存勘察记录；工作票（作业票）签发人和工作负责人均未参加现场勘察	行为违章
74	光伏电站建设与运维	脚手架施工	脚手架、跨越架未经验收合格即投入使用	管理违章
75	光伏电站建设与运维	安全管理	三级及以上风险作业管理人员（含监理人员）未到岗到位进行管控；监理单位未开展旁站监理或缺少旁站记录	行为违章
76	光伏电站建设与运维	施工机械与工器具	电力监控系统作业过程中，未经授权，接入非专用调试设备，或调试计算机接入外网	管理违章
77	光伏电站建设与运维	安全技术措施	劳务分包单位自备施工机械设备或安全工器具	管理违章
78	光伏电站建设与运维	安全技术措施	施工方案由劳务分包单位编制	管理违章
79	光伏电站建设与运维	安全管理	监理单位、监理项目部、监理人员不履责	管理违章

序号	专业	工序	违章内容	违章分类
80	光伏电站建设与运维	安全管理	监理人员未经安全准入考试并合格；监理项目部关键岗位（总监、总监代表、安全监理、专业监理等）人员不具备相应资格；总监理工程师兼任工程数量超出规定允许数量	管理违章
81	光伏电站建设与运维	安全管理	安全风险管控平台上的作业开工状态与实际不符；作业现场未布设与安全风险管控平台作业计划绑定的视频监控设备，或视频监控设备未开机、未拍摄现场作业内容	管理违章
82	光伏电站建设与运维	通用作业安全	应拉断路器、应拉隔离开关、应拉熔断器、应合接地开关、作业现场装设的工作接地线未在工作票上准确登录；工作接地线未按票面要求准确登录安装位置、编号、挂拆时间等信息	管理违章
83	光伏电站建设与运维	通用作业安全	汽车式起重机作业前未支好全部支腿、支腿未按规程要求加垫木	行为违章
84	光伏电站建设与运维	通用作业安全	链条葫芦等装置的吊钩和起重作业使用的吊钩无防止脱钩的保险装置	装置违章
85	光伏电站建设与运维	送出线路施工	导线高空锚线未设置二道保护措施	行为违章
86	光伏电站建设与运维	安全管理	作业现场被查出一般违章后，未通过整改核查擅自恢复作业	管理违章
87	光伏电站建设与运维	安全管理	领导干部和专业管理人员未履行到岗到位职责，相关人员应到位而不到位、应把关而不把关、到位后现场仍存在严重违章	管理违章
88	光伏电站建设与运维	安全管理	安监部门、安全督查中心、安全督查队伍不履责，未按照分级全覆盖要求开展督查，本级督查后又被上级督察发现严重违章，未对停工现场执行复查或核查	管理违章
89	光伏电站建设与运维	安全技术措施	作业现场视频监控终端无存储卡或不满足存储要求	管理违章
90	光伏电站建设与运维	监理履责	项目监理在旁站或巡视过程中，发现工程存在触及"十不干""现场停工五条红线"等严重安全事故隐患情况，未签发工程暂停令并报告建设单位	管理违章
91	光伏电站建设与运维	监理履责	已实施的超过一定规模的危险性较大的分部分项工程专项施工方案，项目监理机构未审查	管理违章
92	光伏电站建设与运维	动火作业	一级动火时，动火部门分管生产的领导或技术负责人、消防（专职）人员未始终在现场监护二级动火时，工区未指定人员并和消防（专职）人员或指定的义务消防员始终在现场监护	管理违章

续表

序号	专业	工序	违章内容	违章分类
93	光伏电站建设与运维	动火作业	动火作业间断或结束后,现场有残留火种	行为违章
94	光伏电站建设与运维	消防安全	高处动火作业(焊割)时,使用非阻燃安全带	行为违章
95	光伏电站建设与运维	安全管理	安全生产责任清单未覆盖全部组织和岗位,未逐层签订安全责任书	管理违章
96	光伏电站建设与运维	安全管理	项目部签订的安全责任书中安全目标未层层分解	管理违章
97	光伏电站建设与运维	安全管理	项目部未及时识别、获取适用的安全生产法律法规、标准规范	管理违章
98	光伏电站建设与运维	安全管理	安全教育培训记录不完整	管理违章
99	光伏电站建设与运维	安全管理	隐患未制订针对性治理计划和防控、整改措施	管理违章
100	光伏电站建设与运维	安全管理	未定期组织开展涵盖各领域各专业的安全隐患排查	管理违章
101	光伏电站建设与运维	安全管理	未制订生产安全事故应急救援预案,应急救援预案未按规定及时修订	管理违章
102	光伏电站建设与运维	安全管理	未定期组织应急救援预案演练	管理违章
103	光伏电站建设与运维	安全管理	作业计划及风险内容未进行公示	管理违章
104	光伏电站建设与运维	安全管理	未严格按照复工五项基本条件进行复工	管理违章
105	光伏电站建设与运维	安全管理	施工组织设计中未包含安全技术措施专篇(安全技术计划)	管理违章
106	光伏电站建设与运维	监理履责	项目监理机构未在施工人员、特种设备、施工机械、工器具等报审文件中签署意见	管理违章
107	光伏电站建设与运维	监理履责	安全旁站工作计划不明确,或安全旁站工作计划存在缺漏	管理违章
108	光伏电站建设与运维	监理履责	项目监理未审查施工单位报送的大中型起重机械、脚手架、跨越架、施工用电、危险品库房等重要施工设施投入使用前的安全检查签证申请,未组织进行安全检查签证	管理违章
109	光伏电站建设与运维	监理履责	监理日志、旁站记录不全,填写不规范	管理违章
110	光伏电站建设与运维	消防安全	灭火器未定期检查或无检查记录	管理违章
111	光伏电站建设与运维	消防安全	消防设施无防雨、防冻措施,未定期进行检查、试验	管理违章
112	光伏电站建设与运维	作业安全	在屋顶及其他危险的边沿工作,临空一面未装设安全网或防护栏杆	装置违章

续表

序号	专业	工序	违章内容	违章分类
113	光伏电站建设与运维	作业安全	在潮湿或风力较大的情况下，进行安装或操作光伏组件	管理违章
114	光伏电站建设与运维	作业安全	爬梯未设置护笼或护笼严重损坏失去保护作用	装置违章
115	光伏电站建设与运维	作业安全	临时建筑内采用明火取暖或没有防止一氧化碳中毒、窒息的措施	行为违章
116	光伏电站建设与运维	作业安全	夜间作业施工现场无充足照明	管理违章
117	光伏电站建设与运维	作业安全	夜间作业时，孔洞、临边的防护栏杆未悬挂警示灯	管理违章
118	光伏电站建设与运维	施工用电	民工住宿营地用电私拉乱接或违规使用大功率用电设备	行为违章
119	光伏电站建设与运维	施工用电	用电设备金属外壳未接地或接地不规范，使用螺纹钢接地	管理违章
120	光伏电站建设与运维	施工用电	移动电焊机时，未切断电源，用拖拉电缆的方法移动焊机	行为违章
121	光伏电站建设与运维	施工用电	三级配电箱未进行重复接地	管理违章
122	光伏电站建设与运维	施工用电	配电箱内存在一闸多机现象	行为违章
123	光伏电站建设与运维	施工用电	施工作业面电缆沿地面明设	行为违章
124	光伏电站建设与运维	起重吊装	在起重机械作业范围内未设置吊装警戒区以及明显的安全警示标志	管理违章
125	光伏电站建设与运维	起重吊装	起重机械未安装限位装置或装置失效	装置违章
126	光伏电站建设与运维	起重吊装	钢丝绳绳套插接长度小于30cm或小于15倍绳径	装置违章
127	光伏电站建设与运维	起重吊装	流动式起重机组塔时，起重机作业位置的地基不稳固，附近的障碍物未清除	行为违章
128	光伏电站建设与运维	起重吊装	吊带表面未保持干净、清洁，吊带折叠、扭曲、打结	行为违章
129	光伏电站建设与运维	起重吊装	吊装过程中出现与吊装无关的悬停	行为违章
130	光伏电站建设与运维	起重吊装	起重物品绑扎不稳固，吊钩未挂在物品的重心线上	行为违章
131	光伏电站建设与运维	高处作业	高处作业人员，上下传递工具、材料等未使用绳索，随意抛掷	行为违章
132	光伏电站建设与运维	高处作业	高处作业时，各种工件、边角余料等未放置在牢靠的地方，并采取防止坠落的措施	行为违章
133	光伏电站建设与运维	动火作业	动火工作票签发人和工作负责人相互兼任，或动火工作票的审批人、消防监护人签发动火工作票	管理违章

续表

序号	专业	工序	违章内容	违章分类
134	光伏电站建设与运维	动火作业	焊割作业时，操作人员未穿戴专用工作服、绝缘鞋、防护手套等专业防护劳动保护用品。观察电弧时，作业人员及辅助人员未佩戴眼保护装置	行为违章
135	光伏电站建设与运维	动火作业	在风力 5 级及以上、雨雪天，焊接或切割未采取防风、防雨雪的措施	行为违章
136	光伏电站建设与运维	动火作业	一级动火工作的过程中，未每隔 2～4h 测定一次现场可燃气体、易燃液体的可燃气体含量是否合格	行为违章
137	光伏电站建设与运维	动火作业	一级动火作业，间断时间超过 2h，继续动火前，未重新测定可燃气体、易燃液体的可燃蒸汽含量，未确认合格就重新动火	行为违章
138	光伏电站建设与运维	动火作业	动火工作在次日动火前未重新检查防火安全措施，一级动火作业未测定可燃气体、易燃液体的可燃气体含量，重新动火的	行为违章
139	光伏电站建设与运维	动火作业	随身携带电焊导线或气焊（割）软管登高或从高处跨越；将气焊（割）软管缠绕在身上操作	行为违章
140	光伏电站建设与运维	动火作业	高处动火作业未采取防止火花溅落措施，未在火花可能溅落的部位安排监护人	行为违章
141	光伏电站建设与运维	动火作业	在带电导线、带电设备、变压器、油断路器附近以及在电缆夹层、隧道、沟洞内对火炉或喷灯加油、点火	行为违章
142	光伏电站建设与运维	施工机械与工器具	电焊机的外壳未接地（接零）或多台电焊机串联接地	装置违章
143	光伏电站建设与运维	施工机械与工器具	氧气瓶、乙炔瓶同车运输或氧气瓶、乙炔气瓶与易燃物品或装有可燃气体的容器一起运送。用汽车装运气瓶时，气瓶未横向放置，气瓶押运人员未坐在驾驶室内	行为违章
144	光伏电站建设与运维	施工机械与工器具	气瓶未装减压器直接使用或使用不合格的减压器；或气瓶防震圈（两个）缺失	装置违章
145	光伏电站建设与运维	施工机械与工器具	作业时使用的火焰枪气管和接头密封不良	装置违章
146	光伏电站建设与运维	焊接作业	使用中的氧气瓶、乙炔瓶未规范放置：未垂直固定放置、相距小于 5m，距明火不足 10m	行为违章
147	光伏电站建设与运维	焊接作业	焊接或切割作业时未采用耐火屏板进行隔离保护	管理违章

续表

序号	专业	工序	违章内容	违章分类
148	光伏电站建设与运维	施工机械与工器具	作业现场使用的乙炔瓶无防回火装置	装置违章
149	光伏电站建设与运维	施工机械与工器具	氧气瓶与乙炔瓶胶管颜色混用	行为违章
150	光伏电站建设与运维	施工机械与工器具	作业现场气瓶无检验合格标志,缺少瓶帽和安全仪表等安全保护附件	管理违章
151	光伏电站建设与运维	施工机械与工器具	施工机械设备的灯光、制动、作业信号、警示装置不齐全或无法正常使用	装置违章
152	光伏电站建设与运维	施工机械与工器具	焊机未可靠接地,导线绝缘不满足要求	行为违章
153	光伏电站建设与运维	施工机械与工器具	物料提升机未设有安全保险装置和过卷扬限制器	行为违章
154	光伏电站建设与运维	施工机械与工器具	施工场地内车辆超载	行为违章
155	光伏电站建设与运维	施工机械与工器具	装载机、平板车、叉车等施工机械非驾乘位置载人	行为违章
156	光伏电站建设与运维	施工机械与工器具	进入施工现场的工作人员,未按规定使用安全防护用具	行为违章
157	光伏电站建设与运维	脚手架施工	脚手架作业层脚手板未满铺或未固定	行为违章
158	光伏电站建设与运维	脚手架施工	脚手架安全通道设置不规范	行为违章
159	光伏电站建设与运维	脚手架施工	脚手架连墙件、剪刀撑未设置或设置不规范	行为违章
160	光伏电站建设与运维	脚手架施工	脚手架的外侧、斜道和平台未按要求设护栏、栏杆和挡脚板或设防护立网	行为违章
161	光伏电站建设与运维	土建工程	基坑未设置专用出入通道,作业人员沿坑壁、支撑或乘坐非载人运输工具进出基坑	装置违章
162	光伏电站建设与运维	土建工程	模板的拆除工作未设专人指挥,作业区内未设围栏、安全网等防护措施	行为违章
163	光伏电站建设与运维	电缆施工	施工人员未根据电缆盘的规格、材质、结构等情况选择合适的吊装方式,并在吊装施工时未做好相关的安全措施	行为违章
164	光伏电站建设与运维	电缆施工	施工人员在搬运及滚动电缆盘时,未确保电缆盘结构牢固、滚动方向正确	行为违章
165	光伏电站建设与运维	电缆施工	线盘架设未选用与线盘相匹配的放线架,或架设不平稳	行为违章
166	光伏电站建设与运维	电缆施工	电缆盘、输送机、电缆转弯处未按规定搭建牢固的放线架并放置稳妥	行为违章

续表

序号	专业	工序	违章内容	违章分类
167	光伏电站建设与运维	电缆施工	电缆试验时,被试电缆两端及试验操作未设专人监护,监护人员未保持通信畅通	管理违章
168	光伏电站建设与运维	电缆施工	电缆故障声测定点时,直接用手触摸电缆外皮或冒烟小洞	行为违章
169	光伏电站建设与运维	电缆施工	沟槽开挖深度达到 1.5m 及以上时,未采取措施防止土层塌方	行为违章
170	光伏电站建设与运维	电缆施工	电缆耐压试验现场未按规定装设遮栏及警示标志等,未派人看守	管理违章
171	光伏电站建设与运维	在光伏发电单元上工作	在光伏电站生产区吸烟	行为违章
172	光伏电站建设与运维	在光伏发电单元上工作	雷雨天气,巡视光伏发电单元	行为违章
173	光伏电站建设与运维	在光伏发电单元上工作	雷雨天气,连接及更换光伏组件	行为违章
174	光伏电站建设与运维	在光伏发电单元上工作	在跟踪式支架上工作前,未断开支架控制电源	行为违章
175	光伏电站建设与运维	在光伏发电单元上工作	在寒冷、潮湿严重的地区,停止运行 7 天以上的跟踪式支架,在投运前未测量电机绝缘	行为违章
176	光伏电站建设与运维	在光伏发电单元上工作	梯子搭靠组件	行为违章
177	光伏电站建设与运维	在光伏发电单元上工作	更换光伏组件仅由一人进行	行为违章
178	光伏电站建设与运维	在光伏电站升压站(汇集站)高、低压设备工作	雷雨天气,未穿绝缘靴即巡视室外高压设备;巡视过程中靠近避雷器和避雷针	行为违章
179	光伏电站建设与运维	在光伏电站升压站(汇集站)高、低压设备工作	SF_6 配电装置室及下方电缆层隧道的门上,未设置"注意通风"的标志	装置违章
180	光伏电站建设与运维	在光伏电站升压站(汇集站)高、低压设备工作	进入 SF_6 配电装置低位区或电缆沟进行工作前,未检测含氧量和 SF_6 气体含量是否合格即开始工作	行为违章
181	光伏电站建设与运维	在光伏电站升压站(汇集站)高、低压设备工作	进行气体采样和处理一般渗漏时,检修人员未戴防毒面具或正压式空气呼吸器和防护手套	行为违章

续表

序号	专业	工序	违章内容	违章分类
182	光伏电站建设与运维	在光伏电站升压站（汇集站）高、低压设备工作	SF_6 气瓶未放置在阴凉干燥、通风良好、敞开的专门场所	行为违章
183	光伏电站建设与运维	在光伏电站升压站（汇集站）高、低压设备工作	雷电时，测量线路绝缘	行为违章
184	光伏电站建设与运维	在光伏电站升压站（汇集站）高、低压设备工作	在同一电气连接部分，许可高压试验工作票前，未先将已许可的检修工作票收回	管理违章
185	光伏电站建设与运维	在光伏电站升压站（汇集站）高、低压设备工作	金属外壳设备仪器外壳未接地	行为违章
186	光伏电站建设与运维	在光伏电站升压站（汇集站）高、低压设备工作	使用不符合电压等级要求的钳形电流表进行测量作业	行为违章
187	光伏电站建设与运维	在光伏电站升压站（汇集站）高、低压设备工作	光伏发电单元升压变压器验电时，未戴绝缘手套	行为违章
188	光伏电站建设与运维	光伏电站线路、电缆上工作	雨雪、大风天气或事故巡线，巡视人员未穿绝缘鞋	行为违章
189	光伏电站建设与运维	光伏电站线路、电缆上工作	电缆井井盖、电缆沟盖板开启后未设置标准路栏围起，无人看守	装置违章
190	光伏电站建设与运维	光伏电站线路、电缆上工作	作业人员更换试验引线时，未正确佩戴绝缘手套	行为违章
191	光伏电站建设与运维	电气试验	单人开展高压试验工作	行为违章
192	光伏电站建设与运维	电气试验	试验电源未按电源类别、相别、电压等级合理布置，未设立安全标志，试验设备未接地，试验台上未根据要求铺设橡胶绝缘垫，试验人员未站在绝缘垫上操作	管理违章
193	光伏电站建设与运维	电气试验	高压试验设备和被试验设备的接地端或外壳未可靠接地，低压回路中没有过负荷自动保护装置的开关。接地线不能满足相应试验项目要求	装置违章
194	光伏电站建设与运维	电气试验	现场高压试验区域未设置遮栏或围栏，未向外悬挂"止步，高压危险"的安全标志牌，未设专人看护，被试设备两端不在同一地点时，另一端未派人看守	管理违章

续表

序号	专业	工序	违章内容	违章分类
195	光伏电站建设与运维	安全技术措施	光伏逆变器停电，未在交、直流侧断路器、控制装置电源断开处悬挂"禁止合闸　有人工作"标志牌	行为违章
196	光伏电站建设与运维	安全技术措施	光伏逆变器停电后，未验明设备是否有电，即打开柜门进行检修作业	行为违章
197	光伏电站建设与运维	安全技术措施	装、拆接地线导体端均未使用绝缘棒和戴绝缘手套	行为违章
198	光伏电站建设与运维	安全技术措施	高压验电未戴绝缘手套	行为违章
199	光伏电站建设与运维	安全技术措施	高压验电未拉足验电器的伸缩式绝缘棒长度，验电时手握在手柄处超过护环	行为违章
200	光伏电站建设与运维	安全技术措施	对雨雪天气时的户外设备进行直接验电	行为违章
201	光伏电站建设与运维	安全技术措施	装设接地线先接导体端，后接接地端	行为违章
202	光伏电站建设与运维	安全设施	在有操作的设备上工作未悬挂相应标志牌	行为违章
203	光伏电站建设与运维	安全设施	升压站（生产厂房）内外工作场所的井、坑、孔、洞或沟道，未覆以与地面齐平而坚固的盖板	管理违章
204	光伏电站建设与运维	工器具维护与使用	使用工具前未进行检查，使用已变形、已破损或有故障的机具	行为违章
205	光伏电站建设与运维	工器具维护与使用	使用电气工具时，提着电气工具的导线或转动部分	行为违章
206	光伏电站建设与运维	工器具维护与使用	在使用电气工具工作中，因故离开工作场所或暂时停止工作以及遇到临时停电时，未立即切断电源	行为违章
207	光伏电站建设与运维	工器具维护与使用	电动工具、机具未接地或接零不好	装置违章
208	光伏电站建设与运维	工器具维护与使用	连接电动机械及电动工具的电气回路未单独设开关或插座	装置违章
209	光伏电站建设与运维	作业安全	在风速超过五级及下雨雪时，露天进行焊接或切割工作，未采取防风、防雨雪的措施	行为违章
210	光伏电站建设与运维	作业安全	使用梯子作业时，未采取防滑措施	行为违章

第二节　事故案例分析

【案例一】某光储充一体化项目发生火灾爆炸，事故造成1人遇难、2名消防员牺牲、1名消防员受伤事故。

1. 事故经过

4月16日11时50分许，某电力工程有限公司谢某等5人到南楼查看控制室装修施工进度时，发现南楼西电池间南侧电池柜起火冒烟，随即使用现场灭火器处置，谢某电话通知该公司负责人刘某。

12时13分许，刘某带领陈某等人赶到现场并从南楼、北楼拿取灭火器参与灭火，因明火被扑灭后不断复燃，刘某指派陈某到北楼储能室切断交流侧与储能系统的连接并停用光伏系统。12时17分许，刘某拨打电话报警。12时20分许，刘某进入北楼告知该公司值班电工罗某断开6kV配电柜与储能设备之间的断路器。

13时40分许，该公司电工刘某到达北楼值班室，与罗某到6kV配电室确认配电柜与储能设备之间的断路器已断开。期间，大量烟雾从南楼内冒出，并不时伴有爆燃。

13时45分许，刘某到院内查看，发现电工刘某与消防员在向室外地下电缆沟内注水，随即进入北楼6kV配电室查看，发现电缆管沟内充满白烟，未见积水，闻到刺激性气味。14时13分左右，北楼发生爆炸。

市消防救援总队119作战指挥中心接到报警后，先后调派47辆消防车、235名指战员到场处置。市、区公安机关和应急管理、电力、环卫、生态环境、卫生健康等部门到场协同处置。

12时24分，消防救援人员到达现场，发现南楼西电池间电池着火，并不时伴有爆炸声，东电池间未发现明火，现场无被困人员，随即开展灭火救援，并在外围部署水枪阵地防止火势蔓延。

14时13分16秒，北楼发生爆炸，造成1名值班电工遇难、2名消防员牺牲、1名消防员受伤。23时40分，明火彻底扑灭，并持续对现场冷却40h。4月18日16时21分，现场清理完毕。

2. 原因分析

（1）直接原因。

调查组根据消防救援机构现场勘验、检测鉴定、实验分析、仿真模拟和专家论证情况，综合分析发生事故的直接原因如下：

1）南楼起火直接原因系西电池间内的磷酸铁锂电池发生内短路故障，引发电池热失控起火。

2）北楼爆炸直接原因为南楼电池间内的单体磷酸铁锂电池发生内短路故障，引发电池及电池模组热失控扩散起火，事故产生的易燃易爆组分通过电缆沟进入北楼储能室并扩散，与空气混合形成爆炸性气体，遇电气火花发生爆炸。

（2）间接原因。

1）有关涉事企业安全主体责任不落实，在建设过程中存在未备案先建设问题；事发区域在多次发生电池组漏液、发热冒烟等问题但未完全排除安全隐患的情况下持续运行；事发南北楼之间室外地下电缆沟两端未进行有效分隔、封堵，未按照场所实际风险制订事故应急处置预案。

2）有关单位研究部署、督促落实安全监督检查工作不够；对新能源项目在确保安全前提下高质量发展的问题研究不深；开展安全隐患排查不全面不彻底，对事发项目建设运营维护等过程中存在的安全风险隐患失察失管。

3. 防范措施

为深刻汲取事故教训，切实践行生命至上、安全发展理念，有效防范和坚决遏制类似事故，提出以下建议措施：

（1）严格落实安全责任。应依法依规建设并使用租赁场地和建筑，加强安全管理，加强安全检查和隐患排查整改。落实消防安全责任制，健全事故应急处置预案，加强安全教育和安全检查，及时消除事故隐患。健全公司安全管理制度，加强分布式能源管理，对于已安装的屋顶光伏，开展安全评价和检测检验。

（2）完善电力储能设施、场所建设运行管理。规范电力储能设施设计、施工、验收和运行管理等工作要求。建立完善储能电站电池及其能源管理系统质量管理体系。

（3）强化安全监督管理。对储能设施开展全面摸排，建立并动态更新基础台账，组织开展全面安全检查和安全风险评估。加强电力储能场所消防监督检查，制定完善储能电站事故处置规范，加强处置演练，进一步提升储能电站事故应急救援处置工作水平。

（4）持续推进安全发展。牢固树立安全发展理念，把防范化解安全风险摆在重要位置，规范新型储能选址和布局，建立健全光伏发电应用的统筹协调管理工作机制，加强相关项目的质量管理和安全监督；对已建、在建电力储能设施，强化综合分析研判，及时发现问题、解决问题，严防漏管失控引发事故。

【案例二】某超高压公司 500kV 某站 220kV 某 I 线 215 断路器更换作业过程中，发生一起物体打击事件，造成 1 名作业人员受伤。经调查认定：该超高压公司"5·13"人身事件是一起生产安全责任事件。

1. 事故经过

2024 年 5 月 13 日 9 时 41 分，总票工作负责人刘某完成复工许可手续办理。9 时 49 分，刘某对 2 分票工作负责人王某进行安全技术交底。9 时 52 分，2 分票（含分票负责人共计 26 人）许可开工。10 时 4 分，王某对 25 名工作班成员进行安全技术交底。随后，工作班成员进入现场，开展工器具整理、作业车辆摆放等准备工作。12 时 11 分，高空作业人员王某等 2 人（均为××公司劳务人员）进入高空作业车，准备开展 215 断路器三联箱气室扣盖拆除作业。12 时 26 分，在未进行三联箱气室气体回收泄压的情况下，王某使用电动扳手，沿着扣盖圆周依次拆除固定扣盖的螺栓。12 时 29 分，拆至第 6 颗螺栓时，发现电动扳手无法拆除该螺栓，便采用普通扳手进行拆除，随即扣盖发生开裂，并在气室内部压力的作用下击向王某，造成王某受伤。现场人员立即将王某送往医院救治。当日 17 时，医院反馈王某生命体征趋平稳。5 月 15 日下午，医院实施了手术，手术顺利完成，王某身体状况趋于平稳。

2. 原因分析

（1）直接原因。

作业人员在进行平高断路器三联箱气室解体时，违反 Q/GDW 1799.1—2013《国家电网公司电力安全工作规程（变电部分）》第 11.11 条"设备内的 SF_6 气体不准向大气排放，应采取净化装置回收"的要求，在拆除气室扣盖前未开展气室 SF_6 气体回收泄压，存在"作业人员不清楚危险点""重要工序、关键环节作业未按规定程序开展作业"（严重违章生产变电部分 第六条、第二十六条）严重违章行为，导致拆除扣盖过程中扣盖弹出、击伤作业人员。

（2）间接原因。

工作负责人、专责监护人履责不到位，未能发现和制止作业人员未开展气室 SF_6 气体回收泄压的违章作业问题。

检修方案、标准作业卡内容笼统化、原则化，仅提出断路器气室泄压要求，未明确具体的 SF_6 气体回收泄压措施和工序标准，未明确泄压状态确认环节和责任人。

3. 防范措施

（1）提高政治站位。要认真学习贯彻党中央关于安全生产的重要指示，践行"人民至上、生命至上"，清醒认识安全工作的极端重要性，牢固树立红线意识、底线思维，将安全工作挺在各项工作前面，将保障职工生命安全和电网安全作为各项工作的首要条件，不折不扣落实好公司安全生产各项工作部署，全力确保安全生产平稳局面。

（2）落实安全责任。坚持安全生产"党政同责、一岗双责"，各级一把手要真正落实本单位安全生产第一责任人责任，亲自研究、部署、督办安全生产工作。落实"三管三必须"，认真执行"两个清单"，领导班子成员要在专业业务工作中将安全工作同部署、同推进，对本专业安全管理知实情、出实招、见实效。要扎实开展重大隐患排查治理、治本攻坚三年行动，从严从实抓安全、消隐患，真正做到挖病灶、去病根。

（3）强化现场管控。开展开关机构、压力容器全流程标准作业卡修编，提高标准作业卡内容的针对性、可操作性，明确气体回收、气室泄压、扣盖拆卸等关键工序的执行标准、操作规范和检验方式。工作负责人要逐设备、逐气室确认气体回收和泄压状态，确认合格前不得开展拆解作业。全体作业人员要严格按照标准作业卡开展作业。

（4）加大反违章力度。充分发挥班组、项目部、专业部门反违章主动性，自觉同违章行为作斗争，做到自己主动不违章、提醒和监督他人不违章。发挥安全督查中心和生产管控中心督查作用，核查类似作业风险防控措施落实、作业人员风险辨识、工作负责人履责情况。

（5）排查安全隐患。全面排查开关机构、压力容器等内部存在高压气体、液压部件、弹簧部件的设备，检查压力表、泄压机构、能量释放机构可靠性，逐设备排查独立气室、无压力表气室并形成台账。在拆解部位设置"气体回收""先泄压再拆解"等安全警示标语，明示安全要求。

（6）提高人员安全作业能力。认真落实"严入、强训、必考"人员管控措施，严把安全准入关，加强安全警示教育，针对性开展本工序工种的安规条款和安全作业技能培训，确保作业人员具备安全作业的基本能力。严格开展现场安全交底，明确安全行为、施工工艺、检修标准，确保作业人员掌握风险来源、熟知安全操作要求。

（7）严格责任追究。坚持"四不放过"，依据公司《安全工作奖惩规定》严格问责。该省公司、超高压公司、××公司要按照干部管理和劳动关系管理权限，根据伤情鉴定结论和以上两条严重违章对相关责任单位和人员进行处罚。

【案例三】因新一代调度技术支持系统消缺过程中触发自动计算程序底层缺陷导致数据错误，新能源自动发电控制（AGC）异常造成集中式光伏出力由 760 万 kW 降至 290 万 kW，电网频率下降 0.1Hz。

1. 事故经过

某省新一代调度技术支持系统于 12 月 27 日上线试运行，次年 6 月 30 日转正式运行，但先后于 10 月 12 日、11 月 12 日分别发现了"量测极值统计程序（sca_extre_cal）存在极值计算错误""日积分电量程序（sca_cal）存在偶发归零"缺陷。由于极值和积分电量是调度报表、统计分析等的重要数据，故第一时间向系统研发厂家××电网公司反馈。3 月 13 日，××电网公司完成程序消缺，并在该省调离线环境下进行 20 天测试，程序运行稳定，具备上线条件。按照该省调检修安排，4 月 10 日完成对 SCADA 备机程序更新，在备机正常运行 17h 后，4 月 11 日 10 时 27 分开展对其他节点程序更新，在备机切换为主机过程中，由于系统中自动计算程序底层缺陷，造成全网计算类数据被"11 月 9 日 19 时 21 分历史断面数据"覆盖，光伏场站出力变为 0，使 AGC 控制集中式光伏快速调节，出力从 760 万 kW 降至 290 万 kW，电网频率下降 0.1Hz，10 时 38 分频率恢复正常，10 时 46 分电网恢复正常运行。

2. 原因分析

经现场核实和综合分析，造成本次事件有以下两方面原因：

（1）SCADA 应用的自动计算程序存在缺陷。单厂站自动计算数据写入功能实现不到位，在系统一主两备部署模式下一个备机数据不更新，问题备机切主后的第一个自动计算周期历史断面数据生效，导致部分场站总加跳变。自动计算结果回写功能实现不完善，主机将本机结果同步至备机，导致主备切换前的数据比对未能发现备机数据不更新、不一致，在长时间运行监视中没有异常告警。

（2）AGC 防误功能不完善。当前 AGC 防误逻辑对量测数据正确性检查规则不完善，仅在数据质量位异常、量测值超出不合理限值、数据不刷新时会暂停，未能防范量测数据实际错误但质量位正常的异常情形。

3. 防范措施

（1）进一步提高思想认识。深刻吸取本次事件教训，清醒认识当前电网结构性矛盾、系统性风险不断积累的复杂形势，准确辨识新形势下电网安全风险，加强控制功能设计、研发、测试、运维和管理人员配备，全力确保新型电力系统运行安全。

（2）全面开展风险隐患排查。深入开展控制系统可靠性提升专项行动，组织对继电保护、安全控制装置、自动化等二次系统进行全面排查。针对性落实技术、管理等措施，组织做好涉网性能核查，严格执行各类电源一次调频、AGC、AVC、耐频耐压等涉网性能要求。开展新能源出力波动等系统性风险场景的分析，制定 AGC 软件使用规范，修订完善调度控制系统极端工况应急处置预案，定期开展培训和演练，提升应对处置能力。

（3）强化 AGC 防误技术措施落实。针对 AGC 系统实际运行的安全风险，进一步补强 AGC 控制指令"生成下发、场站执行"三道防线。完善 AGC 数据异常校验和替代逻辑，增加控制指令突变的告警和闭锁功能。制定新能源控制缓冲机制和分区域控制策略。规范新能源场站防误功能并组织整改，确保主站指令异常情况下不误控。

（4）严格一、二次风险"同质化"管理。落实一、二次计划协同管控机制、重要电网风险协同防控机制，将二次作业涉及关键风险工作纳入电网风险管控范畴，将调度自动化系统、电力监控主站系统等检修消缺工作纳入重点督查范围。强化安全督查人员培训，重点学习《电力监控系统安全防护规定》（国家发展改革委 2024 年第 27 号令）内容以及安全要求，提升二次专业精准监督能力，防止风险失管失控。

（5）持续加强软件质量管控。举一反三，全面梳理新一代调度技术支持系统架构、数据流、功能设计和实现逻辑。完善软件功能管控模式常态化，开展核心功能代码的交叉审查机制，避免功能设计和代码实现脱节。完善软件产品质量测试体系研究特殊复杂工况和小概率事件下的测试方案，加大系统破坏性测试力度，实现重要场景测试范围全覆盖，确保核心功能测试到位。

【案例四】某生物发电公司当值电气运行人员在进行发电机并网前检查过程中，发生一起人身触电事故，造成1人死亡。

1. 事故经过

2021年5月2日，某生物发电公司当值电气运行人员在进行发电机并网前检查过程中，发生一起人身触电事故，造成1人死亡。5月2日，该生物发电公司机组C级检修工作全部结束，锅炉已点火，准备进行汽轮机冲转前的检查确认工作。1时40分左右，电气副值曹某、孟某在进行发电机并网前检查过程中，发现发电机出口断路器101柜内有积灰，遂进行柜内清扫工作，1时46分，曹某在强行打开柜内隔离挡板时，触碰发电机出口10kV断路器静触头，导致触电，经抢救无效死亡。

2. 原因分析

（1）安全责任落实不到位。未统筹好安全、质量与工期的关系，安全责任清单未做到"一组织一清单、一岗位一清单"，生产人员对清单内容不清楚、不掌握，安全培训存在缺失，现场工作人员安全意识严重不足。

（2）安全风险管控不到位。未认真落实国家电网公司安全生产委员会办公室《关于加强"五一"期间安全防范工作的通知》要求，对"五一"期间不停工风险作业未进行提级管控，现场安全风险辨识不到位，"五防"管理不规范，运行人员不清楚设备带电状态及危险点，安全风险辨识、分析、防控形同虚设。

（3）作业人员安全意识淡薄。现场习惯性违章问题突出，运行人员未严格执行"两票"管理规定，超范围工作，违规打开发电机出口开关柜内隔离挡板进行清扫。

（4）检修组织管理不到位。电气检修承载力不足，当值运行人员参与电气检修作业，运行与检修工作界面不清、组织分工不明，保证安全的组织措施无法有效落实。

（5）事故信息报送不及时。《国家电网有限公司安全事故调查规程》宣贯培训不到位，事故单位对报送要求不熟悉不掌握，事故发生后各层级未按照规定时限要求报送事故信息。

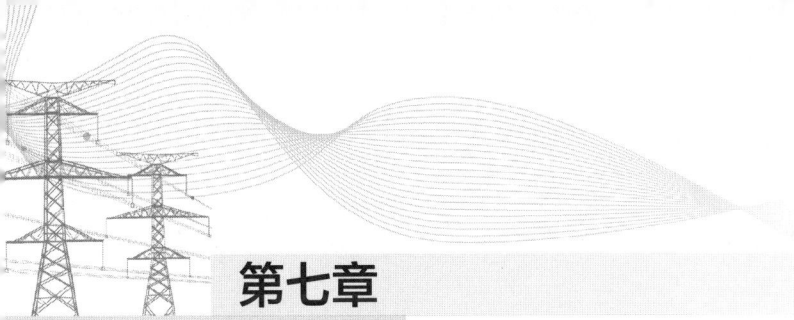

第七章

班组（专业管理部门）安全管理

第一节　班组（专业管理部门）安全责任

一、运维模式与安全责任划分

当前，光伏、储能、变电站等发、输、变电设备有"代运维""自主运维""委托运维"等运维模式，不同运维模式下，各相关责任单位所承担安全责任不同。"代运维"是指系统内单位承担市场化业务，承担运维实施相关业务的运维模式。"自主运维"是指运维管理单位同时承担电站运维实施相关业务的运维模式。"委托运维"是指第三方运维实施单位受运维管理单位委托，承担电站运维实施相关业务的运维模式，第三方运维实施单位应具备相应运行维护相关资质。市场化外部单位、运维管理单位应与运维实施单位在项目实施中签订委托运维合同及安全协议，明确资质要求、人员要求、业务范围及安全职责。

二、专业管理部门的安全职责

（1）负责实施公司下达的年度"两措"（安措、反措）计划，对"两措"计划的完成情况负责。组织编制部门年度"两措"计划并上报。按计划实施部门"两措"工作，确保"两措"计划按时完成。

（2）组织部门内重要建设项目或大型检修、技改（施工、操作）项目安全技术措施的制订。组织部门内重要新能源建设项目或检修、技改（施工、操作）项目的作业指导书，并对措施的正确性和完备性承担相应的责任。督促班组按作业指导书要求认真开展检修、技改项目各阶段的工作，确保检修、技改项目顺利完成。

（3）贯彻落实"安全第一、预防为主、综合治理"的方针，按照"三级控制"制订本部门年度安全生产目标及保证措施，布置落实安全生产工作，并予以贯彻实施。

（4）执行各项安全工作规程，开展作业现场危险点预控工作，执行"两票三制"。执行检修规程及工艺要求，确保生产现场的安全，保证生产活动中人员与设备的安全。

（5）做好部门管理，做到工作有标准，岗位责任制完善并落实，设备台账齐全，记录完整。制订本班组年度安全培训计划，做好新入职人员、变换岗位人员的安全教育培训和考试。

（6）开展定期安全检查、安全生产月和专项安全检查等活动。积极参加上级各类安全分析会议、安全大检查活动。

（7）组织开展每周一次的安全日活动，结合工作实际开展经常性、多样性、行之有效的安全教育活动。

（8）开展部门现场反违章工作，制止人员的违章行为，在生产实际工作中做到"四不伤害"。

（9）定期组织开展安全工器具、施工机具、劳动保护用品检查，做好日常管理，对发现的问题及时处理和上报，确保作业人员工器具及防护用品符合国家、行业或地方标准的要求。

（10）执行安全生产规章制度和操作规程。执行现场作业标准化，正确使用标准化作业程序卡，参加检修、施工等工作项目的安全技术措施审查，确保建设、检修、技改等工程的施工安全。

（11）组织班组开展常态化隐患排查治理工作，加强所辖设备（设施）管理，组织开展设备设施的安装验收、巡视检查和维护检修，保证设备安全运行。定期开展设备（设施）质量监督及运行评价、分析，提出更新改造方案和计划。落实上级下达的各类安全生产隐患整改工作。

（12）加强设备故障处理、设备现场检验等工作的安全组织措施和技术措施管理，防止因用户反送电影响工作安全。严格执行业务委托有关规定，做好安全管理工作。

（13）收集用户对电气安全、安装规范的意见及用户对电源质量的要求和改进意见的信息反馈工作。

（14）做好综合计划、物资管理工作。建立完善综合计划、物资管理实施方案并审核。督促做好本专业物资二级库管理。

（15）开展本专业应急预案修编、现场处置方案修编、应急培训和演练计划制订、应急培训和演练实施。

（16）做好各类人员专业技能培训、取证工作。

（17）执行电力安全事故（事件）报告制度，及时汇报安全事故（事件），保证汇报内容准确、完整，做好事故现场保护，配合开展事故调查工作。

（18）做好信息安全工作。贯彻落实国家和公司有关网络与信息通信系统安全法规、方针、政策、标准和规范，保障信息传递安全畅通。

（19）开展生产现场安全稽查活动。组织、指导部门及所辖班组的反违章管理工作。组织、指导部门的生产现场安全稽查工作。

（20）开展技术革新、合理化建议等活动，组织安全劳动竞赛和技术比武，促进安全生产。

三、专业班组的安全职责

（1）贯彻落实"安全第一、预防为主、综合治理"的方针，按照"三级控制"制订本班组年度安全生产目标及保证措施，布置落实安全生产工作，并予以贯彻实施。

（2）执行各项安全工作规程，开展作业现场危险点预控工作，执行"两票三制"。执行检修规程及工艺要求，确保生产现场的安全，保证生产活动中人员与设备的安全。

（3）做好班组管理，做到工作有标准，岗位责任制完善并落实，设备台账齐全，记录完整。制订本班组年度安全培训计划，做好新入职人员、变换岗位人员的安全教育培训和考试。

（4）开展定期安全检查、安全生产月和专项安全检查等活动。积极参加上级各类安全分析会议、安全大检查活动。

（5）组织开展每周（或每个轮值）一次的安全日活动，结合工作实际开展经常性、多样性、行之有效的安全教育活动。

（6）开展班组现场反违章自查自纠工作，制止人员的违章行为，在生产实际工作中做到"四不伤害"。

（7）定期组织开展安全工器具、施工机具、劳动保护用品检查，做好日常管理，对发现的问题及时处理和上报，确保作业人员工器具及防护用品符合国家、行业或地方标准的要求。

（8）执行安全生产规章制度和操作规程。执行现场作业标准化，正确使用标准化作业程序卡，参加检修、施工等工作项目的安全技术措施审查，确保建设、检修、技改等工程的施工安全。

（9）开展常态化隐患排查治理工作，加强所辖设备（设施）管理，开展设备设施的安装验收、巡视检查和维护检修，保证设备安全运行。定期开展设备（设施）质量监督及运行评价、分析，提出更新改造方案和计划。

（10）加强设备故障处理、设备现场检验等工作的安全组织措施和技术措施管理，防止因用户反送电影响工作安全。严格执行业务委托有关规定，做好安全管理工作。

（11）收集用户对电气安全、安装规范的意见及用户对电源质量的要求和改进意见的信息反馈工作。

（12）做好综合计划、物资、备品备件管理工作。

（13）开展本专业应急预案修编、现场处置方案修编、应急培训和演练计划制订、应急培训和演练实施。

（14）做好各类人员专业技能培训、取证送培工作。

（15）执行电力安全事故（事件）报告制度，及时汇报安全事故（事件），保证汇报内容准确、完整，做好事故现场保护，配合开展事故调查工作。

（16）做好信息安全工作。贯彻落实国家和公司有关网络与信息通信系统安全法规、方针、政策、标准和规范，保障信息传递安全畅通。

（17）开展技术革新、合理化建议等活动，参加安全劳动竞赛和技术比武，促进安全生产。

第二节　班组（专业管理部门）人员安全职责

一、专业管理部门人员的安全职责

1. 部门负责人的安全职责

（1）对部门安全生产负全面领导责任，履行安全生产第一责任人安全职责，组织开展部门各项安全生产工作。监督部门各项生产工作安全、顺利开展，对部门安全生产负全面领导责任。协调部门所属各班组、各管理组之间的安全协作配合工作。

（2）组织梳理、宣贯国家、地方安全生产法律法规、条例、制度、标准和国家电网有限公司制度标准及其他规范性文件。

（3）落实公司安委会相关讨论决议。参与制定公司安全生产目标，并对各班（队）安全指标的完成情况进行检查考核。

（4）参与安全检查及安全性评价工作，每季度负责组织上一季度安全生产分析工作，及时研究施工作业中存在的问题，提出相应措施计划并组织贯彻实施。

（5）组织制定部门年度安全目标及保证措施。组织签订部门与班组安全承诺责任书。组织实施部门年度重点工作，保证部门年度安全目标的实现。

（6）组织编制本专业安全管理相关工作实施方案。

（7）及时传达国家安全生产法律法规和上级单位安全生产有关的文件要求及公司领导批示精神，审核部门相关安全工作方案、计划等，配合实施各项安全措施和反事故措施。

（8）负责组织实施公司下达的年度"两措"（安措、反措）计划，对"两措"计划的完成情况负责。组织编制部门年度"两措"计划并上报相关职能部室。按计划组织实施部门"两措"工作，确保"两措"计划按时完成。

（9）组织或参加部门内重要建设项目或大型检修、技改（施工、操作）项目安全技术措施的制订。组织部门内重要建设项目或检修、技改（施工、操作）项目的作业指导书，并对措施的正确性和完备性承担相应的责任。督促班组按作业指导书要求认真开展检修、技改项目各阶段的工作，确保检修、技改项目顺利完成。

（10）负责领导开展安全性评价、安全隐患排查治理、安全风险评估等。组织开展部门安全风险评估工作。组织开展部门安全隐患排查治理工作。

（11）定期组织各类安全生产检查活动，提出整改措施。组织开展部门春、秋季安全大检查工作。指导部门安全稽查工作。不定期对作业现场进行指导、检查，提出发现的问题和隐患，严肃查处违章违纪行为。

（12）定期参加公司召开的各类安全例会。参加公司开展的各类专项安全活动。领导和支持部门安全监督人员的工作。领导和支持部门安全监督人员的工作。按规定主持或参加安全工作会议，每周主持本部门安全生产例会。每月至少参加一次班组的安全日活动，抽查班组安全活动情况，并作出明确批示。

（13）针对下发的各类安全事故通报，从专业角度进行分析，并制订有效的技术防范措施，并督促这些防范措施的执行。

（14）组织开展生产现场安全稽查活动。组织、指导部门的反违章管理工作。组织、指导部门的生产现场安全稽查工作。落实上级下达的各类安全生产隐患整改工作。

（15）督促做好部门安全生产教育和培训计划。督促组织安全工作规程的学习、定期考试及新入员工的安全教育工作，督促做好部门各类临时聘用人员的安全管理工作。组织学习上级安全生产重要文件和事故通报，结合部门实际，提出改进措施。

（16）督促做好综合计划、物资管理工作。督促建立完善综合计划、物资管理实施方案并审核。督促做好部门专业物资二级库管理。

（17）督促做好本部门信息安全工作。贯彻落实国家和公司有关网络与信息通信系统安全法规、方针、政策、标准和规范，保障信息传递安全畅通。

（18）督促安全生产科技工作。督促加强安全生产科技工作，组织开发、推广先进管理方法、施工工艺、技术和设备。

（19）组织参与公司安全应急规划，组织参加公司开展的应急演练，组织开展专业应急演练。督促开展部门应急管理工作。督促部门配合职能部门开展预案修编、现场处置方案修编、应急培训和演练计划制订、应急培训和演练实施。监督部门器材、备品备件等定期维护保养，确保随时可用。组织参与突发事件的应急处置。

（20）分析安全工作存在的突出和重大问题，向主管领导汇报，并积极向有关职能部门提出工作建议。

（21）参与各类事故调查，贯彻落实"四不放过"原则。参与本单位或上级组织的安全事故调查，协助安监部门开展事故调查、分析。组织设备事故的调查分析，参与电力生产人身伤亡事故、电网事故的调查分析，提出技术防范措施，参加审查有关事故报告。组织申报安全生产相关专业先进单位和个人，并提出奖励意见。

（22）建立健全本部门的安全生产责任制，层层落实安全责任。定期组织梳理本部门的安全职责清单，落实各级人员的安全职责。负责对本部门安全职责落实情况进行监督考核。

2. 部门分管负责人的安全职责

（1）贯彻执行国家和上级单位安全工作有关规定及部署。协助部门负责人组织梳理、宣贯国家、地方安全生产法律法规、条例、制度、标准和国家电网有限公司制度标准及其他规范性文件。协助部门负责人及时布置落实国家安全生产法律法规和上级单位与安全有关的工作要求，结合公司实际，制订工作方案、计划等，并监督执行。协助部门负责人分析本部门安全工作存在的突出和重大问题，向部门负责人汇报，并积极提出工作建议。

（2）协助部门负责人组织制定部门年度安全目标及保证措施。协助部门负责人组织签订部门与班组安全承诺责任书。协助部门负责人组织实施部门年度重点工作，保证部门年度安全目标的实现。按照本部门人员岗位职责，组织做好安全责任的分解和落实。

（3）协助部门负责人做好新能源工程项目、运维安全管理。参加新能源项目安全技术措施的制订，并对措施的正确性和完备性承担相应的责任，按规定报批后组织实施。加强对分管工作范围内反违章管理工作的组织实施，组织或参加开展生产现场安全稽查活动，并及时组织落实上级下达的各类安全生产隐患整改通知。定期召开或参加工程例会、专题协调会，落实上级和供电公司、项目所在地产权方等机构、相关方管理工作要求，协调解决施工过程中出现的问题。

（4）负责组织对分包商、外来人员进场条件进行检查，实行全过程的安全管理。

（5）协助部门负责人组织编制本专业安全管理相关工作实施方案。

（6）协助部门负责人及时传达国家安全生产法律法规和上级单位安全生产有关的文件要求及公司领导批示精神，审核部门相关安全工作方案、计划等，配合实施各项安全措施和反事故措施。

（7）协助部门负责人组织实施公司下达的年度"两措"（安措、反措）计划，对"两措"计划的完成情况负责。协助部门负责人组织编制部门年度"两措"计划并上报相关职能部室。协助部门负责人按计划组织实部门"两措"工作，确保"两措"计划按时完成。

（8）协助部门负责人组织或参加部门内重要建设项目或大型检修、技改（施工、操作）项目安全技术措施的制订。协助部门负责人组织部门内重要建设项目或检修、技改（施工、操作）项目的作业指导书，并对措施的正确性和完备性承担相应的责任。协助部门负责人督促班组按作业指导书要求认真开展检修、技改项目各阶段的工作，确保检修、技改项目顺利完成。

（9）协助部门负责人开展安全性评价、安全隐患排查治理、安全风险评估等。协助部门负责人开展部门安全风险评估工作。协助部门负责人开展部门安全隐患排查治理工作。

（10）协助部门负责人定期开展各类安全生产检查活动，提出整改措施。协助部门负责人开展部门春、秋季安全大检查工作。协助部门负责人指导部门安全稽查工作。不定期对作业现场进行指导、检查，提出发现的问题和隐患，严肃查处违章违纪行为。

（11）参加公司开展的各类专项安全活动。协助部门负责人领导和支持部门安全监督人员的工作。支持部门安全监督人员的工作。协助部门负责人主持或参加安全工作会议，协助部门负责人主持本部门安全生产例会。每月至少参加一次班组的安全日活动，协助部门负责人抽查班组安全活动情况。

（12）针对下发的各类安全事故通报，从专业角度进行分析，并制订有效的技术防范措施，并督促这些防范措施的执行。

（13）参加生产现场安全稽查活动。协助部门负责人指导部门的反违章管理工作。指导部门的生产现场安全稽查工作。协助部门负责人落实上级下达的各类安全生产隐患整改工作。

（14）协助部门负责人督促做好部门安全生产教育和培训计划。协助部门负责人组织安全工作规程的学习、定期考试及新入员工的安全教育工作，督促做好部门各类临时聘用人员的安全管理工作。协助部门负责人组织学习上级安全生产重要文件和事故通报，结合部门实际，提出改进措施。

（15）协助部门负责人督促专职人员做好综合计划、物资管理工作。协助部门负责人督促建立完善综合计划、物资管理实施方案。协助部门负责人督促做好部门专业物资二级库管理。

（16）协助部门负责人做好本部门信息安全工作。贯彻落实国家和公司有关网络与信息通信系统安全法规、方针、政策、标准和规范，保障信息传递安全畅通。

（17）协助部门负责人督促开展安全生产科技工作。协助部门负责人督促加强安全生产科技工作，组织开发、推广先进管理方法、施工工艺、技术和设备。

（18）协助部门负责人组织参加公司开展的应急演练，协助部门负责人组织开展专业应急演练。协助部门负责人督促开展部门应急管理工作。协助部门负责人督促部门配合职能部门开展预案修编、现场处置方案修编、应急培训和演练计划制订、应急培训和演练实施。监督部门器材、备品备件等定期维护保养，确保随时可用。组织参与突发事件的应急处置。

（19）分析安全工作存在的突出和重大问题，向部门负责人汇报，并积极提出工作建议。

3. 部门安全员的安全职责

（1）贯彻执行国家和上级单位安全工作有关规定及部署。协助部门负责人组织梳理、宣贯国家、地方安全生产法律法规、条例、制度、标准和国家电网有限公司制度标准及其他规范性文件。协助部门负责人及时布置落实国家安全生产法律法规和上级单位安全有关的工作要求，结合公司实际，制订工作方案、计划等，并监督执行。协助部门负责人分析本部门安全工作存在的突出和重大问题，向部门负责人汇报，并积极提出工作建议。

（2）协助部门负责人组织或参与制定本部门安全生产目标，落实安全管理。是部门负责人在安全生产管理工作上的助手，协助部门负责人编制安全生产目标和保证安全的技术措施，为安全生产提供技术保证；编制安全管理工作计划并落实。

（3）协助部门负责人组织并参加本部门各类安全活动。组织或参加周安全日活动，对安全生产情况进行总结、分析。开展员工安全思想教育，联系实际，布置当前安全生产重点工作，批评忽视安全、违章作业等不良现象。

（4）负责部门"两票"的审查、统计、分析和上报工作。

（5）按时上报本部门安全活动总结、各类安全检查总结、安全情况分析、安全管理记录簿等资料。

（6）协助部门负责人开展部门反违章工作，不定期对作业现场进行指导、检查，做好本部门自查自纠奖惩工作。

（7）协助部门负责人开展本部门应急预案、现场处置方案的编制。

（8）协助部门负责人组织并参与开展安全生产教育和培训。协助部门负责人制订本年度安全培训计划；做好新入职人员、变换岗位人员的安全教育培训和考试。培训人员正确使用劳动保护用品和安全设施。根据培训计划及上级部门统一安排，组织全员参加上级部门组织的特种作业、消防等各类安全培训工作，做好反违章宣传教育和培训以及《安规》准入考、普考和抽考组织工作。

（9）协助部门负责人检查本部门的安全生产状况，及时排查生产安全事故隐患，提出改进安全生产管理的建议。协助部门负责人组织开展安全大检查、专项安全检查、隐患排查和安全性评价工作，及时汇报、处理有关问题。参与开展安全设施和设备（如安全工器具、安全警示标志牌等）、作业工器具、消防器材等的安全检查，负责安全工器具的保管、定期校验，确保安全防护用品及安全工器具处于完好状态。

（10）协助部门负责人组织并参与安全生产风险评估和安全性评价。参与本部门工作的组织措施、技术措施、安全措施（简称"三措"）的制订，做好对重点、特殊工作的危险点分析。指导和监督生产作业活动，控制现场环境中的危险源。

（11）对相关的生产安全事故（事件）进行统计、分析。参加安全网会议或有关安全事件分析会，协助部门负责人开展事故调查工作，并制订和落实事故障碍防范措施。做好事故、未遂事故、事故障碍的原始记录，统计安全工作执行情况。

4. 部门项目管理员的安全职责

（1）参与各项安全活动。自觉学习和遵守各项与安全生产有关的法规和规章制度，做到不违章作业、冒险作业，防止习惯性违章，确保施工的安全执行。积极参加定期的安全检查、落实上级下达的各项反事故技术措施。掌握项目部工作中存在的问题和薄弱环节及施工的安全特点和特殊安全要求。组织开展系统隐患排查治理工作，及时消除系统隐患，提升本质安全水平。

（2）自觉遵守安全生产规章制度。负责编制或审核施工方案、作业指导书或安全技术措施，组织安全交底，并按规定完成交底书签字确认。开展施工风险识别、评估工作，制定预控措施，并在施工中落实。负责组织现场安全文明施工。负责报送施工进度计划及停电需求计划，并进行动态管理；及时反馈物资供应情况。组织施工图预检，参加设计交底及施工图会检，严格按图施工。现场勘察到位，工作票编写规范。

（3）规范要求质量体系。配合施工工程管理科学推广新技术、新方法，并负责具体实施工作。对分包工程实施有效管控，确保分包工程的施工安全和质量。规范开展施工质量自检和竣工验收。

5. 部门员工的安全职责

（1）对自己的安全负责，认真学习安全生产知识，提高安全生产意识，提升自我保护能力；接受相应的安全生产教育和岗位技能培训，掌握必要的专业安全知识和操作技能；积极开展设备改造和技术创新，不断改善作业环境和劳动条件。

（2）严格遵守安全规章制度、操作规程和劳动纪律，服从管理，坚守岗位，对自己在工作中的行为负责，履行工作安全责任，互相关心工作安全，不违章作业。

（3）接受工作任务，应熟悉工作内容、工作流程、作业环境，掌握安全措施，明确工作中的危险点，并履行安全确认手续；严格执行"两票三制"并规范开展作业活动。

（4）保证工作场所、设备（设施）、工器具的安全整洁，不随意拆除安全防护装置，正确操作机械和设备，正确佩戴和使用劳动防护用品。

（5）有权拒绝违章指挥和强令冒险作业，发现异常情况及时处理和报告。在发现直接危及人身、电网和设备安全的紧急情况时，有权停止作业或在采取可能的紧急措施后撤离作业场所，并立即报告。

（6）积极参加各项安全生产活动，做好安全生产工作。

二、专业班组人员的安全职责

1. 班组长的安全职责

（1）作为本班组安全第一责任人，对本班组在生产作业过程中的安全和健康负责，把保证人身安全和控制电网、设备、信息事件作为安全目标，组织全班人员开展设备运行安全分析、预测，做到及时发现异常并进行安全控制。

（2）认真执行安全生产规章制度和操作规程，及时对现场规程提出修改建议；做好各项工作任务（建设、检修、试验、事故应急处理等）的事先"两交底"工作，有序组织各项生产活动；遵守劳动纪律，不违章指挥，不强令作业人员冒险作业。

（3）负责组织落实作业项目的安全技术措施，履行到位监督职责或到现场指挥作业，及时纠正或制止各类违章行为。

（4）及时传达上级有关安全工作的文件、通知、事故通报等，组织开展安全事故警示教育活动，做好安全事故防范措施的落实，防止同类事故重复发生。规范应用风险辨识、承载力分析等风险管控措施，实施标准化作业，对生产现场安全措施的合理性、可靠性、完整性负责。

（5）对班组全体人员进行经常性的安全思想教育；协助做好岗位安全技术培训以及新入职人员、调换岗位人员的安全培训考试；组织全班人员参加紧急救护法的培训，做到全员正确掌握救护方法。

（6）经常检查本班组工作场所的工作环境、安全设施（如消防器材、警示标志、通风装置、氧量检测装置、遮栏等）、设备工器具（如绝缘工器具、施工机具、压力容器等）的安全状况，定期开展检查、试验，对发现的问题做到及时登记上报和处理。对本班组人员正确使用劳动防护用品进行监督检查。

（7）负责主持召开班前、班后会和每周（或每个轮值）一次的班组安全日活动，丰富活动内容，增强活动针对性和时效性，并指导做好安全活动记录。

（8）开展定期安全检查、隐患排查、"安全生产月"和专项安全检查活动，及时汇总反馈检查情况，落实上级下达的各项反事故技术措施。

（9）严格执行电力安全事故（事件）报告制度，及时汇报安全事故（事件），保证汇报内容准确、完整，做好事故现场保护，配合开展事故调查工作。

（10）牵头开展本班组反违章自查自纠，支持班组安全员履行岗位职责。对本班组发生的事故（事件）、违章等，及时登记上报，并组织开展原因分析，总结教训，落实改进措施。

2. 班组安全员的安全职责

（1）作为班组长在安全生产管理工作上的助手，负责监督检查现场安全措施是否正确完备、个人安全劳动防护措施是否得当，及时制止各类违章现象；遵守劳动纪律，制止违章指挥和强令作业人员冒险作业。

（2）负责贯彻执行上级单位及本单位安全管理规章制度、检修规程等，教育本班组人员严格执行，做好人身、电网、设备、信息安全事件防范工作。

（3）负责制订本班组年度安全培训计划，做好新入职人员、变换岗位人员的安全教育培训和考试；培训班组人员正确使用劳动保护用品和安全设施。

（4）协助班组长组织并参加安全活动，对本班组安全生产情况进行总结、分析，开展员工安全思想教育，联系实际，布置当前安全生产重点工作，批评忽视安全、违章作业等不良现象，并做好记录。

（5）负责本班组安全工器具的保管、定期校验，确保安全防护用品及安全工器具处于完好状态。组织开展安全设施和设备（如安全工器具、安全警示标志牌、剩余电流动作保护器等）、作业工器具、消防器材等的安全检查，并做好记录。组织开展安全大检查、专项安全检查、隐患排查和安全性评价工作，及时汇报、处理有关问题。

（6）参与本班组所承担建设、检修、技改等重点工作的组织措施、技术措施、安全措施的制订，做好对重点、特殊工作的危险点分析。积极开展技术革新，开展新技术研究应用；制订本班组保证安全的技术措施，为安全生产提供技术保证。

（7）按时上报本班组安全活动总结、各类安全检查总结、安全情况分析等资料，负责本班组"两票"的检查、统计、分析和上报工作。

（8）参加安全网会议或有关安全事件分析会，协助开展事故调查工作。

3. 班组员工的安全职责

（1）对自己的安全负责，认真学习安全生产知识，提高安全生产意识，提升自我保护能力；接受相应的安全生产教育和岗位技能培训，掌握必要的专业安全知识和操作技能；积极开展设备改造和技术创新，不断改善作业环境和劳动条件。

（2）严格遵守安全规章制度、操作规程和劳动纪律，服从管理，坚守岗位，对自己在工作中的行为负责，履行工作安全责任，互相关心工作安全，不违章作业。

（3）接受工作任务，应熟悉工作内容、工作流程、作业环境，掌握安全措施，明确工作中的危险点，并履行安全确认手续；严格执行"两票三制"并规范开展作业活动。

（4）保证工作场所、设备（设施）、工器具的安全整洁，不随意拆除安全防护装置，正确操作机械和设备，正确佩戴和使用劳动防护用品。

（5）有权拒绝违章指挥和强令冒险作业，发现异常情况及时处理和报告。在发现直接危及人身、电网和设备安全的紧急情况时，有权停止作业或在采取可能的紧急措施后撤离作业场所，并立即报告。

（6）积极参加各项安全生产活动，做好安全生产工作。

第三节　作业安全管理

一、"四个管住"

（一）管住计划

1. 计划制订

（1）运维检修工作实行计划管理，应根据公司停电计划、设备巡视和维护要求、班组承载力制订年度计划、月度计划及周计划。

（2）运维检修计划应统筹巡视、操作、在线检测、设备消缺、维护等工作，提高运维质量和效率。

2. 计划内容

（1）运维检修管理单位运维计划应包括生产准备、设备验收、技术培训、规程修编、季节性预防措施、倒闸操作、设备带电检测、设备消缺维护、精益化评价等工作内容。

（2）运维检修实施单位运维计划应包括倒闸操作、巡视、定期试验及轮换、设备带电检测及日常维护、设备消缺等工作内容。

3. 计划执行

（1）运维计划中的每项具体工作都应明确具体负责人和完成时限。

（2）计划中的工作负责人应按计划高质量完成工作。

（3）相关管理人员应按照到岗到位要求监督检查计划的执行。

（4）运维管理单位和运维实施单位应每月对计划执行情况进行检查，提高运维工作质量。新能源专业管理部门（班组）常见工作管控周期、计划上报要求参考表7-1。

表7-1　新能源专业管理部门（班组）常见工作管控周期、计划上报要求

工作大类	工作项目	管控内容、周期	计划上报途径
综合管理	资料管理	巡视单、台账归档整理	无需
		试验报告等资料移交台账、定值单归档	无需
	环境卫生	各站所卫生打扫	i国网
	安全工器具送检	台账管理、定期送检	无需
	消缺	—	i国网
	抢修	—	i国网临时新增
专业管理（代运维变电站及光伏、储能等电站电气部分）	缺陷、隐患排查	常态化开展排查治理	无需
	日常巡视	（1）例行巡视每站每两周一次	无需
		（2）全面巡视每站每月一次	无需
		（3）红外测温每站每月一次（一次）	i国网
		（4）熄灯巡视每站每季一次	无需
		（5）交叉巡视每站每季一次	无需

续表

工作大类	工作项目	管控内容、周期	计划上报途径
专业管理（代运维变电站及光伏、储能等电站电气部分）	继保专业	（1）红外测温每站每季一次（两次）	i 国网
		（2）线路保护装置带负荷传动每站每年一次	i 国网
		（3）保护定值"三核对"每站每年一次	i 国网
		（4）蓄电池内阻测试每站每季一次	i 国网
		（5）直流系统带载能力测试每站每季一次	i 国网
		（6）直流充放电试验每站每半年一次	i 国网
		（7）"五防"机维护、对位试验每站每季一次	i 国网
		（8）消防信号上送信号核对每站每月一次	i 国网
	预防性试验	按照检修周期	i 国网
	高试专业	（1）在线局部放电试验每季一次	i 国网
		（2）避雷器在线检测每年一次	i 国网
		（3）接地电阻测试每年一次	i 国网
		（4）主变压器取油样每年一次	i 国网
		（5）站用变压器主备投切试验每月一次	i 国网
专业管理（光伏组件部分）	背板接线盒、接插件、外观	每站每年一次	结合巡视无需
	组件接地线接线、卡件、接线、高差	每站每两年一次	结合巡视无需
	热斑检测	每站每两年一次	
	隐裂检测	每站每两年一次	
其他	运维检修涉及工作	视情	i 国网
分包队伍作业	安装调试	劳务分包	i 国网
		专业分包	i 国网

（二）管住队伍

1. 自有部门、班组

（1）安全学习周。充分发挥"安全学习平台"的线上学习和考试功能，开展线上和线下相结合的"安全学习周"活动，组织或参加"一堂安全宣讲课、一次安全问题讨论、一周安全知识学习、一场安全知识考试"，进一步提高员工安全意识和素质，强化明责履职要求，树立全员安全理念，预防节后职工思想松懈、精神不集中等节后综合征，促进各级干部员工充分认识安全稳定压倒一切的深刻内涵，确保公司年度安全生产良好开局。

（2）安全月活动。根据全国安全生产月活动主题，以及上级部门要求，结合本部门、班组安全工作实际情况，每年开展为期一个月的主题安全月活动，并做好总结上报。

（3）安全日活动。部门、班组每周或每个轮值进行一次安全日活动，活动内容应联系实际，有针对性，并做好记录。

2. 分包队伍

（1）专业主管部门应做好队伍的日常管理工作，确保进入作业现场的班组响应招标要求，现场实际入场人员如与中标承诺或施工合同内人员不一致，应将变更人员清单及资质书面报监理、安监等部门审查。应加强分包队伍骨干的入场审核，重点审核是否已与管理系统录入信息及分包合同承诺一致、是否同时在其他工程兼职，对于不满足要求的不允许进场。

（2）队伍人员如需调整，应履行审批手续，及时在系统中办理人员进出场相关手续，专业主管部门应全程掌握分包队伍人员进（出）信息。

（3）分包队伍人员全面实施实名制管控，必须在公司管理系统中备案录入全面信息。所有作业人员必须按要求签订劳动合同，购买保险，且体检合格，严禁使用非备案人员。分包队伍管理按《国家电网公司业务外包安全监督管理办法》执行。

（4）专业主管部门应定期审核队伍准入人员规范率，对人员保险、证件开展常态化检查，避免保单对象变更、证件过期等现象。

（5）专业主管部门定期对施工队伍开展安全技术培训，参与安全活动，指导施工队伍开展同质化建设，做好日常工器具管理。

（三）管住人员

1. 自有部门、班组

结合本部门、班组实际，制订年度班组安全培训计划，落实责任人按计划有序开展培训、评价、总结。建立健全个人安全教育培训档案（一人一档），如实记录安全教育培训时间、内容、参加人员和考试考核结果等。

新入单位的人员（含实习、代培人员），应进行安全教育培训，经变电安规考试合格后方可进入生产现场工作。

2. 分包队伍、临时外来人员

专业主管部门应充分发挥主体责任，做好分包队伍、临时外来人员的安全管理、准入工作：

（1）必须经过安全知识和安全规程的培训，并经考试合格后方可上岗。

（2）分包队伍工作人员每年应参加上级部门组织培训，经（准入）考试合格后上岗。

（3）总承包、专业分包队伍的工作票签发人、工作负责人，每年应组织培训，内部下文，并将人员名单提交主管单位备案，经（准入）考试合格后上岗。

3. 持证上岗

针对涉及专业取证上岗要求，做好"安全准入""安全等级""高处作业""高（低）压电工"和"触电紧急救护"等上岗证的新取证与复证工作，并建立管理台账，确保作业人员持证上岗。

（四）管住现场

1. "两票"执行

规范执行"两票"，部门、班组对已执行的操作票、工作票（施工作业票）和动火工作票每月进行一次统计、分析、评价与上报。

2. 作业现场反违章与自查自纠

开展违章自查、互查和稽查，作业现场严控严重违章的发生，采用违章曝光和违章记分等手段，加大反违章力度，对现场查到的违章现象进行点评和分析，开展分包队伍的违章稽查并落实相应处罚、考核。

3. 施工方案及交底

（1）施工方案必须严格履行相应的编审批手续，专业分包队伍施工方案应经建设单位和施工单位双方履行审批手续。

（2）应对作业部门负责人进行安全技术及施工方案交底，交代施工工艺、质量、安全及进度要求。

（3）班组负责人对班组成员施工过程的工艺、安全、质量等要求进行交底，班组级交底可通过宣读作业票实施。

4. 班前会与班后会

班前会应结合当天工作任务，开展安全风险分析，布置风险预控措施，组织交代工作任务、作业风险和安全措施，检查个人安全工器具、个人劳动防护用品和人员精神状况。班后会应总结讲评当班工作和安全情况，表扬遵章守纪，批评忽视安全、违章作业等不良现象，布置下一个工作日任务。班前会和班后会均应做好记录。

二、班组其他安全管理

（一）安全工器具与施工机具安全管理

1. 安全工器具管理

（1）根据工作实际，提出安全工器具添置、更新需求。

（2）建立安全工器具管理台账，做到账、卡、物相符，试验报告、检查记录齐全。

（3）组织开展班组安全工器具培训，严格执行操作规定，正确使用安全工器具，严禁使用不合格或超试验周期的安全工器具。

（4）安排专人做好班组安全工器具日常维护、保养及定期送检工作。

2. 施工机具管理

（1）根据工作实际，提出施工机具添置、更新需求。

（2）建立施工机具管理台账，做到账、卡、物相符，检验报告、检查记录齐全。

（3）组织开展施工机具操作培训，严格执行安全操作规定，正确使用施工机具，严禁使用不合格或超检验周期的施工机具。

（二）消防、交通、危化品、网络信息安全管理

1. 消防安全管理

（1）参加上级部门组织的消防知识培训与消防应急演练。

（2）作业现场一、二级动火作业严格执行动火工作票制度。

（3）安排专人经常对所属检修工作间、班组仓库、资料室、休息室和办公室等场所的配电箱、照明和用电器等进行巡视检查，确保人离电断。

2. 交通安全管理

（1）任何人不得强迫、指示、纵容驾驶人违反道路交通安全法律、法规和机动车安全驾驶要求驾驶机动车。

（2）机动车载物应当符合核定的载重量，严禁超载；载物的长、宽、高不得违反装载要求，不得遗洒、飘散载运物。载运超长、超高或重大物件时，应捆绑牢固，在尾部设置警告标志，运输途中加强检查。

（3）汽车起重机行驶时，上车操作室不得坐人。

（4）机动车在生产作业区域行驶时，应派作业人员引导，按规定的路线行驶，并不得超限速行驶。

3. 危化品安全管理

常见危化品主要包括乙醇、油漆、氧气、乙炔、电网废弃物（六氟化硫废气、废矿物油、废铅酸蓄电池等）。

（1）建立健全班组危化品"一书一签"管理台账，安全技术说明书应专人保管，安全标签应始终保持完好无损、清晰可见。

（2）班组应配备若干正压式空气呼吸器、防毒面具、防护乳胶手套和防护服，并建立管理台账。

（3）禁止把氧气瓶及乙炔瓶放在一起运送，也不准与易燃物品或装有可燃气体的容器一起运送。气瓶搬运应使用专门的台架或手推车。

（4）电网危险废物收集（包括拆除、集中和内部转运），转运工作应交由有资质的危化品运输企业运输。

（5）电网危险废物的暂存（包括存放在仓库、临时贮存场所或设施）应符合《国家电网有限公司电网废弃物环境无害化处置监督管理办法》[国网（科/3）968—2019]的要求。

4. 网络信息安全管理

（1）按照"国密不上网，企密不上外网"的安全保密要求，加强定密管理，明确密级标识，涉及国家秘密事项不允许使用移动办公办理，涉及企业秘密事项不允许使用外网移动办公办理。

（2）公司内网移动办公专用终端采用专机专用管理方式，使用人员应妥善保管，未经批准不得交由他人使用，不得擅自卸载公司移动办公应用软件及配套安全防护软件，不得擅自取出APN（专用网络）物联网卡和安全加密卡，不得违规外联，不得擅自改变操作系统状态，不得下载安装未经公司认证的应用软件。

（3）内网移动办公终端如遗失或处于不可控状态，应第一时间向本单位综合管理部门和信息化管理部门报告。

（4）在使用移动办公处理办公事务时，应确保周边使用环境安全，不得向他人展示，不得截屏和录屏，不得使用其他设备拍照和录像。移动办公事务内容不得通过任何形式、渠道（如微信、微博等互联网软件）传播扩散。

（5）移动办公账户信息不得向他人泄露，不得擅自使用其他人员账户登录，账户密码应按照公司信息安全管理要求定期更换。

（三）配合安全事故（事件）调查

安全事故包括人身事故（事件）、电网事故、设备事故、信息系统事件四大类。

（1）安全事故（事件）发生采用即时报告。发生事故后，事故现场有关人员应当立即向本单位现场负责人或者电力调度机构值班人员报告。情况紧急时可越级报告。上报时间不得超过 1h。

（2）即时报告应采取电话、邮件、短信等方式上报简要情况，并向接收方进行确认。

（3）即时报告内容应简明清楚，严禁隐瞒、遗漏关键信息。

（4）任何单位和个人不得擅自发布事故信息。

（5）事故发生后，事故发生单位必须迅速抢救伤员并派专人严格保护事故现场。未经调查和记录的事故现场，不得任意变动。

（6）因紧急抢修、防止事故扩大以及疏导交通等，需要变动现场，必须经单位有关领导和安监部门同意，并做出标志、绘制现场简图、写出书面记录，保存必要的痕迹、物证。

（7）事故发生后，当值值班人员、现场作业人员和其他有关人员在离开事故现场前，应分别如实提供现场情况并写出事故的原始材料。

（四）部门（班组）应急管理

1. 应急管理要求

（1）专业管理部门应定期修编本专业应急预案、现场处置方案，修订周期应不大于 3 年并组织相应的桌面推演、实战演练。

（2）应成立应急工作组，参加应急演练，参与应急救援。施工现场应配备急救器材、常用药品箱等应急救援物资，施工车辆应配备医药箱并由专人管理，并定期检查其有效期限，及时更换补充。

（3）班组人员应参加项目部组织的应急管理培训，全员学习"紧急救护法"，会正确解脱电源，会"心肺复苏法"，会止血，会包扎，会转移搬运伤员，会处理急救外伤或中毒等。

2. 应急组织流程

（1）突发事件发生后，作业人员应立即向工作负责人、队伍负责人、施工单位负责人、项目管理人员报告，工作负责人立即下令停止作业，即时向项目负责人汇报突发事件发生的原因、地点和人员伤亡等情况。

（2）作业队伍负责人、工作负责人在专业主管部门的指挥下，在保证自身安全的前提下，组织应急救援人员迅速开展先期处治，营救并疏散、撤离相关人员，控制现场危险源，封锁、标明危险区域，采取必要措施消除可能导致次（衍）生事故的隐患，直至应急响应结束。

（3）应急救援人员实施救援时，应当做好自身防护，佩戴必要的个人防护用品。

（4）应急处置过程中，如发现有人员伤亡情况，要结合人员伤情程度，对照现场应急工作联络图，及时联系距事发点最近的医疗机构（至少两家），分别送往救治。

（5）单位负责人应牵头做好相关人员的安抚、善后工作，随时向政府部门及上级单位报送处置进展。

三、分布式电源相关工作安全监督

1. 现场勘查

现场勘查时须核实设备运行状态，严禁工作人员擅自开启计量箱（柜）门或操作用户电气设备。

2. 并网验收

（1）接入高压配电网的分布式电源，其并网点应安装易操作、可闭锁、具有明显断开点、可开断故障电流的开断设备，电网侧应能接地。

（2）接入低压配电网的分布式电源，其并网点应安装易操作、具有明显开断指示、可具备开断故障电流能力的开断设备。

（3）接入高压配电网的分布式电源用户进线断路器、并网点开断设备应有名称和编号，并报电网管理单位备案。

（4）装设于配电变压器低压母线处的反孤岛装置与低压总断路器、母线联络断路器间应具备操作闭锁功能。

（5）分布式电源并网前，电网管理单位应对并网点设备验收合格，并通过协议与用户明确双方安全责任和义务。

（6）并网点用户产权开断设备应由用户操作。检修时，双方应相互配合做好电网停电检修的隔离、接地、加锁或悬挂标志牌等安全措施，并明确并网点安全隔离方案。分布式电源现场设备应具有明显操作指示，便于操作及检查确认。

四、充换电服务相关工作安全监督

1. **充换电设备安装、调试及接入**

（1）充电站建设、充电设备安装应符合有关标准、规定要求。

（2）充电桩、整流柜等充换电设备带电前，本体外壳应可靠且明显接地。

（3）充换电设备准备启动时，其附近应设遮栏及安全标志牌，并派专人看守。

2. **充换电站巡视**

（1）充换电设备巡视人员每组不应少于两人。火灾、雷电、地震、台风、洪水、泥石流等灾害发生时，若需对充换电设备巡视，应得到充电设施管理单位（部门）批准。巡视人员与派出部门之间应保持通信畅通。

（2）巡视人员在巡视过程中发现充电机、充电桩外壳有漏电、设备响声异常、产生烟雾火花及严重缺陷时，应立即停止巡视，对充电桩进行断电处理，采取相应安全措施，并上报充电设施管理单位。

（3）巡视过程中，巡视人员不得单独开启箱（柜）门，开启箱（柜）门前应验电。

（4）巡视人员发现接地线和接地体连接不可靠或锈蚀严重问题，应立即上报，并停电进行现场处理，直至接地电阻重新测量合格，确保充电站接地系统良好。

3. **充换电设备清扫保养**

（1）充换电设备清扫作业每组应不少于两人，设备清扫需将充换电设备断电。

（2）清扫充换电设备精密元器件时，应戴防静电手套，防止造成元器件损坏。

（3）清扫风扇等设备时，严禁作业人员将手指伸入。

（4）一体式充电机进线或整流柜进线带电清扫时，应采取绝缘隔离措施防止相间短路或单相接地。

4. **充换电站检修**

（1）进行检修工作时，拆开的引线、断开的线头应采取绝缘包裹等遮蔽措施。因检修试验需要解开设备接头时，拆前应做好标记，接后应进行检查。

（2）变更接线或试验结束，应断开试验电源，并将升压设备的高压部分放电、短路接地。

（3）抢修消缺时，需断开充电机交流进线断路器、隔离开关（低压）等，并在进线断路器、隔离开关（低压）等设置隔离挡板，防止工器具或其他物体掉落引发短路故障。

（4）充换电设备断电后，需等待 2～3min，待充电机所有信号指示灯熄灭后，经验电确定无电后方可进行作业。

5. 现场充（换）电服务

（1）充电操作前，应检查充电设备是否运行正常，严禁在桩体损坏、正在检修的设备上进行充电操作。

（2）充电时应将充电枪完全插入充电口内，避免因雨淋漏电造成人身或设备伤害。

（3）充电时发生电池高温告警、充电模块高温告警等危及设备和人身安全的情况，应立即按下急停按钮，严禁拔出正在充电的充电枪。

（4）充电完成后，应将充电枪归位放好。巡视人员进行巡视工作时，应将未归位的充电枪及时归位。

五、光伏建设相关工作安全监督

1. 光伏支架焊接

（1）焊接时应穿戴护目镜，穿工作服，手套、绝缘鞋应符合专用防护用品要求。

（2）注意通风，应采取措施排除有害气体、粉尘和烟雾等。

（3）正确接线后，必须经过检查方可送电，并应有人监护。

（4）使用前必须对电焊机的二次线及接头进行检查，合格后方能使用。

（5）电焊机外壳按规定进行可靠接地。使用的电源盘必须带漏电保护装置，使用前必须检验其可靠性合格。

2. 光伏组件安装

（1）作业开始时，应由两人将组件板抬于支架上，禁止单人挪动组件板，并按照图纸规划安放牢固。

（2）进行组件接线施工时，施工人员应正确使用安全防护用品，不得触碰金属带电部位。

（3）对组串完成但不具备接引条件的部位，应进行绝缘包裹。

（4）当组件有电流或具有外部电源时，不得连接或断开组件。

（5）在潮湿或风力较大的情况下，禁止进行安装或操作光伏组件。

（6）在屋顶及其他危险的边沿工作，临空一面应装设安全网或防护栏杆，否则临边作业人员应使用水平生命线系统，全程佩戴安全带。

（7）汇流箱安装前，应先对其内部各元件做绝缘测试。在安装汇流箱、交流并网配电柜时，除接线端子外，不得接触机箱内部的其他部分。

六、储能电站相关工作安全监督

储能电站内一次电气设备一般可分为常规一次电气设备和储能设备，常规一次电气设备主要包括变压器、开关柜、电容器、电流互感器、电压互感器、断路器、隔离开关等常规设备，储能设备主要是指储能电站所特有的电气设备，主要包括储能变流器（PCS）、电池管理系统（BMS）、储能电池阵列（簇、堆、模块、单体）等。针对常规一次电气设备的日常安全管理，其应符合 DL/T 969《变电站运行导则》和变电安规等规章制度的要求，储能设备的日常安全管理，应满足《国网公司电网侧电化学储能电站全过程管理规定（试行）》和《国网公司电网侧电化学储能电站运维管理办法（试行）》《国网公司电网侧电化学储能电站检修管理办法（试行）》《国网公司电网侧电化学储能电站检测管理办法（试行）》《国网公司电网侧电化学储能电站验收管理办法（试行）》《国网公司电网侧电化学储能电站评价管理办法（试行）》等规章制度的要求：

（1）储能电站投运前应根据电站设备及功能定位，制定现场运行规程，编制相关应急预案。

（2）储能电站投运前应制定典型操作票，制定交接班制度、巡视检查制度、设备定期试验轮换制度。

（3）储能电站应配备能满足电站安全可靠运行的运维人员。运维人员上岗前应经过相应的安全生产教育和岗位技能培训，掌握储能、消防等设备设施性能和运行状态，经安监部组织安全准入考试合格并发文明确后方可上岗，储能电站消控值班人员还应取得中级及以上的消防资格证书。

（4）运维人员应严格执行相关规程规定和制度，完成储能电站的倒闸操作、设备巡视、定期试验轮换、设备维护、异常及故障处理等工作。

（5）运维人员应掌握储能电站电气设备的各级调度管辖范围、调度术语和调度指令，按照调控中心下发的运行计划进行实施。

（6）运维实施单位应对储能电站设备运行状态、运行操作、异常及故障处理、维护等进行记录，每年按照 GB/T 36549《电化学储能电站运行指标及评价》的要求，对运行指标进行一次全面评价，并报送运维管理单位。

（7）储能电站应建立完善的技术资料档案，对运行维护记录等进行归档。

附录 A 现场标准化作业指导书范例

充电站故障抢修标准化作业指导书

1 范围

本标准化作业指导书规定了充电站故障抢修标准化作业前准备工作、工作流程图、工作程序与作业规范、报告和记录等。

本标准化作业指导书适用于充电站故障抢修标准化作业。

2 规范性引用文件

下列文件对于本标准化作业指导书的应用是必不可少的。凡是注日期的引用文件，仅所注日期的版本适用于本标准化作业指导书。凡是不注日期的引用文件，其最新版本（包括所有的修改单）适用于本标准化作业指导书。

GB/T 18487.1—2023 电动汽车传导充电系统 第1部分：通用要求

GB/T 27930—2023 非车载传导式充电机与电动汽车之间的通信协议

GB/T 34657.1—2017 电动汽车传导充电互操作性测试规范 第1部分：供电设备

GB/T 34658—2017 电动汽车非车载传导式充电机与电池管理系统之间的通信协议一致性测试

GB 50966—2014 电动汽车充电站设计规范

NB/T 33004—2020 电动汽车充换电设施工程施工和竣工验收规范

NB/T 33001—2018 电动汽车非车载传导式充电机技术条件

NB/T 33002—2018 电动汽车交流充电桩技术条件

NB/T 33008.1—2018 电动汽车充电设备检验试验规范 第1部分：非车载充电机

NB/T 33008.2—2018 电动汽车充电设备检验试验规范 第2部分：交流充电桩

Q/GDW 1233—2014 电动汽车非车载充电机通用要求

Q/GDW 1234.1—2014 电动汽车充电接口规范 第 1 部分：通用要求

Q/GDW 1234.3—2014 电动汽车充电接口规范 第 3 部分：直流充电接口

Q/GDW 1235—2014 电动汽车非车载充电机 通信协议

Q/GDW 1591—2014 电动汽车非车载充电机检验技术规范

营销智用〔2018〕45 号 国网营销部关于印发进一步加强电动汽车充电设备质量评价工作方案的通知

国家电网营销〔2020〕480 号 国家电网有限公司营销现场作业安全工作规程（试行）

3 术语和定义

3.1 非车载充电机

固定连接至交流或直流电源，并将其电能转化为可用于新能源电动汽车充电的交流或直流电能，采用传导方式为电动汽车动力蓄电池充电的专用装置。

3.2 充电终端

电动汽车充电时，充电操作人员需要面对和操作的、非车载传导式充电机的一个组成部分，一般由充电电缆、车辆插头和人机交互界面组成，也可包含有计量、通信、控制等部件。

3.3 分体式充电机

将功率变换单元与充电终端在结构上分开，二者间通过电缆连接的充电机。

3.4 一体式充电机

将功率变换单元、充电终端等组成部分放置于一个柜（箱）内，在结构上合成一体的充电机。

4 作业前准备

4.1 准备工作安排

按主要营销现场作业类型与风险等级对应关系，充电站现场巡视，风险等级为一级，宜采用现场作业安全控制卡。根据工作安排合理开展准备工作，内容见表 1。

表1 准 备 工 作 安 排

序号	项目	内容	备注
1	了解现场气象条件	了解检测现场气象条件，判断是否符合安规对现场作业的要求	
2	检查抢修车辆状况	重点检查车辆轮胎气压、雨刷功能、车灯照明等，确保车况良好	
3	抢修工器具准备	按照作业指导书要求，准备抢修所需材料、备品备件及工器具等	
4	安全风险点辨识	分析抢修现场安全风险点，制订安全管控措施，填写安全控制卡	

4.2 材料和备品、备件

根据作业项目，确定所需的设备与材料和备品、备件，见表2。

表2 材料和备品、备件

序号	名称	型号及规格	单位	数量	备注
1	绝缘手套		台	1	需安装 e 巡检 App
2	绝缘鞋（靴）		副	2	
3	护目镜		副	2	
4	普通安全帽		双	2	
5	绝缘挡板		副	2	
6	安全带		顶	2	
7	安全警示带（牌）		个	根据作业需要	
8	安全围栏		个	根据作业需要	
9	备品备件		个	根据作业需要	
10	充电卡		个	根据作业需要	
11	充电桩前后门钥匙		张	2	
12	低压作业防护手套		套	根据作业需要	

4.3 工器具和仪器仪表

工器具与仪器仪表主要包括开展装拆用工器具、材料等，见表3。

表3 工器具和仪器仪表

序号	名称	型号及规格	单位	数量	安全要求
1	万用表	直流电压：1000V； 直流电流：10A； 交流电压：1000V； 交流电流：10A； 直流电阻：500MΩ	块	1	（1）常用工具金属裸露部分应采取绝缘措施，并经检查合格。螺丝刀除刀口以外的金属裸露部分应用绝缘包裹措施，并经检查合格。 （2）仪器仪表、安全工器具应检验合格，并在有效期内。 （3）其他：根据现场需求配置

续表

序号	名称	型号及规格	单位	数量	安全要求
2	钳形电流表	交直流电流：600A，分辨率：0.1A； 交直流电压：600V，分辨率：0.1V	块	1	
3	除尘气泵	220VAC；小型	台	2	
4	毛刷	除尘用	把	2	
5	红外手持测温枪/测温仪		台	1	
6	调试线	USB 转 232/USB 转串口/网线等	根	1	
7	笔记本电脑		台	1	
8	Can 通信盒		个	1	
9	程序烧写器		个	1	
10	移动式照明设备		组	1	
11	U 盘	8GB	个	1	
12	存储卡	8GB Class4/Class10 MicroSD（TF 卡）	个	1	
13	胶枪		套	1	（1）常用工具金属裸露部分应采取绝缘措施，并经检查合格。螺丝刀除刀口以外的金属裸露部分应用绝缘包裹措施，并经检查合格。 （2）仪器仪表、安全工器具应检验合格，并在有效期内。 （3）其他：根据现场需求配置
14	电工工具包/箱	多功能工具包/箱	个	1	
15	十字螺丝刀	大	把	1	
16	一字螺丝刀	大	把	1	
17	一字微型螺丝刀		把	1	
18	剥线钳	$0.75\sim6\text{mm}^2$	把	1	
19	尖嘴钳		把	1	
20	切割机		个	1	
21	角磨机		个	1	
22	电锤	2000W	把	2	
23	套筒扳手	4~20 号	套	1	
24	内六角扳手		套	1	
25	手电钻	电动起子	把	1	
26	鸭嘴锤子	400g	把	1	
27	网线钳		把	1	
28	工具刀	1~3 号电工刀	把	1	
29	网路寻线仪		台	1	
30	热风枪		把	2	

续表

序号	名称	型号及规格	单位	数量	安全要求
31	手电筒	LED手电，防爆	个	1	（1）常用工具金属裸露部分应采取绝缘措施，并经检查合格。螺丝刀除刀口以外的金属裸露部分应用绝缘包裹措施，并经检查合格。 （2）仪器仪表、安全工器具应检验合格，并在有效期内。 （3）其他：根据现场需求配置
32	梯子	铝合金加厚伸缩绝缘，人字工程梯	架	1	
33	绝缘电阻测试仪	500V～1000V	个	1	
34	低压验电器	0.4kV	支	1	
35	接地线	25mm^{2}三相四线接地线	组	2	
36	线轴	配备标准插排	个	1	

4.4 技术资料

技术资料主要包括现场使用所需的图纸、使用说明书、试验记录等，见表4。

表4   技 术 资 料

序号	名称	备注
1	产品型式试验报告	需要时
2	充电设备重要组部件清单	需要时
3	充电设备技术图纸	需要时
4	产品调试记录	需要时
5	使用说明书	需要时

4.5 危险点分析及预防控制措施

包括表5中的危险点与预防控制措施。

表5   危险点分析及预防控制措施

序号	防范类型	危险点	预防控制措施
1	人身触电	桩体带电等引起触电伤害	使用试电笔检查充电桩外部是否带电，并佩戴好绝缘手套
2	外力伤害	桩体及附属设施剐碰撞击引起人身伤害	穿戴安全帽等安全防护用品和劳动保护用具
3	交通事故	驾驶过程中发生碰撞引起人身伤害、车辆损坏	驾车前检查车辆状况，包括制动、轮胎等；严格遵守交通规则，注意驾驶路程中行车安全，注意作业现场车辆来往情况
4	恶劣天气	暴雨、暴雪、飓风、雷电等引起人身伤害	应在优先保证自身安全前提下，开展充电操作。充电过程如遇恶劣天气应及时终止充电

5 工作流程图

根据作业全过程，以最佳的步骤和顺序，将任务接受到资料归档的全过程的流程用流程图形式表达，见图 1。

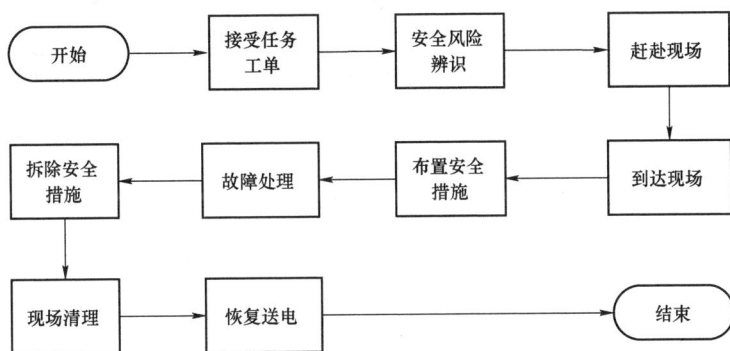

图 1   充电站故障抢修标准化作业指导流程图

6 工作程序与作业规范

按照工作流程图，明确每一项的具体内容和要求，见表 6。

表 6   工作程序与作业规范

序号	工作阶段	工作内容	工作步骤及标准
1	工作开始	检修人员接收工单	在车联网系统"故障信息"中出现报修工单或接到客户报修电话，初步分析后，准备所需工器具备件
2	安全风险辨识	填写安全风险控制卡	根据现场抢修过程中的安全风险点，制订风险防控措施
3	赶赴现场	巡检人员接单后45min 内赶赴现场	检查车辆车况是否良好
			安全工器具（绝缘手套、安全帽、隔离护栏、标志标识、验电器）
			维修工具（工具箱等）是否齐全
4	到达现场	查看充电桩故障识别码	通过充电桩显示屏查看故障识别代码，分析故障原因
5	布置安全措施	（1）摆放隔离护栏	通过充电桩显示屏资产码找到故障的充电桩并使用隔离护栏围出工作区域（工作区域：以故障充电桩为中心不小于0.4m）
		（2）悬挂警示标志	在隔离护栏上悬挂"设备检修严禁入内"标志
		（3）进行设备外壳验电	使用验电器对故障设备外壳进行验电

序号	工作阶段	工作内容	工作步骤及标准
6	故障处理	（1）关闭充电桩电源	断开充电桩内部电源
		（2）关闭充电桩上级电源	找到充电桩上级电源，断开电源断路器、隔离开关（低压）等并悬挂"有人工作严禁合闸"标志
		（3）上级断路器、隔离开关（低压）等验电	使用验电器对充电桩内部断路器、隔离开关（低压）等下口及上口进行验电，确认无电压；如无法断开充电桩上级电源时，需在充电桩内部电源上级及带电部位设立绝缘挡板
		（4）挂接地线	上级电源断路器、隔离开关（低压）等断开后，出线侧挂接地线，先挂接地端，再挂导线端
		（5）处理故障	依据附件中的故障原因分析及解决方法，排查处理充电设备故障
7	拆除安全措施	（1）拆除接地线	先验电，确认无电后拆除接地线；先拆导线端，再拆接地端
		（2）收回警示标志	将悬挂在隔离围栏上的设备检修标志取下收回
		（3）拆除隔离围栏	将现场隔离围栏拆除并收回
8	现场清理	清点维修工器具	清点工器具及数量
		清点安全工器具	清点安全工器具数量
		清理维修现场	将现场区域地面清理干净
9	送电恢复	检查充电桩内部	检查充电桩内部有无遗留维修工具、维修材料，确保充电桩内部干净无杂物
		充电桩送电	在充电桩上级电源处取下接地线及"有人工作严禁合闸"标志，闭合上级电源断路器、隔离开关（低压）等
			闭合充电桩内部电源断路器、隔离开关（低压）等
		关闭、锁止充电桩门	关闭充电桩柜门并将确认门锁处于锁止状态
		功能测试	连接充电枪，刷卡测试充电桩充电功能，确认恢复正常
		处理完毕通知监控人员	完成充电桩工单办结流程及客户服务反馈
		运行状态确认	确认充电桩运行正常，系统在线正常

7 报告和记录

执行本标准化作业指导书形成的报告和记录见表 7。

表 7　　　　　　　　　　　　　　　**报 告 和 记 录**

抢修记录 20××年××月××日

报修时间	报修站点	抢修工作内容	抢修人员	工单终结时间

附录 B 现场作业处置方案范例

光伏电站运维人员应对光伏发电系统直流接地故障事件现场处置方案

一、风险及危害程度分析

在光伏发电系统中，光伏发电组件产生的直流电源是系统源头供电电源，是至关重要的，直流接地故障是光伏发电系统中常见的故障类型，通常由接地导线绝缘层损坏、安装不当、导线被夹住和进水导致。轻微的直流接地会使电路的传输效率下降，导致电能的浪费和线路的损耗。如果继续发展，由于存在较高的直流电压，一旦人员接触到该电压，就会对人体造成伤害，有时甚至会致命。同时，直流接地还会导致设备故障，严重时甚至会引发火灾。

二、应急工作职责

1. 光伏电站运维班组负责人

（1）协调光伏电站所在地产权单位与运维人员配合开展应急处置；

（2）视情况立即赶赴现场，必要时增派人员赶往现场协助开展应急处置；

（3）向本单位专项应急办或专项应急领导小组报告直流系统接地故障事件现场情况及应急处置情况；

（4）配合发电系统直流接地故障事件原因调查和应急处置评估。

2. 现场负责人

（1）排查故障点并定期将进度汇报班组负责人；

（2）组织现场人员开展先期处置，若有因发电系统直流接地故障导致的人员伤亡、设备设施火灾，视情况安排人员拨打救援电话；

（3）持续向班组负责人、上级主管部门报告现场情况和先期处置情况，若导致电网事故发生，应迅速将情况汇报调度，根据指令组织事故处理；

（4）配合上级部门对发电系统直流接地故障事件原因进行调查，并评估应急处置过程。

3. 运检处置人员

（1）直流系统接地事件发生后，第一时间赶赴现场，根据现场负责人指令，开展安全风险辨识，做好安全措施后开展故障点排查，并查明故障原因并开展先期处置；

（2）故障点和故障原因确认后及时汇报现场负责人，根据指令隔离故障点；

（3）负责在系统重新投入运行前做好各项参数的检查、设备设施的检查；

（4）根据现场负责人指令，必要时迅速拨打"119""120"应急救援电话；

（5）应急处置结束后，保护好事发现场，协助上级部门调查事件原因。

4. 监控值班人员

（1）利用监控平台，主导故障查找方向，监测系统电流和负载情况，引导现场人员查找故障点；

（2）准确地向监控值班人员、部门负责人，必要时向配网调度汇报情况，并根据操作命令配合执行操作任务；

（3）应急处置结束后，协助上级部门调查事件原因。

三、应急处置

1. 现场应具备处置条件

（1）绝缘手套、绝缘靴、安全带、验电器等安全工器具完好，摆放规范，万用表、绝缘电阻测试仪等仪器确保随时可投入使用；

（2）MC4 接头插拔专用工具人手一个；

（3）应急灯、应急通信工具保证完好并随时可用；

（4）掌握上级主管部门、应急组织机构、应急救援机构电话号码。

2. 现场应急处置程序及措施

（1）使用万用表进行通断性测试，检查断路器的保险丝是否烧断。

（2）检查逆变器是否存在由于污物、水分侵入导线或接头、开关管短路等原因造成的设备直流接地故障。

（3）使用绝缘电阻测试仪检查直流导线的绝缘性能。

（4）确定导线接地故障的源头：

1）移除正负导线，确保逆变器与阵列隔离。

2）闭合直流断开装置，在导线上施加电压。

3）测量正负导线之间的电压，以确定组件的开路电压。

4）使用接地电阻测试仪分别测量正极接地和负极接地，如果没有接地故障，从任一导线接地处测得的电压应为 0V；如果任一导线存在接地电压，则检查每个连接点（直流断开装置、汇流箱），直到返回组件。

5）检查有问题的回路直流电缆外皮是否磨损或损坏，检查接线端子是否松动或连接不良等。

6）一旦发现故障点，立即更换导线，并保留测试和更换记录。

（5）故障处理时首先要关闭直流断路器。然后，使用绝缘材料保护工具进行接触检查和接触点清洗，并在确认没有电流的情况下进行维修作业。

四、注意事项

（1）排除故障：当出现发电系统直流接地故障时，应在保证安全的情况下，立即停止系统运行，排除故障原因。首先，需要对设备进行全面的检查，查明故障原因，包括是否有线路短路情况和线路电气参数是否正常等。

（2）隔离故障点：在确认故障原因后，需要将故障线路隔离，确保不再受到电气侵入。同时需要重点关注电池组和逆变器，排查故障点是否在这两处。

（3）反复检查：在排除故障后，应对电气系统的各项参数进行全面检查，确保系统运行正常。需要注意的是，在恢复系统运行前，必须再次检查直流线路的接线情况，确保没有错误和疏漏。

（4）光伏电站发电系统直流接地故障的处理需特别谨慎，必须在保证安全的前提下，一步步进行故障排查和维修作业，以避免电气事故的发生。

（5）现场若有人员受伤、发生火灾，实施救援时应先救人、报警，再实施其他处置措施。

五、附件

应急救援、应急组织机构、相关人员的联系方式见表 1。

表 1   应急救援、应急组织机构、相关人员的联系方式

外部救援	治安报警电话	110
	医疗急救电话	120
	公共卫生电话	12320
	应急救援电话	119

续表

	单位名称	联系人	职务	手机电话
内部应急组织机构	安全应急办	×××	主任	×××－××××－××××
	稳定应急办	×××	主任	×××－××××－××××
	专项应急办（安质部）	×××	主任	×××－××××－××××
	专项应急办（工程一部）	×××	主任	×××－××××－××××
	专项应急办（工程二部）	×××	主任	×××－××××－××××
	专项应急办（综合能源部）	×××	主任	×××－××××－××××
	专项应急办（总经理工作部）	×××	主任	×××－××××－××××
	专项应急办（物管部）	×××	副经理	×××－××××－××××
	专项应急办（汽运部）	×××	主任	×××－××××－××××